U0816209

全国特种设备无损检测人员资格考核统编教材

磁 粉 检 测

（第 二 版）

中国特种设备检验协会组织编写

主编 宋志哲

主审 郑 晖 周志伟

中国劳动社会保障出版社

图书在版编目(CIP)数据

磁粉检测/宋志哲主编. —2版. —北京：中国劳动社会保障出版社，2007
全国特种设备无损检测人员资格考核统编教材
ISBN 978-7-5045-5905-0

Ⅰ.磁… Ⅱ.宋… Ⅲ.磁粉检验-资格考核-教材 Ⅳ.TG115.28

中国版本图书馆CIP数据核字(2007)第055823号

中国劳动社会保障出版社出版发行
（北京市惠新东街1号 邮政编码：100029）

出版人：张梦欣

*

北京市艺辉印刷有限公司印刷装订 新华书店经销
787毫米×1092毫米 16开本 14印张 322千字
2007年4月第2版 2024年9月第26次印刷
定价：55.00元

营销中心电话：**400－606－6496**
出版社网址：**http: // www.class.com.cn**

版权专有 侵权必究

如有印装差错，请与本社联系调换：（**010**）**81211666**
我社将与版权执法机关配合，大力打击盗印、销售和使用盗版图书活动，敬请广大读者协助举报，经查实将给予举报者奖励。
举报电话：（**010**）**64954652**

《全国特种设备无损检测人员资格考核统编教材》

编审委员会名单

主　任　宋继红

副主任　林树青、王晓雷、沈　钢、强天鹏

委　员　郑世才、李　衍、顾阁如、姚志忠、宋志哲、胡学知、李　伟、张　平、周志伟、邢兆辉、郑　晖、张　明、阎建芳、解应龙、蒋仕良、许遵言、袁　榕、侯少华、张志超、郭伟灿、毛小虎、韩建荒、陈玉宝、邱　扬、高迎峰、姚　力、夏福勇、张路根

内容提要

本书是由全国特种设备无损检测人员资格考委会组织编写的磁粉检测人员资格考核的统编培训教材，按照全国特种设备无损检测人员资格考核大纲编写。

本书共分 12 章，主要内容包括：磁粉检测物理基础，磁化电流、磁化方法和磁化规范，磁粉检测器材，磁粉检测设备，磁粉检测工艺，磁痕分析与质量分级，磁粉检测应用，质量控制与安全防护，特种设备磁粉检测通用工艺规程和工艺卡，国内、外磁粉检测标准对比分析。书后还增加了 11 个相关实验。

本书的特点是，既注重理论与实际应用的结合，又紧跟科技的发展及时介绍国内外磁粉检测的新观点和新技术。本书除作为特种设备磁粉检测人员资格考核培训教材外，也可供各企业生产一线人员、质量管理人员、安全监察人员、研究机构、大专院校相关专业师生学习参考。

前　言

无损检测是在现代科学基础上产生和发展的检测技术，它借助先进的技术和仪器设备，在不损坏、不改变被检测对象理化状态的情况下，对被检测对象的内部及表面的结构、性质、状态进行高灵敏度和高可靠性的检查和测试，借以评判它们的连续性、完整性、安全性以及其他性能指标。作为一种有效的检测手段，无损检测在我国已广泛应用于经济建设的各个领域，例如特种设备的制造检测和在用检验，以及机械、冶金、石油天然气、化工、航空航天、船舶、铁道、电力、核工业、兵器、煤炭、有色金属、建筑等行业。尤其在保证承压类特种设备产品质量和使用安全方面，无损检测技术显得特别重要。

无损检测应用的正确性和有效性，一方面取决于所采用的技术和装备的水平，另一方面更重要的是取决于检测人员的知识水平和判断能力。无损检测人员所承担的职责要求他们具备相应的无损检测理论知识和技术素质。因此，必须制订一定的规则和程序，对特种设备无损检测人员进行培训和考核，鉴定他们是否具备这种资格。国家特种设备安全监督管理部门对无损检测人员培训和考核十分重视。在 20 世纪 80 年代，就组织成立了锅炉压力容器无损检测人员资格鉴定考核机构，制定了无损检测人员考核规则，开展了培训和人员资格考核工作。1990 年，全国锅炉压力容器无损检测人员资格鉴定考核委员会组织编写了无损检测人员资格考核培训教材。多年的实践证明，该套教材的使用，对系统地进行知识和技能培训、严格地实施考核鉴定制度，对提高我国无损检测人员的水平，保证无损检测技术的正确应用，发挥了重要作用。

无损检测技术的发展日新月异，随着时间的推移，第一版教材的内容已显得陈旧，无法满足培训考核的需要。为保证我国特种设备无损检测人员的考核工作质量，使我国无损检测技术培训跟上国际水平，全国特种设备无损检测人员资格考核委员会决定编写第二版特种设备无损检测资格考核统编教材。

第二版教材的编写工作是由中国特种设备检验协会牵头，在全国特种设备无损检测人员资格考核委员会的直接领导下进行的。由国内无损检测专家担纲，以无损检测人员资格考核大纲为依据，紧扣 JB/T 4730—2005《承压设备无损检测》，全面系统地体现了无损检测技术的进步和特种设备无损检测的特点与要求。教材编写以Ⅱ、Ⅲ级检测人员的培训内容为主体，注重体现Ⅲ级所要求的深度和广度，强调实际应用，增加典型应用实例、典型案例的介绍，并力图反映无损检测技术发展的最新动态、满足特种设备行业的实际要求。在内容安排上，全套教材在充实理论基础的前提下，突出理论、工艺和应用之间的联系，使之更加实用。第二版教材共计5种：《承压类特种设备无损检测相关知识》《射线检测》《磁粉检测》《渗透检测》《超声检测》。上述教材写出后经过试用和反复修改，由中国劳动社会保障出版社出版。

第二版教材的出版不仅给报考特种设备无损检测Ⅱ、Ⅲ级人员资格考核的广大考生提供了一套具有权威性、实用性、科学性的教材，同时也为无损检测行业的技术人员、特种设备质量管理人员、大专院校相关专业的师生提供了有价值的参考书。

第二版教材的编写工作得到了有关领导、专家和全国无损检测人员资格考核委员会考评人员的大力支持和帮助，并提出了宝贵意见，在此表示衷心感谢！由于时间仓促、水平有限，书中内容若有不妥和错误之处，热切希望广大读者不吝赐教。

《全国特种设备无损检测人员资格考核统编教材》编审委员会

2007年3月30日

编写说明

受全国特种设备无损检测人员资格考核委员会的委托，我们依据“全国特种设备无损检测人员资格考核大纲”对《磁粉检测》进行了第二版的编写工作。

自从《磁粉检测》（第一版）于 1998 年 8 月出版以来，国内外磁粉检测的技术发展很快，新设备、新材料和新工艺不断涌现，尤其是特种设备磁粉检测具有其相对特点，同时《承压设备无损检测》JB/T 4730—2005 的发布实施代替了原标准 JB 4730—1994，内容和要求已大不相同，因此在第二版的编写中，无论是在全书的内容和结构编排上，还是在有些内容的重新改写或增删上，都有较大的改动。

第二版的特点体现在：一是全书不仅涵盖了 JB/T 4730.4—2005 的内容，而且还进行了拓宽和详细阐明。二是突出介绍了特种设备行业磁粉检测对象和检测方法，如用磁轭法、交叉磁轭法、触头法和绕电缆法检测各种焊接接头的工艺规程及其应用等，使本书更具有针对性和实用性。三是全书按照“基础理论—设备器材—检测工艺—应用（包括编工艺）—国内外标准对比分析—实验验证”的思路编写。在充实基础理论的前提下，突出理论与工艺、应用之间的联系，其间还穿插介绍国内外磁粉检测的最新动态，使该书既与国外检测技术发展基本接轨，又符合中国国情，充分体现出特种设备行业磁粉检测的特点，促进磁粉检测技术持续发展。

书中宋体字为磁粉检测Ⅱ、Ⅲ级人员共同要求的内容，楷体字为Ⅲ级人员要求的内容。复习思考题题号前带“*”的为Ⅲ级人员要求的习题，其余为Ⅱ、Ⅲ级人员共同要求的习题。

本次编写由全国特种设备无损检测人员资格考核委员会沈钢、强天鹏提出总体指导思想，郑晖和磁粉组考评人员提出内容和结构安排。全书由宋志哲主笔，由陈玉宝对第 2 章，郭伟灿对第 3、6、8、9、10 章进行了具体补充修订，郑晖、周志伟、陈玉宝对全书进行了审核和修改。本次编写还采用了韩建荒、毛小虎、杨平、李绪丰和王华明提交的许多修改意见，陈健生、徐立勋、冯银丹和李建德提供了宝贵资料，胡和中和刘金平提供了部分典型缺陷磁痕照片，同时在2006 年特种设备无损检测人员 MTⅢ级培训班试用时许多学员也提出了很好的建议，在此一并表示衷心的感谢！

由于编者水平有限，书中错误和不当之处在所难免，恳请读者指正。

意见请寄：全国特种设备无损检测人员资格考核委员会秘书处，北京市朝阳区和平街西苑 2 号楼 A511 室，邮编：100013。

《磁粉检测》编写组

目 录

第1章 绪 论

1.1 磁粉检测的发展简史和现状

1.1.1 磁粉检测的发展简史

磁粉检测是利用磁现象来检测材料和工件中缺陷的方法。人们发现磁现象比电现象要早，远在春秋战国时期，我国劳动人民就发现了磁石吸铁的现象，并用磁石制成了“司南勺”，在此基础上制成的指南针是我国古代的伟大发明之一，最早应用于航海业。17世纪法国物理学家对磁力作了定量研究。19世纪初期，丹麦科学家奥斯特发现了电流周围也存在着磁场。与此同时，法国科学家毕奥、萨伐尔及安培，对电流周围磁场的分布进行了系统的研究，得出了一般规律。生长于英国的法拉第首创了磁感应线的概念。这些伟大的科学家在磁学史上树立了光辉的里程碑，也给磁粉检测的创立奠定了理论基础。

早在18世纪，人们就已开始从事磁通检漏试验。1868年，英国工程杂志首先发表了利用罗盘仪和磁铁探查磁通以发现炮（枪）管上不连续性的报告。8年之后，Hering利用罗盘仪和磁铁来检查钢轨的不连续性，获得了美国专利。

1918年，美国人Hoke发现，由磁性夹具夹持的硬钢块上磨削下来的金属粉末，会在该钢块表面形成一定的花样，而此花样常与钢块表面裂纹的形态相一致，被认为是钢块被纵向磁化而引起的，它促使了磁粉检测法的发明。

1928年，de Forest为解决油井钻杆的断裂失效，研制出周向磁化法，还提出使用尺寸和形状受控并具有磁性的磁粉的设想，经过不懈的努力，磁粉检测方法基本研制成功，并获得了较可靠的检测结果。

1930年，de Forest和Doane将研制出的干磁粉成功应用于焊缝及各种工件的探伤。

1934年，生产磁粉探伤设备和材料的Magnaflux（美国磁通公司）创立，对磁粉检测的应用和发展起了很大的推动作用。在此期间，首次用来演示磁粉检测技术的一台实验性的固定式磁粉探伤装置问世。

磁粉检测技术早期被用于航空、航海、汽车和铁路等部门，用来检测发动机、车轮轴和其他高应力部件的疲劳裂纹。20世纪30年代，固定式、移动式磁化设备和便携式磁轭相继研制成功，并得到应用和推广，退磁问题也得到了解决。

1935年，油磁悬液在美国开始使用。

1936 年，法国有人申请了在水磁悬液中添加润湿剂和防锈剂的专利。

1938 年，《无损检测论文集》在德国出版，该书对磁粉检测的基本原理和装置进行了描述。

1940 年，《磁通检验的原理》教科书在美国出版。

1941 年，荧光磁粉投入使用。磁粉检测从理论到实践，已初步形成一种无损检测方法。

前苏联全苏航空研究院的瑞加德罗，为磁粉检测的发展做出了卓越的贡献。20 世纪 50 年代初期，他系统研究了各种因素对探伤灵敏度的影响，在大量试验的基础上，制定出了磁化规范，得到了世界许多国家的认可。

1949 年以前，我国仅有几台美国进口的蓄电池式直流探伤机，用于航空工件的维修检查。

解放后，北京航空材料研究院的郑文仪，始终致力于磁粉检测的研发工作，是我国磁粉检测的奠基人。从 20 世纪 50 年代初开始，我国先后引进前苏联、欧美等国家的磁粉检测技术，制定出了我国的标准规范，还研发了新工艺和新设备材料，使我国磁粉检测从无到有，得到了很快的发展，并广泛应用于航空、航天、机械工业、兵器、船舶、电力、火车、汽车、石油、化工等领域。近几十年来，在广大磁粉检测工作者和设备器材制造者的共同努力下，磁粉检测已发展成为一种成熟的无损检测方法。

1.1.2 磁粉检测的现状

国外非常重视磁粉检测设备的开发，因为只有检测设备的进步，才能给磁粉检测带来成功的应用。目前国外磁粉检测设备从固定式、移动式到携带式，从半自动、全自动到专用设备，从单向磁化到多向磁化，设备已实现了系列化和商品化。由于晶闸管等电子元器件被用于磁粉检测设备，使设备小型化成为可能，并实现了电流的无级调节。计算机编程应用到磁粉检测设备，使智能化设备大量涌现，这些设备可以预置磁化规范和合理的工艺参数，进行荧光磁粉检测和自动化操作。国外还成功地运用电视光电探测器的荧光磁粉扫查系统和激光飞点扫描系统，实现了磁粉检测观察阶段的自动化，将检测到的信息在微机或其他电子装置中进行处理，鉴别可剔除的不连续性，并进行自动标记和分选，大大降低了检测的劳动强度。

近年来，我国磁粉检测设备发展也很快，已实现了系列化。三相全波直流探伤超低频退磁设备的性能已达到国外同类设备的水平。交流探伤机用于剩磁法检验时，我国率先加装断电相位控制器，保证了剩磁稳定。断电相位控制器利用晶闸管技术，可以代替自耦变压器无级调节磁化电流，也为我国磁粉检测设备的电子化和小型化奠定了基础。磁粉检测智能化设备和自动化、半自动化设备已经生产应用，光电扫描图像识别的磁粉探伤机也已研制成功。由于还存在相关与非相关显示有时难以分辨的问题，为此陈健生等人进一步研发了由多向复合磁化技术、CCD 光学检测技术与计算机图像处理技术相组合而成的集成检测设备，该设备具有检测可靠、灵敏度高等特点，被成功应用于石化等行业，取得了很好的效果引导了我国荧光磁粉自动化探伤设备的新潮流，它的使用完全改变了传统磁粉检测“手脚并用眼睛看”的局面。

磁粉检测的辅助设备，国外开发的很多，如与固定式探伤机配合使用的 400 W 冷光源黑光灯和高强黑光灯。快速断电试验器的开发解决了直流磁化“快速断电效应”的测量问题。国产袖珍式磁强计XCJ型和JCZ型被用于快速测定剩磁，黑光灯的品种还有待开发。国外有不同规格（包括黑光和白光）的光导纤维内窥镜，能满足孔内壁缺陷的检测要求，仪器型号和生产厂家一般都纳入有关技术标准中。国内也已研制出光导纤维内窥镜，希望能够在提高黑光辐照度后得到大力推广应用。

磁粉检测的器材方面，国外在标准试片和标准试块及测量剩磁用的磁强计等方面都形成了系列产品。如在配制磁悬液时应采用低黏度、高闪点的无臭味煤油做载液。国外除用14 A荧光磁粉外，还研制出了白光下发荧光的荧光磁粉。

我国研制的磁粉检测器材，如LPW-3号磁粉检验载液（无臭味煤油），性能已赶上国外同类产品，可以替代国外进口产品而用于国外转包生产，在国内许多行业的磁粉检测中也得到普遍使用。磁粉检测用B型和E型标准试块，性能和指标均优于国外同类产品，已被国家质量技术监督检验检疫总局批准为"国家标准样品"，并被推广使用。ST80C照度计和UV-A黑光辐照计性能完全满足检测要求。M_1型多功能标准试片与国外KS234试片等效。我国研制的YC-2型荧光磁粉，灵敏度高，满足磁粉检测的要求，已大力推广使用。磁悬液喷罐使用方便，尤其在特种设备磁粉检测中普遍应用。

在工艺方法方面，北京航空材料研究院的郑文仪发明的磁粉探伤-橡胶铸型法，为间断检测小孔内壁早期疲劳裂纹的产生和扩展速率闯出了一条新路，还为记录缺陷磁痕提供了一种可靠的方法，比国外应用了几十年的磁橡胶法优越得多。

磁粉检测的质量控制，是建立在对影响磁粉检测灵敏度和检测可靠性的诸因素逐个地加以控制基础之上的。国外非常重视，不仅制定了具体的控制项目、校验周期和技术要求，还设有质量监督检查机制，保证其贯彻执行，同时通过实践对质量控制技术要求进行持续改进。如几年前美国标准要求工件表面白光照度不低于200英尺烛光（相当于2 100 lx），现已修正为100英尺烛光（相当于1 000 lx）；将磁化规范由直径每毫米30～48 A电流修正降为12～32 A，等等。使磁粉检测标准的技术要求更加合理。

在我国，借鉴国外先进经验，磁粉检测的质量控制也日益受到重视，并能很好地贯彻执行。但各行业、各单位的发展不平衡，表现在有些质量控制项目没有纳入标准，有的虽纳入标准，但流于形式，这一点已引起业内人士的关注。JB/T 4730.4—2005《承压设备无损检测》，第四部分：磁粉检测，已将质量控制项目纳入标准条文，由此可见其重要性。

现在，我国对磁粉检测的基础理论研究比较重视，已取得较大的进展。断裂和塑性力学在无损检测领域的应用，为制定更合理的产品磁粉检测验收标准提供了依据。仲维畅研究的"磁偶极子"理论取得了丰硕的成果，为无损检测界所瞩目。磁粉检测方法日臻完善。对无损检测人员的培训和资格鉴定空前重视，人员素质大大提高。我们相信，磁粉检测在特种设备行业将得到更加广泛的应用和重视，为控制产品质量，防患于未然做出应有的贡献。

1.2 漏磁场检测分类

铁磁性材料工件被磁化后，在不连续性处或磁路截面变化处，磁感应线离开和进入工件表面而形成的磁场称为漏磁场。所谓不连续性，就是工件正常组织结构或外形的任何间断，这种间断可能会也可能不会影响工件的使用性能。通常把影响工件使用性能的不连续性称为缺陷。

由于工件不连续性处的磁导率发生变化，磁感应线溢出工件表面形成磁极，并形成可检测的漏磁场。检测漏磁场的方法称为漏磁场检测，包括磁粉检测与检测元件检测。其区别是：

磁粉检测是利用铁磁性粉末——磁粉，作为磁场的传感器，即利用漏磁场吸附磁粉形成的磁痕（磁粉聚集形成的图像）来显示不连续性的位置、大小、形状和严重程度。

检测元件检测是利用磁带、霍尔元件、磁敏二极管或感应线圈作为磁场的传感器，检测不连续性处漏磁场的位置、大小和方向。

1. 磁粉检测

磁粉检测（Magnetic Particle Testing，缩写符号为 MT），又称磁粉检验或磁粉探伤，属于无损检测五大常规方法之一。

（1）磁粉检测原理　铁磁性材料工件被磁化后，由于不连续性的存在，使工件表面和近表面的磁感应线发生局部畸变而产生漏磁场，吸附施加在工件表面的磁粉，在合适的光照下形成目视可见的磁痕，从而显示出不连续性的位置、大小、形状和严重程度。不连续性处漏磁场分布如图 1—1 所示。

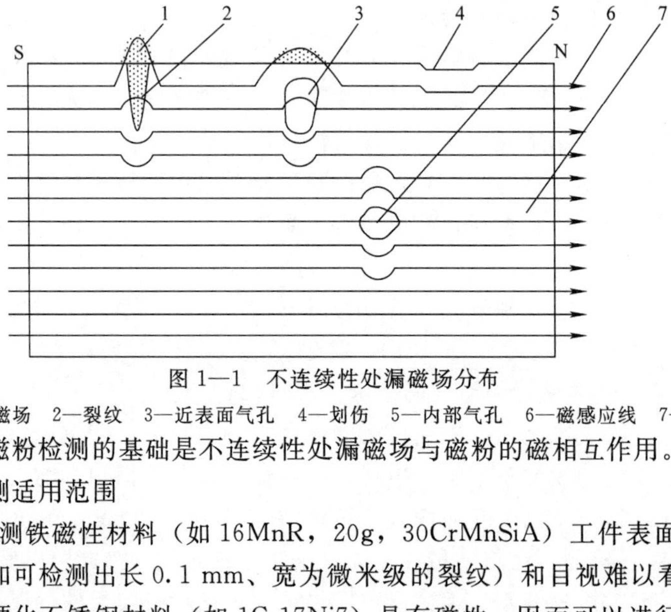

图 1—1　不连续性处漏磁场分布

1—漏磁场　2—裂纹　3—近表面气孔　4—划伤　5—内部气孔　6—磁感应线　7—工件

由此可见，磁粉检测的基础是不连续性处漏磁场与磁粉的磁相互作用。

（2）磁粉检测适用范围

1）适用于检测铁磁性材料（如 16MnR，20g，30CrMnSiA）工件表面和近表面尺寸很小、间隙极窄（如可检测出长 0.1 mm、宽为微米级的裂纹）和目视难以看出的缺陷。马氏体不锈钢和沉淀硬化不锈钢材料（如 1Cr17Ni7）具有磁性，因而可以进行磁粉检测。不适用于非磁性材料，比如奥氏体不锈钢材料（如 1Cr18Ni9，0Cr18Ni9Ti）和用奥氏体不锈钢焊条焊接的焊缝，也不适用于检测铜、铝、镁、钛合金等非磁性材料。

2）适用于检测工件表面和近表面的裂纹、白点、发纹、折叠、疏松、冷隔、气孔和夹杂等缺陷，但不适用于检测工件表面浅而宽的划伤、针孔状缺陷、埋藏较深的内部缺陷和延伸方向与磁感应线方向夹角小于 20°的缺陷。

3）适用于检测未加工的原材料（如钢坯）和加工的半成品、成品件及使用过的工件及特种设备。

4）适用于检测管材、棒材、板材、型材和锻钢件、铸钢件及焊接件。

（3）磁粉检测程序　特种设备磁粉检测的七个程序是：1）预处理；2）磁化；3）施加

磁粉或磁悬液；4）磁痕的观察与记录；5）缺陷评级；6）退磁；7）后处理。

（4）磁粉检测的优点及其局限性

磁粉检测的优点：

1）可检测出铁磁性材料表面和近表面（开口和不开口）的缺陷。

2）能直观地显示出缺陷的位置、形状、大小和严重程度。

3）具有很高的检测灵敏度，可检测微米级宽度的缺陷。

4）单个工件检测速度快，工艺简单，成本低廉，污染少。

5）采用合适的磁化方法，几乎可以检测到工件表面的各个部位，基本上不受工件大小和几何形状的限制。

6）缺陷检测重复性好。

7）可检测受腐蚀的表面。

磁粉检测的局限性：

1）只适用于铁磁性材料，不能检测奥氏体不锈钢材料和奥氏体不锈钢焊缝及其他非铁磁性材料。

2）只能检测表面和近表面缺陷。

3）检测时的灵敏度与磁化方向有很大关系，若缺陷方向与磁化方向近似平行或缺陷与工件表面夹角小于20°，缺陷就难以发现。另外，表面浅而宽的划伤、锻造皱折也不易发现。

4）受几何形状影响，易产生非相关显示。

5）若工件表面有覆盖层，将对磁粉检测有不良影响。用通电法和触头法磁化时，易产生电弧，烧伤工件。因此，电接触部位的非导电覆盖层必须打磨掉。

6）部分磁化后具有较大剩磁的工件需进行退磁处理。

2. 检测元件检测

（1）录磁探伤法　录磁探伤法又称磁录像法。是将具有很高矫顽力和剩磁的磁带紧贴在被检工件表面，对工件进行适当磁化，则在不连续性处产生的漏磁场就全部记录在磁带上，然后通过磁电转换器（又称磁头）将录制的漏磁场信息转换成电信号，显示在荧光屏上，或使用自动记录器获得不连续性漏磁场的完整曲线或图像，从而确定不连续性的部位、性质和大小。由于磁带在记录漏磁场时，能抑制不必要磁化场的干扰，所以在复放磁带时，有较高的灵敏度和良好的再现性。探伤结果也可长期保存。

录磁探伤法适用于焊接件和轧制件的探伤，可发现裂纹、夹杂和气孔等缺陷。

（2）感应线圈探伤法　根据电磁感应定律，当线圈与磁化的工件相对运动时，线圈产生的感应电动势为

$$E=-N\frac{\mathrm{d}\Phi}{\mathrm{d}t}=-NSv\frac{\mathrm{d}B}{\mathrm{d}l}$$

式中，N为线圈的匝数；S为面积；v为相对于工件运动的速度；l为线圈方向的矢量；$\frac{\mathrm{d}B}{\mathrm{d}l}$是缺陷漏磁通密度$B$的梯度在$l$方向的分量。

由此可以看出，检测线圈的电动势与线圈匝数、面积及其相对工件的运动速度有关，而且还与不连续性漏磁通密度的梯度有关。

感应线圈法具有灵敏度高和尺寸小等特点，因而已成功地应用于多种无损检测仪器和磁性测量仪器中，能有效地对钢管、钢棒和钢丝绳等进行探伤。

(3) 磁敏元件探测法　磁敏元件探测法是通过霍尔元件、磁敏二极管等磁电转换元件来探测工件表面漏磁场的方法，探测的灵敏度与检查速度及工件大小无关，利用这种方法还可以获得不连续性（包括缺陷）深度的信息。探测时应尽量缩小磁敏元件与工件表面之间的距离，并始终保持不变。

1) 霍尔元件　霍尔元件的工作原理如图 1—2 所示，将一块通有电流 I 的 N 型半导体放置于磁场强度为 H 的磁场中，当电流沿垂直于磁场方向通过时，在垂直磁场和电流方向的半导体片的两侧将产生一个霍尔电位差 U_H，这种现象称为霍尔效应。实验证明，在磁场不太大时，霍尔电位差 U_H 与电流强度 I 和磁感应强度 B 成正比，与板的厚度 δ 成反比，即

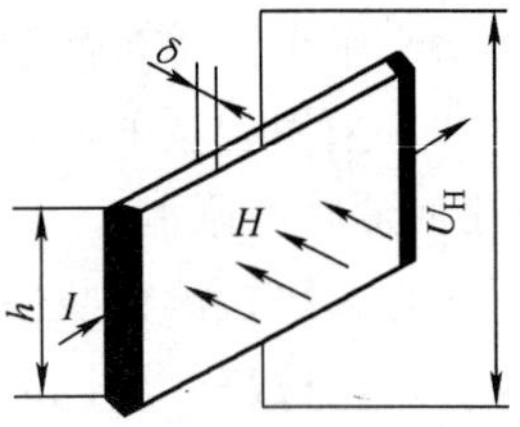

图 1—2　霍尔元件工作原理图

$$U_H = R_H \frac{IB}{\delta}$$

式中，R_H 称为霍尔系数。

利用霍尔效应做成高斯计、毫特斯拉计测量磁场时，测量结构简单，能检测狭缝中的磁场分布和测量极其微弱的磁场，并能直接显示磁场强度的大小和方向，因而已被广泛应用。

2) 磁敏二极管　磁敏二极管是一种新型的磁电转换元件，它的灵敏度比霍尔元件高几百倍，所以特别适合探测微小磁场变化。磁敏二极管相当于一个 PN 结的二极管，具有与普通二极管相似的伏安特性曲线，磁感应强度在 0.1 T 以下时输出特性近似线性关系，即正向磁敏电压与被测磁场成线性关系，可检测微弱磁场的大小和方向。用它不仅可以制成线路简单的小量程毫特斯拉计、漏磁场测量仪，还可做成自动磁性检测设备。

1.3　表面无损检测方法的比较

磁粉检测、渗透检测和涡流检测都属于表面无损检测方法，但其原理和适用范围区别很大，并且有各自独特的优点和局限性。所以无损检测人员应熟练掌握这三种检测方法，并能根据工件材料、状态和检测要求，选择合理的方法进行检测。如磁粉检测对铁磁性材料工件的表面和近表面缺陷具有很高的检测灵敏度，可发现微米级宽度的小缺陷，所以特种设备对铁磁性材料工件表面和近表面缺陷的检测宜优先选择磁粉检测，确因工件结构形状等原因不能使用磁粉检测时，方可使用渗透检测或涡流检测。

表面无损检测方法的比较见表 1—1。

表 1—1　　**表面无损检测方法的比较**

方法 / 项目	磁粉检测（MT）	渗透检测（PT）	涡流检测（ET）
方法原理	磁力作用	毛细渗透作用	电磁感应作用
适用材质	铁磁性材料	非多孔性材料	导电材料

续表

项目＼方法	磁粉检测（MT）	渗透检测（PT）	涡流检测（ET）
能检测出的缺陷	表面和近表面缺陷	表面开口缺陷	表面及近表层缺陷
应用对象	铸钢件、锻钢件、压延件、管材、棒材、型材、焊接件、机加工件及使用中的上述工件检测	任何非多孔性材料工件及使用中的上述工件检测	管材、线材、棒材等工件检测； 材料状态检验和分选； 厚度测量等
主要检测缺陷	裂纹、发纹、白点、折叠、夹杂物、冷隔	裂纹、白点、疏松、针孔、夹杂物	裂纹、材质变化、厚度变化
显示缺陷的器材	磁粉	渗透液和显像剂	记录仪，示波器或电压表
缺陷表现形式	漏磁场吸附磁粉形成磁痕	渗透液的回渗	线圈输出电压和相位的变化
缺陷显示	直观	直观	不直观
缺陷性质判断	能大致确定	能大致确定	难以判断
灵敏度	高	较高	较低
检测速度	较快	慢	很快（可自动化）
污染	较轻	较重	很轻
其他	检测几乎不受工件几何形状和缺陷方向的限制 检测时的灵敏度与磁化方向有很大关系	检验不受工件几何形状和缺陷方向的影响 不用水电，特别适用于现场检验	对形状复杂的工件不适用，有边界效应影响 非接触法检测

复习思考题

1. 画图说明磁粉检测的原理。
2. 检测漏磁场通常有哪些方法？主要区别是什么？
3. 叙述磁粉检测的适用和不适用范围。
4. 磁粉检测有哪些优点和局限性？
5. 检测铁磁性工件，选用磁粉检测或渗透检测应做哪些考虑？
6. 磁粉检测的基础是什么？
7. 检测元件检测有几种检测方法？
8. 什么是不连续性？什么是缺陷？它们的关系是什么？
9. 磁粉检测的程序有哪些？

第 2 章 磁粉检测物理基础

2.1 磁现象和磁场

2.1.1 磁的基本现象

我国劳动人民远在春秋战国时期就发现了磁石吸铁现象。磁铁能够吸引铁磁性材料的性质叫磁性，凡能够吸引其他铁磁性材料的物体都叫磁体，磁体是能够建立或有能力建立外磁场的物体。磁体分为永磁体、电磁体和超导磁体等，永磁体是不需要外力维持其磁场的磁体；电磁体是需要电源维持其磁场的磁体；超导磁体是用超导材料制成的磁体。

磁铁各部分的磁性强弱不同，靠近磁铁两端磁性特别强、吸附磁粉特别多的区域称为磁极。条形磁铁周围的磁场如图 2—1 所示。

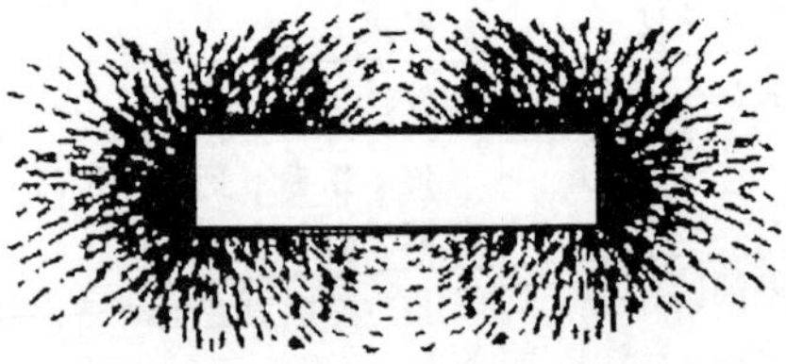

图 2—1　条形磁铁周围的磁场

如果将条形磁铁（或磁针）的中心用线悬挂起来，以保证它能够在水平面内自由转动，则两极总是分别指向南北方向。通常称磁针指向北的一端为北极，用 N 表示；指南的一端为南极，用 S 表示。如果用另一磁铁去接近悬挂着的磁铁，则可发现同性磁极相互排斥，异性磁极相互吸引。

地球按地理位置有南极和北极，如果在地球表面放一指南针，可发现指南针的北极（N 极）总是指向地球地理位置的北极，指南针的南极（S 极）总是指向地球地理位置的南极。根据同性磁极相互排斥，异性磁极相互吸引的原理，则可推断出整个地球也是一个大磁体，存在于地球周围的磁场称为地磁场，地磁场的北极（N 极）位于地球南极附近，地磁场的南极（S 极）位于地球北极附近，所以在地球的北极，地磁场的磁感应线方向是指向地球表面，而在地球的南极，地磁场的磁感应线方向是离开地球表面。地球的磁场方向如图 2—2 所示。

条形磁铁被折断时，每段和破裂处即形成新的磁极，并成对出现。自然界没有单独的 N 极和 S 极存在。打破的条形磁铁新形成的磁极如图 2—3 所示。

磁极间相互排斥和相互吸引的力称为磁力。磁力的大小和方向是可以测定的，同一个磁体两个磁极的磁力大小相等，但方向相反。把一个磁体靠近原来没有磁性的铁磁性物体时，该物体不仅能被磁体吸引，还能被磁体磁化，并具有了吸引其他铁磁性物体的性质。使原来没有磁性的物体得到磁性的过程叫磁化。

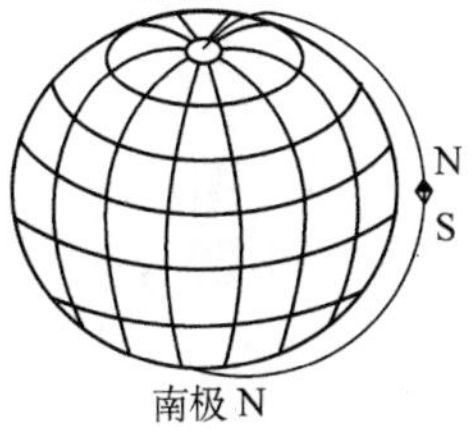

图 2—2　地球的磁场方向

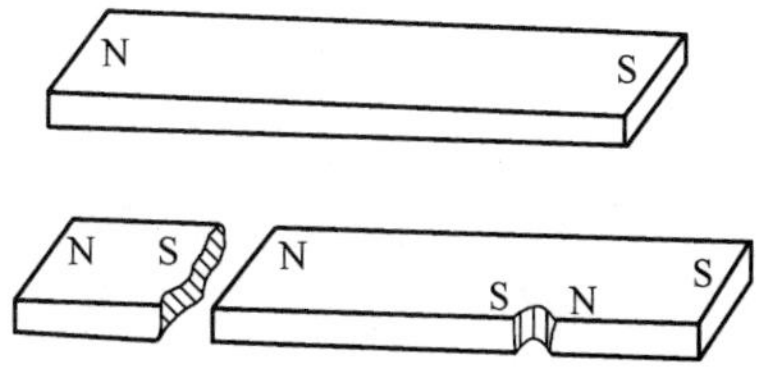

图 2—3　折断的条形磁铁新形成的磁极

2.1.2　磁场与磁感应线

磁体间的相互作用是通过磁场来实现的。所谓磁场，就是具有磁力作用的空间。磁场存在于被磁化物体或通电导体的内部和周围，它是由运动电荷形成的。磁场的特征是对运动电荷（或电流）具有作用力，在磁场变化的同时也产生电场。

为了形象地表示磁场的大小、方向和分布情况，可以用假想的磁感应线来反映磁场中各点的磁场强度和方向。用小磁针来描述的条形磁铁的磁感应线分布，如图 2—4 所示。

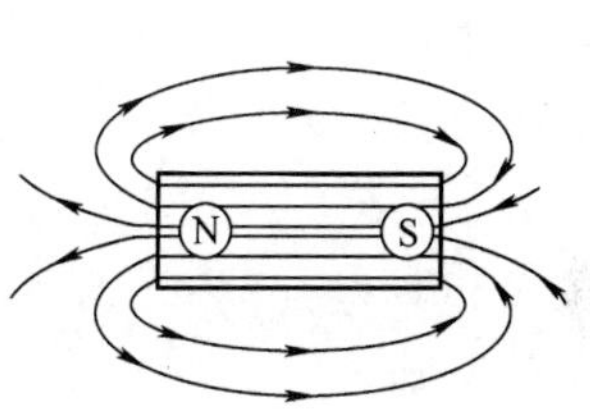

图 2—4　条形磁铁的磁感应线分布

小磁针在磁力的作用下都有一定的取向，小磁针 N 极的指向就代表磁场的方向，顺着许多小磁针排列的方向，可以画出磁感应线的分布。磁感应线上每点的切线方向都与该点的磁场方向一致。单位面积上的磁感应线数目与磁场的大小成正比，因此，可用磁感应线的疏密程度反映磁场的大小。磁感应线密的地方磁场大，磁感应线稀的地方磁场就小。

磁感应线具有以下特性：

（1）磁感应线是具有方向性的闭合曲线。在磁体内，磁感应线是由 S 极到 N 极；在磁体外，磁感应线是由 N 极出发，穿过空气进入 S 极的闭合曲线。

（2）磁感应线互不相交。

（3）磁感应线可描述磁场的大小和方向。

（4）磁感应线沿磁阻最小路径通过。

1. 圆周磁场

马蹄形磁铁如图 2—5a 所示，具有 N 极和 S 极。在磁铁外部，磁感应线从 N 极出发穿过空气进入 S 极；在磁铁内部，磁感应线从 S 极到 N 极闭合，它的两极能吸引铁磁性材料。

将上述磁铁弯曲，使两磁极靠得很近，如图 2—5b 所示，磁极间距变小，磁感应线离开磁极 N，穿过空气又重新进入磁极 S，产生漏磁场，漏磁场能强烈地吸附磁粉。

将磁铁两端再弯曲，使两极熔合形成一圆环，如图 2—5c 所示，此时磁铁内既无磁极又不产生漏磁场，因而不能吸引铁磁性材料，但在磁铁内包容了一个圆周磁场或已被周向磁化。

如果已周向磁化的零件存在与磁感应线垂直的裂纹，则在裂纹两侧立即产生 N 极和 S 极，形成漏磁场，吸附磁粉形成磁痕，显示出裂纹缺陷，有裂纹处漏磁场分布及磁痕显示如

图 2—5d 所示。

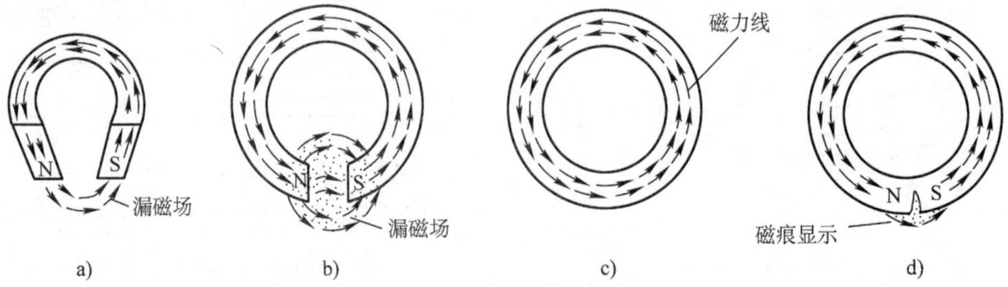

图 2—5　用马蹄形磁铁描述圆周磁场

磁感应线方向　b）两磁极空间漏磁场分布　c）两极熔合后的磁感应线　d）有裂纹处漏磁场分布及磁痕显示

2. 纵向磁化

如果将马蹄形磁铁校直为条形磁铁，则其两端是 N 极和 S 极。条形磁铁的两极能强烈地吸附磁粉，说明该条形磁铁已被纵向磁化，如图 2—6a 所示。

如果磁感应线被不连续性或裂纹阻断而在其两侧形成 N 极和 S 极，则会产生漏磁场，如图 2—6b 和图 2—6c 所示，吸附磁粉形成磁痕，从而显示出不连续性或裂纹，这就是磁粉检测的基础。

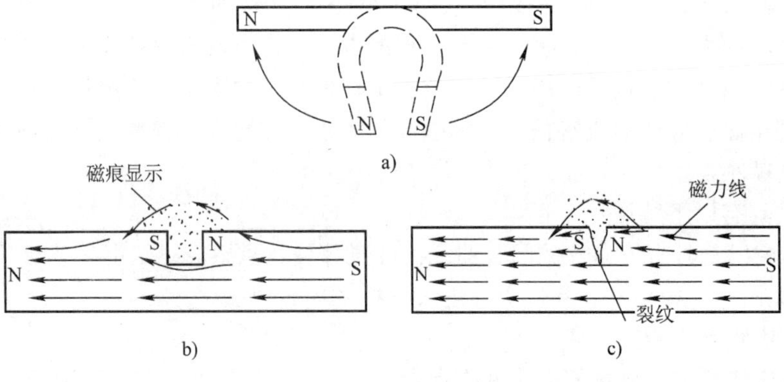

图 2—6　用条形磁铁描述纵向磁化

a）马蹄形磁铁被校直成条形磁铁后 N 极和 S 极的位置

b）具有机加工槽的条形磁铁产生的漏磁场及磁痕显示　c）纵向磁化裂纹产生的漏磁场及磁痕显示

2.1.3　真空中的恒定磁场

1. 磁感应强度 *B*

电流（运动电荷）的周围存在磁场，人们利用磁感应强度 $\boldsymbol{B}$ 来定量的描述磁场的特性。设一电量为 Q 的电荷在磁场中以速度 $\boldsymbol{v}$ 运动，其受到的最大磁力为 F_m，则该点磁感应强度的大小为

$$B=\frac{F_m}{Qv} \tag{2—1}$$

磁感应强度 **B** 为矢量，其方向为该点处小磁针 N 极的方向，可以用右手螺旋法则来确定：由正电荷所受力 $\boldsymbol{F}_m$ 的方向，沿小于 π 的角度转向正电荷运动速度 $\boldsymbol{v}$ 的方向，这时螺旋前进的方向便是该点 **B** 的方向，如图 2—7 所示。**B** 的方向总是垂直于 $\boldsymbol{F}_m$ 和 $\boldsymbol{v}$ 组成的平面。

在国际单位制（SI）中，力 F_m 的单位用牛顿（N），电量 Q 的单位用库仑（C），速度 v 的单位用米每秒(m/s)，磁感应强度的单位定为N·s/(C·m)，即 N/（A·m），称为特斯拉，用 T 表示，即

$$1\ \mathrm{T}=1\ \mathrm{N/(A\cdot m)}$$

磁感应强度的另一个单位是高斯，用 Gs 表示，两个单位间的换算关系为

$$1\ \mathrm{T}=10^4\ \mathrm{Gs}$$

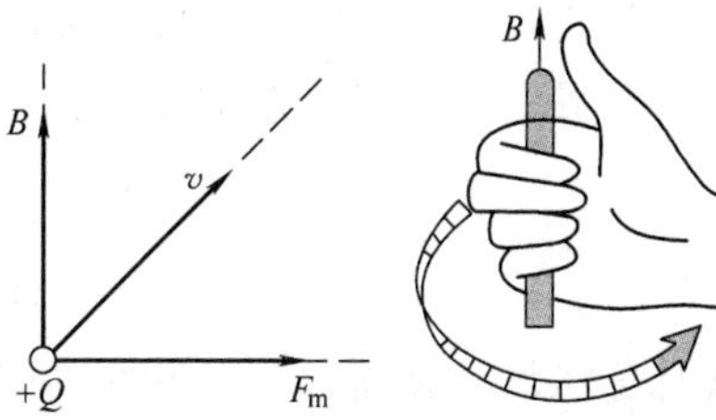

图 2—7　B，F_m 和 v 的方向

地球磁场的数量级大约是 10^{-4} T，严格地讲，地球表面的磁场在赤道处约为 0.3×10^{-4} T，在两极处约为 0.6×10^{-4} T。大型的电磁铁能激发出约为 2 T 的恒定磁场，超导磁体能激发高达 25 T 的磁场，人体心脏激发的磁场约为 3×10^{-10} T，而脉冲星表面的磁场约为 10^8 T。

可以用磁感应线来描绘磁场的分布，并且规定：通过磁场中某点处垂直于 **B** 矢量的单位面积的磁感应线数等于该点 **B** 矢量的大小，该点磁感应线的切线方向为 **B** 矢量的方向。

在任何磁场中，每一条磁感应线都是和闭合电流相互套链的无头无尾的闭合线，磁场较强的地方，磁感应线较密；反之，磁感应线就较疏，而且磁感应线的环绕方向和电流方向形成右手螺旋的关系，如图 2—8 所示。

2. 磁通量

在磁场中，通过一给定曲面的总磁感应线，称为通过该曲面的磁通量，用 Φ 表示。在曲面上取面积元 dS，如图 2—9 所示，dS 的法线方向与该点处磁感应强度方向之间的夹角为 θ，则通过面积元 dS 的磁通量为

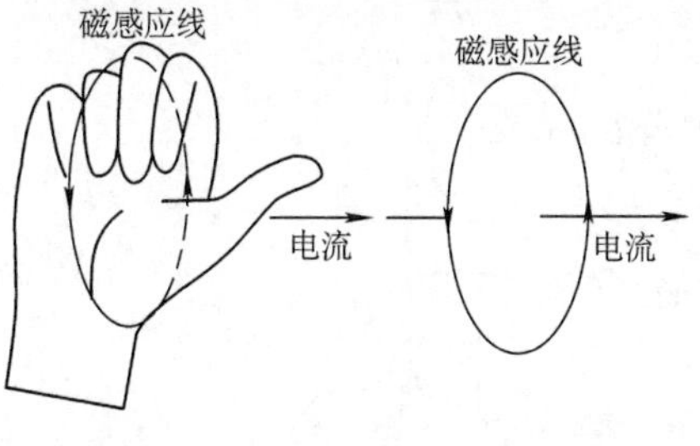

图 2—8　磁感应线环绕方向与电流方向的关系

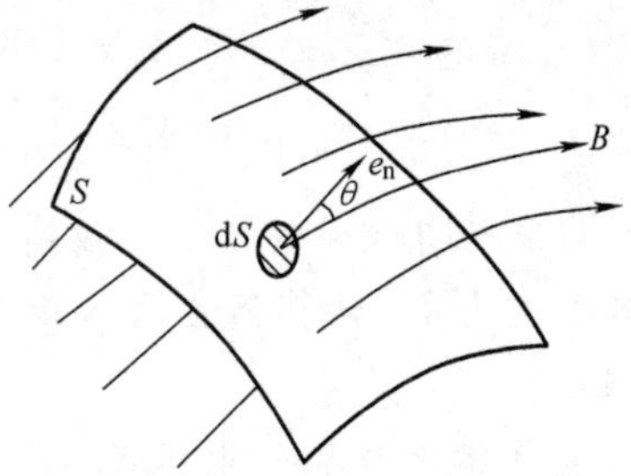

图 2—9　磁通量

$$\mathrm{d}\Phi=B\cos\theta\mathrm{d}S$$

或写成矢量点积的形式

$$\mathrm{d}\Phi=\boldsymbol{B}\cdot\mathrm{d}\boldsymbol{S} \tag{2—2}$$

所以，通过有限曲面 S 的磁通量为

$$\Phi=\int_s\mathrm{d}\Phi=\int_s\boldsymbol{B}\cdot\mathrm{d}S$$

磁通量的单位为 T·m²，叫做韦伯（Wb）。

在 SI 单位制中，磁通量的单位是韦［伯］(Wb)；在 CGS 单位制中，磁通量的单位是麦［克斯韦］(Mx)，1 麦［克斯韦］表示通过 1 根磁感应线。两者间换算关系为：

1 韦［伯］(Wb) $=10^8$ 麦［克斯韦］(Mx)

对闭合曲面来说，一般规定向外的指向为正法线的指向，这样，磁感应线从闭合面穿出处的磁通量为正，穿入处的磁通量为负。由于磁感应线是闭合线，因此，穿入闭合曲面的磁感应线数必然等于穿出闭合曲面的磁感应线数，所以通过任一闭合曲面的总磁通量必然为零，即

$$\oint_{s} \boldsymbol{B} \cdot \mathrm{d}\boldsymbol{S}=0 \tag{2—3}$$

上式称为磁场的高斯定理，是电磁场理论的基本方程之一。该定理说明，磁场是涡旋场，其磁感应线无头无尾，恒为闭合。

3. 毕奥-萨伐尔定律及其应用

(1) 毕奥-萨伐尔定律　一个载流导体 L 在空间任一点 P 产生的磁感应强度可由毕奥-萨伐尔定律来确定，即

$$\boldsymbol{B}=\int_{L} \mathrm{d}\boldsymbol{B}=\frac{\mu_0}{4\pi}\int_{L} \frac{I\mathrm{d}\boldsymbol{l}\times\boldsymbol{r}}{r^3} \text{。} \tag{2—4}$$

式中，$\mathrm{d}\boldsymbol{l}$ 表示在载流导体上沿电流方向所取的线元；I 为导线中的电流；r 是从电流元所在点到 P 点的矢量 $\boldsymbol{r}$ 的大小；$\mu_0=4\pi\times10^{-7}$ H/m，称为真空磁导率；$\mathrm{d}\boldsymbol{B}$ 的方向垂直于 $I\mathrm{d}\boldsymbol{l}$ 与 $\boldsymbol{r}$ 组成的平面，指向为由 $I\mathrm{d}\boldsymbol{l}$ 经小于 π 的角度转向 $\boldsymbol{r}$ 时右螺旋前进的方向，如图 2—10 所示。

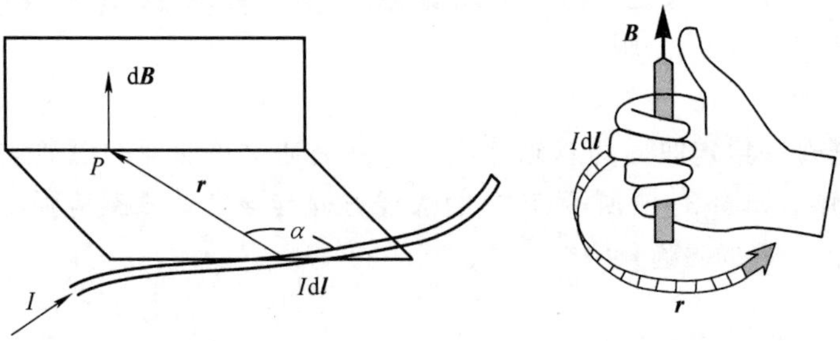

图 2—10　电流元所激发的磁感应强度

(2) 载流长直导体的磁场　设有长为 L 的载流直导体，其电流为 I，计算离直导体距离为 a 的 P 点的磁感应强度。

先在直导体上任取一电流元 $I\mathrm{d}\boldsymbol{l}$，如图 2—11 所示。按毕奥-萨伐尔定律，该电流元在给定 P 点的磁感应强度 $\mathrm{d}\boldsymbol{B}$ 为

$$\mathrm{d}\boldsymbol{B}=\frac{\mu_0}{4\pi}\frac{I\mathrm{d}\boldsymbol{l}\times\boldsymbol{r}}{r^3} \tag{2—5}$$

其中，$\mathrm{d}\boldsymbol{B}$ 的方向由 $I\mathrm{d}\boldsymbol{l}\times\boldsymbol{r}$ 来确定，即垂直纸面向内，在图中用⊗表示。由于长直导体 L 上每一个电流元在 P 点的磁感应强度 $\mathrm{d}\boldsymbol{B}$ 的方向都是一致的（垂

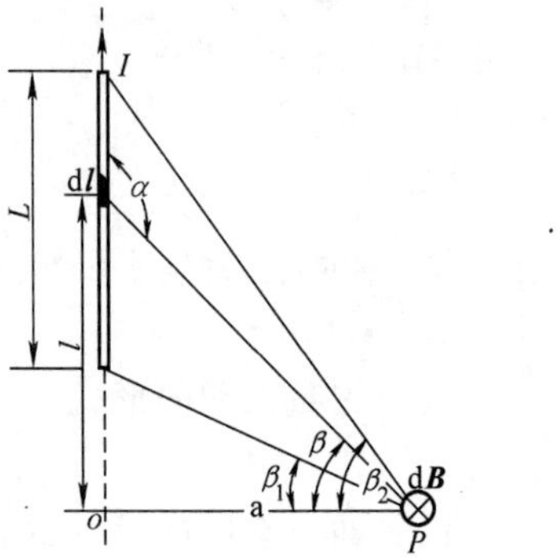

图 2—11　载流长直导体附近磁场的计算

直纸面向内)，所以矢量积分 $\boldsymbol{B}=\int_{L}\mathrm{d}\boldsymbol{B}$ 可改为标量积分

$$B=\int_{L}\mathrm{d}B=\int_{L}\frac{\mu_0}{4\pi}\frac{I\mathrm{d}l\sin\alpha}{r^2}\text{。} \tag{2—6}$$

由图 2—11 可得

$$\sin\alpha=\cos\beta \quad r=a\sec\beta \quad l=a\tan\beta \quad \mathrm{d}l=a\sec^2\beta\mathrm{d}\beta$$

从而

$$B=\int_{L}\frac{\mu_0}{4\pi}\frac{I\mathrm{d}l\sin\alpha}{r^2}=\frac{\mu_0}{4\pi}\int_{\beta_1}^{\beta_2}\frac{I}{a}\cos\beta\mathrm{d}\beta=\frac{\mu_0 I}{4\pi a}(\sin\beta_2-\sin\beta_1) \tag{2—7}$$

式中，β_1 和 β_2 分别为直线的两个端点到 P 点的矢量与 P 点到直导线垂线之间的夹角。角 β 从垂线向上转的取正值，从垂线向下转的取负值。

对于“无限长”载流直导体，则取 $\beta_1=-\frac{\pi}{2}$ $\beta_2=\frac{\pi}{2}$，代入式（2—7）可得

$$B=\frac{\mu_0 I}{4\pi a}\left[\sin\frac{\pi}{2}-\sin\left(-\frac{\pi}{2}\right)\right]=\frac{\mu_0 I}{2\pi a} \tag{2—8}$$

（3）载流圆线圈轴线上的磁场　设有圆形线圈 L，半径为 R，通以电流 I，如图 2—12所示。

根据毕奥-萨伐尔定律，圆线圈上任一电流元 $I\mathrm{d}\boldsymbol{l}$ 在轴线 P 点产生的磁感应强度 $\mathrm{d}\boldsymbol{B}$ 为

$$\mathrm{d}\boldsymbol{B}=\frac{\mu_0}{4\pi}\frac{I\mathrm{d}\boldsymbol{l}\times\boldsymbol{r}}{r^3} \tag{2—9}$$

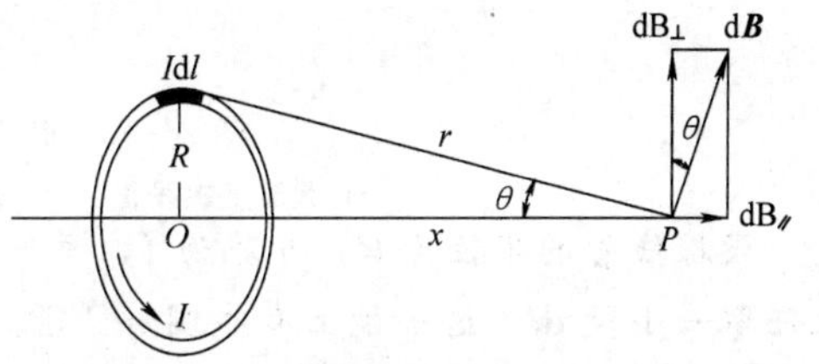

图 2—12　载流圆线圈轴线上磁场的计算

各电流元在 P 点的磁感应强度大小相等，方向各不相同，但各 $\mathrm{d}\boldsymbol{B}$ 与轴线成一相等的夹角，如图 2—12 所示。将 $\mathrm{d}\boldsymbol{B}$ 分解为平行于轴线的分矢量 $\mathrm{d}\boldsymbol{B}_{/\!/}$ 和垂直于轴线的分矢量 $\mathrm{d}\boldsymbol{B}_{\perp}$。由于对称关系，任一直径两端的电流元在 P 点的磁感应强度的垂直轴线的分量 $\mathrm{d}\boldsymbol{B}_{\perp}$ 大小相等，方向相反，因此，载流圆线圈上电流在 P 点的磁感应强度分量 $\mathrm{d}\boldsymbol{B}_{\perp}$ 互相抵消，而 $\mathrm{d}\boldsymbol{B}_{/\!/}$ 互相加强。所以 P 点磁感应强度为圆形线圈上所有电流元的 $\mathrm{d}\boldsymbol{B}_{/\!/}$ 的代数和，即

$$B=\int_{L}\mathrm{d}B_{/\!/}=\int_{L}\mathrm{d}B\sin\theta \tag{2—10}$$

式中，θ 为 r 与轴线的夹角。将式（2—5）代入式（2—10）可得

$$B=\frac{\mu_0}{4\pi}\int_{L}\frac{I\mathrm{d}l}{r^2}\sin\theta=\frac{\mu_0 I\sin\theta}{4\pi r^2}\int_{0}^{2\pi R}\mathrm{d}l=\frac{\mu_0 I\sin\theta}{4\pi r^2}2\pi R \tag{2—11}$$

因为

$$r^2=R^2+x^2 \quad \sin\theta=\frac{R}{r}=\frac{R}{(R^2+x^2)^{1/2}}$$

所以

$$B=\frac{\mu_0 IR^2}{2(R^2+x^2)^{3/2}}=\frac{\mu_0}{2\pi}\frac{IS}{(R^2+x^2)^{3/2}} \tag{2—12}$$

式中，$S=\pi R^2$ 为圆线圈的面积。

圆线圈轴线上各点的磁感应强度都沿轴线方向，与电流方向组成右手螺旋关系，离圆心

距离 x 越远，磁场越弱。在圆心 O 点处，$x=0$，由式（2—12）得

$$B_0=\frac{\mu_0 I}{2R} \tag{2—13}$$

（4）载流直螺线管内部的磁场　直螺线管是指均匀地密绕在直圆柱面上的螺旋形线圈，如图 2—13a 所示。

a)

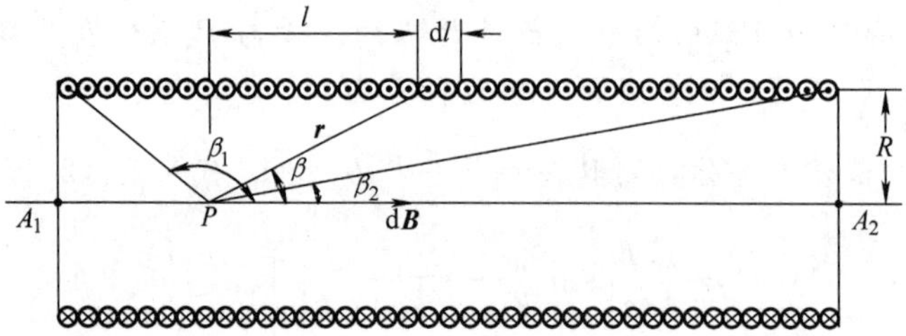

b)

图 2—13　载流直螺线管内部的磁场

a）载流直螺线管　b）直螺线管轴上各点磁感应强度计算

设螺线管的半径为 R，电流为 I，每单位长度有线圈 n 匝，如图 2—13b 所示，在螺线管上任取一小段 $\mathrm{d}l$，这小段上有线圈 $n\mathrm{d}l$ 匝。由于管上线圈绕得很紧密，这小段上的线圈相当于电流为 $In\mathrm{d}l$ 的一个圆形电流，由式（2—12）可知这小段上的线圈在轴线上某点 P 所激发的磁感应强度

$$\mathrm{d}B=\frac{\mu_0}{2}\frac{R^2 In\mathrm{d}l}{(R^2+l^2)^{3/2}} \tag{2—14}$$

式中，l 是 P 点到螺线管上 $\mathrm{d}l$ 处的长度，磁感应强度的方向沿轴线向右。因为螺线管的各小段在 P 点所产生的磁感应强度的方向都相同，因此整个螺线管所产生的总磁感应强度

$$B=\int_L \mathrm{d}B=\int_L \frac{\mu_0}{2}\frac{R^2 In\mathrm{d}l}{(R^2+l^2)^{3/2}} \tag{2—15}$$

为了便于积分，引入参变量 β 角，也就是螺线管的轴线与 P 点到 $\mathrm{d}l$ 处线圈上任一点的矢量 $\boldsymbol{r}$ 之间的夹角。从图 2—13b 中可以得到

$$l=R\cot\beta \tag{2—16}$$

对式（2—16）求微分得

$$\mathrm{d}l=-R\csc^2\beta\mathrm{d}\beta \tag{2—17}$$

又因为

$$R^2+l^2=R^2\csc^2\beta \tag{2—18}$$

所以将式（2—17）、式（2—18）及积分变量 β 的上下限 β_2 和 β_1 代入式（2—15）后得

$$B=\frac{\mu_0}{2}nI\int_{\beta_1}^{\beta_2}(-\sin\beta)\mathrm{d}\beta=\frac{\mu_0}{2}nI(\cos\beta_2-\cos\beta_1) \tag{2—19}$$

如果螺线管为“无限长”，亦即螺线管的长度较其直径大得多时，$\beta_1 \to \pi$，$\beta_2 \to 0$，则

$$B=\mu_0 nI \tag{2—20}$$

这一结果说明：任何绕得很紧密的长螺线管内部轴线上的磁感应强度都和点的位置无关。还可以证明，对于不在轴线上的内部各点磁感应强度 $\boldsymbol{B}$ 的值也等于 $\mu_0 nI$，因此“无限长”螺线管内部的磁场是均匀的。

对长螺线管的端点来说，例如在 A_1 点，$\beta_1 \to \frac{\pi}{2}$，$\beta_2 \to 0$，所以在 A_1 点处的磁感应强度为

$$B=\frac{1}{2}\mu_0 nI \tag{2—21}$$

恰好是内部磁感应强度的一半。长直螺线管所激发的磁感应强度的方向沿着螺线管轴线，其指向可按右手定则确定，右手四指表示电流的流向，拇指所指的方向就是磁场的方向。

4. 安培环路定理

已知长直载流导体周围的磁感应线是一组以导体为中心的同心圆，如图 2—14a 所示。在垂直于导线的平面内任意作一包围电流的闭合曲线 L，如图 2—14b 所示。

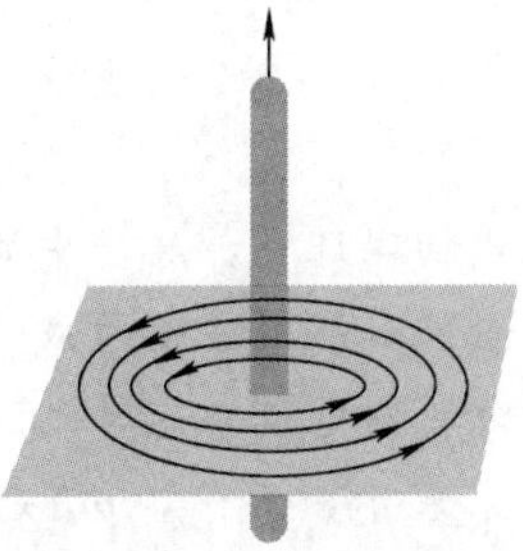

a)

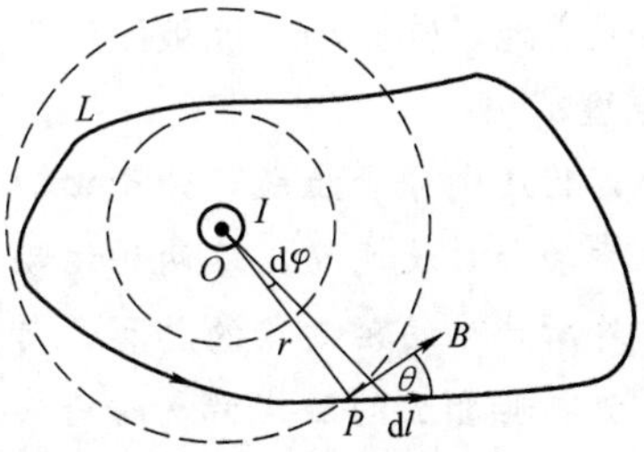

b)

图 2—14 安培环路定理

根据公式（2—8）可得，曲线上任一点 P 的磁感应强度为

$$B=\frac{\mu_0}{2\pi}\frac{I}{r} \tag{2—22}$$

式中，I 为导线中的电流；r 为该点离开导线的距离。

由图 2—14b 可知，$\mathrm{d}l\cos\theta=r\mathrm{d}\varphi$，所以按图中所示的绕行方向沿这条闭合曲线，对 $\boldsymbol{B}$ 矢量的线积分为

$$\oint_L \boldsymbol{B}\cdot\mathrm{d}\boldsymbol{l}=\oint_L B\cos\theta\mathrm{d}l=\oint_L Br\mathrm{d}\varphi=\int_0^{2\pi}\frac{\mu_0}{2\pi}\frac{I}{r}r\mathrm{d}\varphi=\frac{\mu_0 I}{2\pi}\int_0^{2\pi}\mathrm{d}\varphi=\mu_0 I$$

以上结果虽然是从长直载流导线的磁场的特例导出的，但其结论具有普遍性，对任意几何形状的通电导体的磁场都是适用的，而且当闭合曲线包围多根载流导线时也同样适用，故一般可写成

$$\oint_L \boldsymbol{B}\cdot\mathrm{d}\boldsymbol{l}=\mu_0\sum I \tag{2—23}$$

该式表达了电流与它所激发磁场之间的普遍规律，称为真空中的安培环路定理。

2.1.4 磁介质中的磁场

1. 磁介质

能影响磁场的物质称为磁介质。各种宏观物质对磁场都有不同程度的影响，因此一般都是磁介质。

设某一电流分布在真空中激发的磁感应强度为 $\boldsymbol{B}_0$，那么在同一电流分布下，当磁场中放进了某种磁介质后，磁化了的磁介质将激发附加磁感应强度 $\boldsymbol{B}'$，这时磁场中任一点的磁感应强度 $\boldsymbol{B}$ 等于 $\boldsymbol{B}_0$ 和 $\boldsymbol{B}'$ 的矢量和，即

$$\boldsymbol{B}=\boldsymbol{B}_0+\boldsymbol{B}' \tag{2—24}$$

由于磁介质有不同的磁化特性，它们磁化后所激发的附加磁场也有所不同。据此可把磁介质分为顺磁性材料（顺磁质）、抗磁性材料（抗磁质）和铁磁性材料（铁磁质），抗磁性材料又叫逆磁性材料。顺磁性材料被磁化后，磁介质中的磁感应强度 B 稍大于 B_0，即 $B>B_0$，如铝、铬、锰、铂、氮等，能被磁体轻微吸引。抗磁性材料被磁化后，磁介质中的磁感应强度 B 稍小于 B_0，即 $B<B_0$，如铜、银、金、铅、锌等，能被磁体轻微排斥。铁磁性材料被磁化后，所激发的附加磁感应强度 B' 远大于 B_0，使得 $B\gg B_0$，如铁、镍、钴、钆及其合金等，铁磁质能显著地增强磁场，能被磁体强烈吸引。

2. 磁化强度

众所周知，物质由分子组成，分子由原子组成。近代物理证明，原子中的每个电子都在做绕核的循轨运动和自旋运动，这两种运动都产生磁效应。如果把分子看成一个整体，分子中各个电子对外所产生的磁效应的总和，可以用一个等效的圆电流来表示。这个等效的圆电流称为分子电流，其相应的磁矩称为分子磁矩，用 $\boldsymbol{p}_{\mathrm{m}}$ 来表示，显然，$\boldsymbol{p}_{\mathrm{m}}$ 是分子中各个电子轨道磁矩和自旋磁矩的矢量和。

在无外磁场时，磁介质内部任一体积元 ΔV 内所有分子磁矩的矢量和为零，即 $\sum \boldsymbol{p}_{\mathrm{m}}=0$。这是因为受分子杂乱无章的热运动的影响，分子磁矩指向各向的概率相等，因而磁介质对外不显磁性。

当磁介质处于外磁场 $\boldsymbol{B}$ 中时，每个分子都受到一个力矩 $\boldsymbol{L}_0=\boldsymbol{p}_{\mathrm{m}}\times\boldsymbol{B}$，该力矩迫使分子磁矩转向外磁场 $\boldsymbol{B}$ 的方向，于是，在外磁场的作用下，任一体积元 ΔV 内所有分子磁矩的矢量和不为零，即 $\sum \boldsymbol{p}_{\mathrm{m}}\neq 0$。这样，磁介质对外就显示出一定的磁性，或者说磁介质被磁化了。为了描述磁介质的磁化状态（磁化程度和磁化方向），引入了磁化强度矢量 $\boldsymbol{M}$，它表示单位体积内所有分子磁矩的矢量和，即

$$\boldsymbol{M}=\frac{\sum \boldsymbol{p}_{\mathrm{m}}}{\Delta V} \tag{2—25}$$

单位是安每米（A/m）。如果在磁介质中各点的磁化强度矢量的大小和方向都相同，则称该磁化是均匀的；否则，磁化是不均匀的。

在外磁场中，磁化了的磁介质会激发附加磁场，该附加磁场起源于磁化了的介质内所出现的束缚电流（实质上是分子电流的宏观表现）。

设有一“无限长”的载流直螺线管，管内充满均匀磁介质，电流在螺线管内激发均匀磁场。在此磁场中磁介质被均匀磁化，这时磁介质中各个分子电流平面将转到与磁场的方向相垂直。均匀磁化的磁介质中的分子电流如图 2—15 所示，从图中可以看出磁介质内任一截面上分子电流排列的情况。从图 2—15b 和图 2—15c 中还可以看出，在磁介质内部任意一点处，总是有两个方向相反的分子电流通过，结果相互抵消；只有在截面边缘处，分子电流未被抵消，形成与截面边缘重合的圆电流。对磁介质的整体而言，未被抵消的分子电流是沿着柱面流动的，称为束缚面电流。对顺磁性物质，束缚面电流和螺线管上导体中的电流 I 方向相同；对抗磁性物质，则两者方向相反。

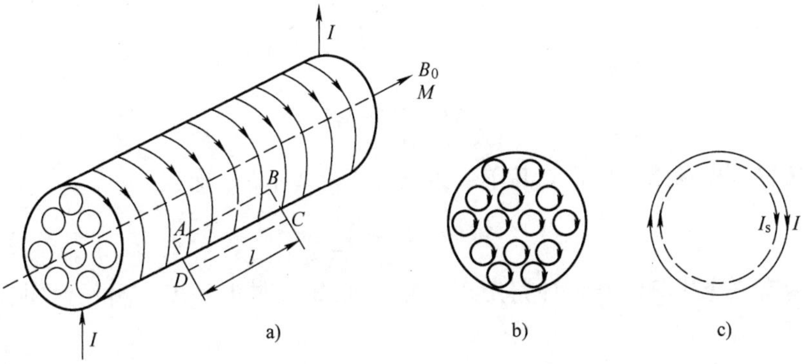

图 2—15　均匀磁化的磁介质中的分子电流

设 α_s 为圆柱形磁介质表面上“单位长度的束缚面电流”，S 为磁介质的截面积，l 为所选取的一段磁介质的长度。在 l 长度上，束缚电流的总量值为 $I_s=l\alpha_s$，因此，在这段磁介质总体积 Sl 中的总磁矩为

$$\sum p_m = I_s S = \alpha_s Sl \tag{2—26}$$

根据 $\boldsymbol{M}$ 的定义有

$$M=\frac{\sum p_m}{\Delta V}=\frac{\alpha_s Sl}{Sl}=\alpha_s \tag{2—27}$$

在图 2—15a 所示的圆柱形磁介质的边界附近，取一长方形闭合回路 $ABCD$，AB 边在磁介质内部，它平行于圆柱轴线，长度为 l，而 BC，AD 两边则垂直于柱面。在磁介质内部各点处，$\boldsymbol{M}$ 都沿 AB 方向，大小相等；在柱外各点处 M 都为 0。所以 M 沿 BC，CD，DA 三边的积分为零，因而 $\boldsymbol{M}$ 对闭合回路 $ABCD$ 的积分等于 $\boldsymbol{M}$ 沿 AB 边的积分，即

$$\oint \boldsymbol{M}\cdot d\boldsymbol{l}=\int_A^B \boldsymbol{M}\cdot d\boldsymbol{l}=M\overline{AB}=Ml \tag{2—28}$$

将式（2—27）中 $M=\alpha_s$ 代入 $\oint \boldsymbol{M}\cdot d\boldsymbol{l}$ 后得

$$\oint \boldsymbol{M}\cdot d\boldsymbol{l}=\alpha_s l=I_s \tag{2—29}$$

该式表明，磁化强度对闭合回路的线积分等于通过回路所包围的面积内的总束缚电流。该式虽是从均匀磁化介质及长方形闭合回路的简单特例导出的，但却是在任何情况都普遍适用的关系式。

3. 磁场强度

前面已经说明，在电流产生磁场中有磁介质存在时，空间任一点的磁感应强度 $\boldsymbol{B}$ 等于导线中的电流（称为传导电流）所激发的磁场与磁介质磁化后束缚电流所激发的附加磁场的矢量和，这时安培环路定理应为

$$\oint \boldsymbol{B} \cdot \mathrm{d}\boldsymbol{l} = \mu_0 \left(\sum I + I_s \right) \quad (2\text{—}30)$$

将式（2—29）代入式（2—30），得

$$\oint \boldsymbol{B} \cdot \mathrm{d}\boldsymbol{l} = \mu_0 \left(\sum I + \oint \boldsymbol{M} \cdot \mathrm{d}\boldsymbol{l} \right)$$

或

$$\oint \left(\frac{\boldsymbol{B}}{\mu_0} - \boldsymbol{M} \right) \cdot \mathrm{d}\boldsymbol{l} = \sum I$$

令

$$\boldsymbol{H} = \frac{\boldsymbol{B}}{\mu_0} - \boldsymbol{M} \quad (2\text{—}31)$$

式中，$\boldsymbol{H}$ 称为磁场强度矢量，其单位为安每米（A/m），故有

$$\oint \boldsymbol{H} \cdot \mathrm{d}\boldsymbol{l} = \sum I \quad (2\text{—}32)$$

该式称为有磁介质时的安培环路定理，它表明 $\boldsymbol{H}$ 矢量的环流（沿任何闭合曲线的线积分）只和传导电流 $\boldsymbol{I}$ 有关，与磁介质的磁性无关。

根据式（2—31）可得

$$\boldsymbol{B} = \mu_0 \boldsymbol{H} + \mu_0 \boldsymbol{M} \quad (2\text{—}33)$$

磁化强度 $\boldsymbol{M}$ 不仅和磁介质的性质有关，也和磁介质所处的磁场有关。实验证明，对于各向同性的磁介质，在磁介质中任一点磁化强度 $\boldsymbol{M}$ 和磁场强度 $\boldsymbol{H}$ 成正比，即

$$\boldsymbol{M} = \chi_m \boldsymbol{H} \quad (2\text{—}34)$$

式中，χ_m 为物质的磁化率。不同物质的磁化率是不同的，抗磁质的磁化率是负值，顺磁质的磁化率是正值，但都很小，铁磁质的磁化率为正，而且很高。把式（2—34）代入式（2—33）可得

$$\boldsymbol{B} = \mu_0 \boldsymbol{H} + \mu_0 \boldsymbol{M} = \mu_0 (1 + \chi_m) \boldsymbol{H}$$

通常令

$$\mu_r = 1 + \chi_m$$

式中，μ_r 称为该磁介质的相对磁导率，于是有

$$\boldsymbol{B} = \mu_0 \mu_r \boldsymbol{H} = \mu \boldsymbol{H} \quad (2\text{—}35)$$

式中，$\mu = \mu_0 \mu_r$ 称为磁介质的磁导率，或称为绝对磁导率。

磁感应强度 $\boldsymbol{B}$ 与磁场强度 $\boldsymbol{H}$ 的比值称为磁导率，或称为绝对磁导率，用符号 μ 表示。磁导率表示材料被磁化的难易程度，它反映了材料的导磁能力。在 SI 单位制中磁导率的单位是亨［利］每米（H/m）。磁导率 μ 不是常数，而是随磁场大小不同而改变的变量，有最大值和最小值。

在真空中，磁导率是一个不变的恒定值，用 μ_0 表示，称为真空磁导率，$\mu_0 = 4\pi \times 10^{-7}$ H/m。在 CGS 单位制中，$\mu_0 = 1$ Gs/Oe。

为了比较各种材料的导磁能力，把任一种材料的磁导率和真空磁导率的比值，$\mu_r = \mu / \mu_0$ 叫做该材料的相对磁导率，用 μ_r 表示，μ_r 为一纯数，无单位。

对于各向同性的磁介质，χ_m 和 μ_r 都是无量纲的常数。所有顺磁性材料、抗磁性材料的磁化率都很小，其相对磁导率几乎等于 1，这说明它们对原磁场只产生微弱的影响。

对于铁磁性材料，铁磁质中任一点的 $\boldsymbol{B}$，$\boldsymbol{M}$，$\boldsymbol{H}$ 三矢量之间的普遍关系仍采用式（2—33），但是实验发现铁磁质中 $\boldsymbol{B}$ 与 $\boldsymbol{H}$ 以及 $\boldsymbol{M}$ 与 $\boldsymbol{H}$ 之间并没有线性的正比关系，甚至不存在单值关系，铁磁质的磁导率、相对磁导率和磁化率也都不是常数。

为了形象地表示出磁场中 $\boldsymbol{H}$ 矢量的分布，可以引入 $\boldsymbol{H}$ 线（磁感应线）来描述磁场，规定如下：磁感应线上任一点的切线方向和该点 $\boldsymbol{H}$ 矢量的方向相同，磁感应线的疏密程度代表 $\boldsymbol{H}$ 矢量的大小，磁感应线越密，表示 H 越大，磁感应线越疏，表示 H 越小。

2.2 铁磁性材料

2.2.1 磁畴

在铁磁质中，相邻铁原子中的电子间存在着非常强的交换耦合作用，这个相互作用促使相邻原子中电子磁矩平行排列起来，形成一个自发磁化达到饱和状态的微小区域，这些自发磁化的微小区域，称为磁畴。一个典型的磁畴宽度约为 10^{-3} cm，体积约为 10^{-9} cm^3，内部大约含有 10^{14} 个磁性原子。现在，磁畴的结构和形状已能在实验中观察到。在磨光的铁磁质表面上撒一层极细的铁粉，因为磁畴的边界处存在着不均匀的强磁场，它将铁粉吸引到磁畴的边界上去，用金相显微镜可以直接观察到粉末沿着磁畴的边界聚集形成某种图形。某铁磁性材料的磁畴如图 2—16 所示。

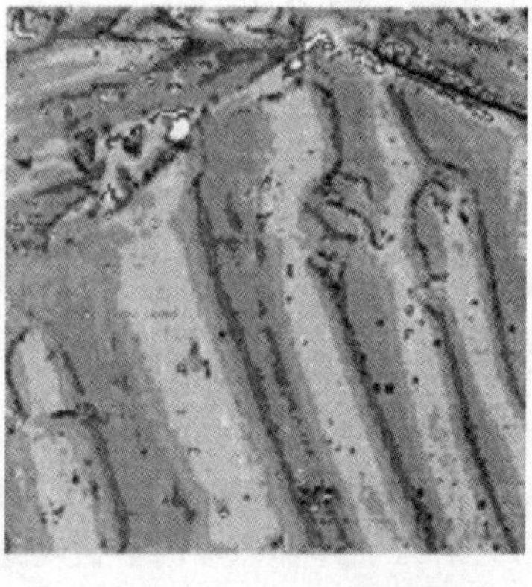

图 2—16　某铁磁性材料的磁畴

在没有外加磁场作用时，铁磁性材料内各磁畴的磁矩方向相互抵消，对外显示不出磁性，如图 2—17a 所示。当把铁磁性材料放到外加磁场中去时，磁畴就会受到外加磁场的作用，一是使磁畴磁矩转动，二是使畴壁（畴壁是相邻磁畴的分界面）发生位移，最后全部磁畴的磁矩方向转向与外加磁场方向一致，如图 2—17b 所示，铁磁性材料被磁化。铁磁性材料被磁化后，就变成磁体，显示出很强的磁性。去掉外加磁场之后，磁畴出现局部转动，但仍保留一定的剩余磁性，如图 2—17c 所示。

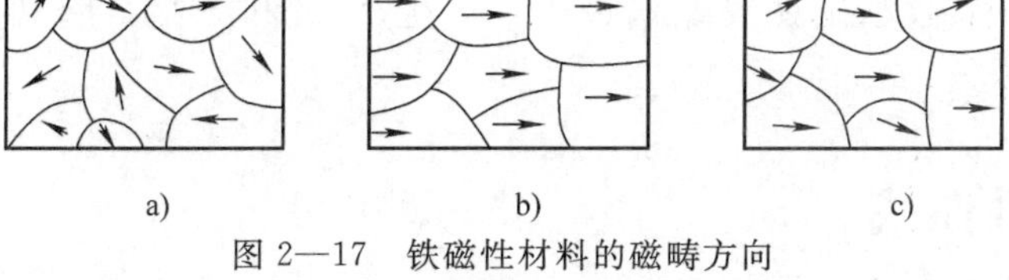

a)　　b)　　c)

图 2—17　铁磁性材料的磁畴方向

a）不显示磁性　b）磁化　c）保留一定剩磁

永久磁铁中的磁畴，在一个方向上占优势，因而形成 N 极和 S 极，能显示出很强的磁性。

在高温情况下，磁体中的分子热运动会破坏磁畴的有规则排列，使磁体的磁性削弱。超过某一温度后，磁体的磁性也就全部消失而呈现顺磁性，实现了材料的退磁。铁磁性材料在此温度以上不能再被外加磁场磁化，铁磁性材料失去原有磁性的临界温度称为居里点或居里温度。从居里点以上的高温冷却下来时，只要没有外磁场的影响，材料仍然处于退磁状态。

部分铁磁性材料的居里点见表 2—1。

表 2—1　部分铁磁性材料的居里点

材　料	居里点（℃）
铁	769
镍	365
钴	1 150
铁，硅 5%	720
铁，铬 10%	740
铁，锰 4%	715
铁，钒 6%	815

2.2.2　磁化过程

铁磁性材料的磁化过程，如图 2—18 所示。

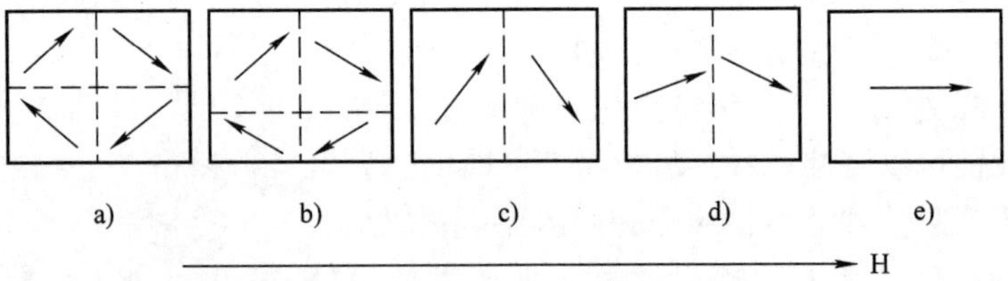

图 2—18　铁磁性材料的磁化过程

1. 未加外加磁场时，磁畴磁矩杂乱无章，对外不显示宏观磁性，如图 2—18a 所示。

2. 在较小的磁场作用下，磁矩方向与外加磁场方向一致或接近的磁畴体积增大，而磁矩方向与外加磁场方向相反的磁畴体积减小，畴壁发生位移，如图 2—18b 所示。

3. 增大外加磁场时，磁矩转动畴壁继续位移，最后只剩下与外加磁场方向比较接近的磁畴，如图 2—18c 所示。

4. 继续增大外加磁场，磁矩方向转动，与外加磁场方向接近，如图 2—18d 所示。

5. 当外加磁场增大到一定值时，所有磁畴的磁矩都沿外加磁场方向有序排列，达到磁化饱和，相当于一个微小磁铁或磁偶极子，产生 N 极和 S 极，宏观上呈现磁性，如图 2—18e所示。

2.2.3　磁特性曲线

初始磁化曲线是表征铁磁性材料磁特性的曲线，用以表示 $M—H$ 或 $B—H$ 的关系。

将铁磁性材料做成环形样品，绕上一定匝数的线圈，线圈经过换向开关K和可变电阻器R接到直流电源上，其电路如图2—19所示。

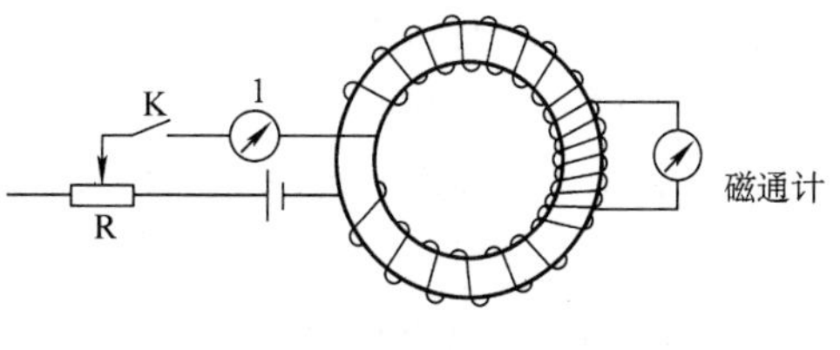

图2—19　磁化曲线测量电路

通过测量线圈中的电流 I，算出材料内部的磁场强度 H 值；用冲击检流计或磁通计测量此时穿过环形样品横截面的磁通量 Φ，从而计算出磁感应强度 B 值；将磁场强度 H 值和磁感应强度 B 值代入式（2—33）可以计算出磁化强度 M 值。根据计算结果画成的初始磁化曲线、B—H 曲线和 μ—H 曲线如图2—20和图2—21所示。

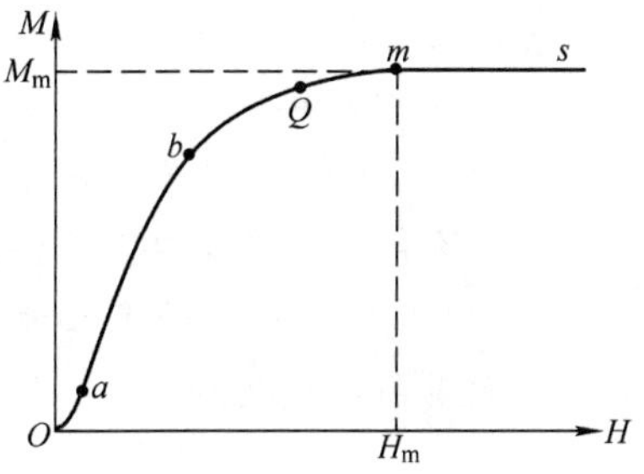

图2—20　初始磁化曲线

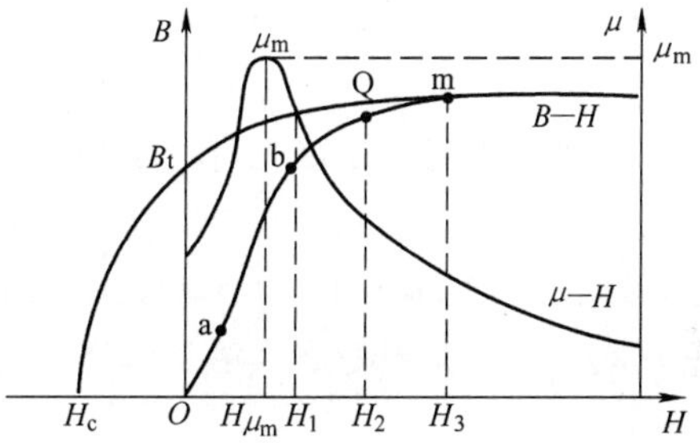

图2—21　B—H 曲线和 μ—H 曲线

图2—20所示是铁磁性物质的典型磁化曲线（M—H 曲线），它反映了铁磁性物质的共同磁化特点。实验结果表明铁磁质的磁化曲线有以下特点：设磁化前铁磁质为磁中性，铁磁环中 $H=0$，$M=0$，当磁场 H 逐渐增加时，M 随之增加，开始增加得比较缓慢（oa 段），然后经过一段急剧上升的过程（ab 段），又进入缓慢变化的阶段（bQ 段和 Qm 段），这时，再继续增大磁化场，M 却保持不变（ms 段），铁磁质已磁化到饱和，饱和时的磁化强度叫做饱和磁化强度 M_m。在图2—20中未到达饱和磁化状态的一段曲线，叫做起始磁化曲线。下面对以上几个磁化阶段分别加以说明。

“oa”段：这一段称为初始磁化区。在这个区域内，磁环中的磁化强度随其中的磁场强度 H 的增加缓慢增加，并且磁化是可逆的，即磁化到 a 点，如磁化场 H 又逐渐减小到零，则试件中的磁化强度 M 沿 ao 曲线缓慢减小到零，因为在这个阶段起主要作用的是可逆的畴壁位移，而磁畴磁矩的可逆转动作用很小。

“ab”段：磁化强度 M 随 H 增加急剧增大，此时若去掉磁化场，磁化强度不再回到零，而保留相当大的剩磁。因此，“ab”段称为不可逆的急剧磁化区。这段起主要作用的是不可逆的畴壁位移，同时，也有不少的磁畴磁矩逐渐转向外磁场方向，因而 M 表现为不连续的跳跃式的急剧变化，这种现象称为巴克豪森效应。另外，最大磁导率 μ_m 就出现在这个区域内。

“bQ”段：磁化强度 M 随 H 的增加开始减慢，这段称为旋转磁化区，磁化中起主要作用的是磁畴磁矩的转动。

“Qm”段：随 H 的增加，磁化强度变化很小，这是因为各磁畴的磁矩与外磁场方向成很小的角度，磁化以可逆磁畴磁矩的转动为主，这个区域称为近饱和区。

“ms”段：随着 H 的增加，磁化强度不再变化，这时各磁畴的磁矩全部都转向了外磁场方向，这个区域称为饱和区。

不同铁磁材料的初始磁化曲线是不一样的，软磁材料（如工业纯铁、低碳钢等）的磁化曲线比较陡峭，说明这种材料易于磁化；硬磁材料（如高碳钢、高合金钢等）的磁化曲线比较平坦，说明这种材料不易磁化。

从图 2—20 看出，当 $H=H_m$ 时，再增大 H，磁化强度也不再变化。但是这时磁感应强度 $B=\mu_0 M_m+\mu_0 H$，却随 H 增加成线性缓慢增大，如图 2—21 所示，并无所谓饱和与否。平时说的饱和磁感应强度 B_m 只是在以下两种情况有确定的意义：一是试件中的 $H=0$（如永久磁铁）的情况，定义 $B_m=\mu_0 M_m$ 为饱和磁感应强度，也叫“内禀饱和磁感应强度”。二是试件中的 M_m 比 H_m 大得多的情况（如软磁合金的 $M_m\approx10^6$ A/m，而 $H_m<10^4$ A/m），把比 H_m 稍大磁场下的 B 叫做饱和磁感应强度 B_m，这两种情况下定义的 B_m 基本相同。

由图 2—21 可以看出 B—H 曲线和 μ—H 曲线的关系，它是制定周向磁化规范选取磁场大小的依据。在连续法磁化时，磁场值一定要大于 H_{μ_m}，在 $H_{\mu_m}\sim H_1$ 范围内，属于急剧磁化区或激烈磁化区。标准规范应选在 bQ 段，即 $H_1\sim H_2$（近饱和区）范围内。严格规范应选在 Qm 段，即 $H_2\sim H_3$（基本饱和区）范围内。从图上可以看出，磁场强度在大于 H_{μ_m} 后，H 越大，μ 值则越小，磁化后产生的漏磁场就越大，探伤灵敏感度就越高。

2.2.4 磁滞回线

描述磁滞现象的闭合磁化曲线叫磁滞回线，如图 2—22 所示。当铁磁性材料在外加磁场强度作用下磁化到 1 点后，减小磁场强度到零，磁感应强度并不沿曲线 1—0 下降，而是沿曲线1—2降到 2 点，这种磁感应强度变化滞后于磁场强度变化的现象叫磁滞现象，它反映了磁化过程的不可逆性。当磁场强度增大到 1 点时，磁感应强度不再增加，得到的 0—1 曲线称为初始磁化曲线。当外加磁场强度 H 减小到零时，保留在材料中的磁性，称为剩余磁感应强度，简称剩磁，用 B_r 表示，如图中的 02 和 05。为了使剩磁减小到零，必须施加一个反向磁场强度，使剩磁降为零所施加的反向磁场强度称为矫顽力，用 H_c 表示，如图中的 03 和 06。

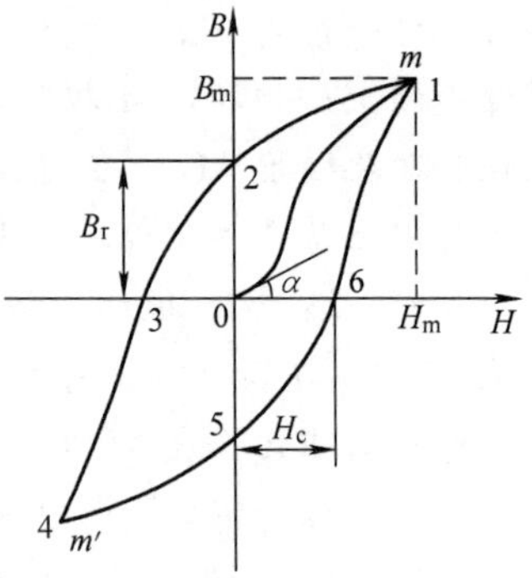

图 2—22　磁滞回线

如果反向磁场强度继续增加，材料就呈现与原来方向相反的磁性，同样可达到饱和点 m'，当 H 从负值减小到零时，材料具有反方向的剩磁 $-B_r$，即 05。磁场经过零值后再向正方向增加时，为了使 $-B_r$减小到零，必须施加一个反向磁场强度，如图中的 06，磁场在正方向继续增加时曲线回到 1 点，完成一个循环，如图中的 1—2—3—4—5—6—1，即材料内的磁感应强度 B 是按照一条对称于坐标原点的闭合磁化曲线变化的，这条闭合曲线称为磁滞回线。只有交流电才产生这种磁滞回线。

图 2—22 中，$\pm B_m$ 为饱和磁感应强度，表示工件在饱和磁场强度 $\pm H_m$ 磁化下 B 达到饱和，不再随 H 的增大而增大，对应的磁畴全部转向与磁场方向一致。α 为初始磁化曲线的切线与 x 轴的夹角，$\alpha=\arctan$（B/H），α 的大小反映铁磁性材料被磁化的难易程度。

根据上面阐述，可归纳出铁磁性材料具有以下特性：

(1) 高导磁性——能在外加磁场中强烈地磁化，产生非常强的附加磁场，它的磁导率很高，相对磁导率可达数百甚至数千。

(2) 磁饱和性——铁磁性材料由于磁化所产生的附加磁场，不会随外加磁场增加而无限地增加，当外加磁场达到一定程度后，全部磁畴的方向都与外加磁场的方向一致，磁感应强度 B 不再增加，呈现磁饱和。

(3) 磁滞性——当外加磁场的方向发生变化时，磁感应强度的变化滞后于磁场强度的变化。当磁场强度减小到零时，铁磁性材料在磁化时所获得的磁性并不完全消失，而保留了剩磁。

根据铁磁性材料矫顽力 H_c 大小可分为软磁材料和硬磁材料两大类。$H_c<100$ A/m 认为是软磁材料，其磁滞回线如图 2—23a 所示。$H_c \geqslant 100$ A/m 认为是硬磁材料，其磁滞回线如图 2—23b 所示。现代电动机中常用的一种铁氧体材料的磁滞回线近似呈矩形，如图2—23c所示，故称矩磁材料，其特点是：一经磁化，其剩余磁感应强度接近于非常稳定的饱和值 B_m。

软磁材料和硬磁材料具有以下特征：

(1) 软磁材料——是指磁滞回线狭长，具有高磁导率、低矫顽力和低磁阻的铁磁性材料。软磁材料磁粉检测时容易磁化，也容易退磁。软磁材料有电工用纯铁、低碳钢和软磁铁氧体等材料。

(2) 硬磁材料——是指磁滞回线肥大，具有低磁导率、高剩磁、高矫顽力和高磁阻的铁磁性材料。硬磁材料磁粉检测时难以磁化，也难以退磁。硬磁材料有铝镍钴、稀土钴和硬磁铁氧体等材料。

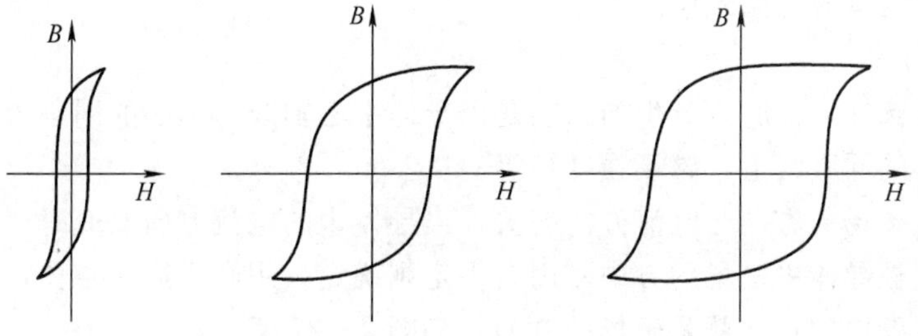

图 2—23 不同材料的磁滞回线

a) 软磁材料 b) 硬磁材料 c) 矩磁材料

2.2.5 退磁曲线和磁能积

退磁曲线是指最大磁滞回线在第二象限中的部分，即 H_c 至 B_r 之间的曲线段，如图2—24所示。

退磁曲线上任一点所对应的 B 与 H 的乘积，标志磁性材料在该点上单位体积内所具有的能量。因为乘积 (BH) 的量纲是磁能密度，所以称 (BH) 为磁能积。(BH) 的乘积正比于图 2—24 中划斜线的矩形面积。可以在退磁曲线上找到一点 P，其所对应的 B 与 H 的乘积为最大值，该点即为最大磁能积点，其值 $(BH)_m$ 叫做最大磁能积。$(BH)_m$ 是 B_r 和

H_c 的综合参数，它表明工件在磁化后所能保留磁能量的大小，亦即剩磁的大小。$(BH)_m$ 的数值越大，表明保留在工件中的磁能越多，这在磁粉检测中是很有意义的。最大磁能积可采用等磁能曲线法或几何作图法来确定。

几何作图法：在退磁曲线图上，分别以 H_c 和 B_r 点作 H 和 B 轴的垂线，两线交于 Q 点，连接 OQ，退磁曲线与 OQ 相交的点即为最大磁能积点 P，如图 2—25 所示。

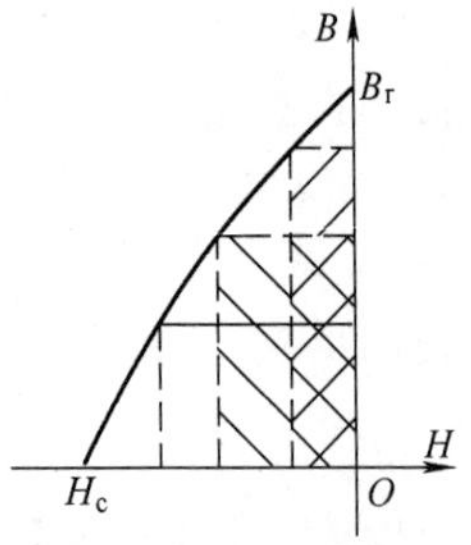

图 2—24　退磁曲线

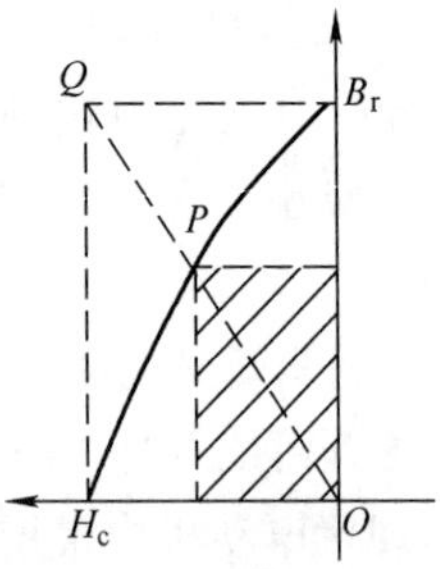

图 2—25　最大磁能积点的确定

2.3　电流与磁场

2.3.1　通电圆柱导体的磁场

1820 年，丹麦科学家奥斯特通过实验证明，有电流通过的导体内部和周围都存在着磁场，这种现象称为电流的磁效应。

1. 磁场方向

当电流流过圆柱导体时，产生的磁场是以导体中心轴线为圆心的同心圆，如图 2—26 所示。在半径相等的同心圆上，磁场强度相等。

实验证明：磁场的方向与电流方向有关，当导体中的电流方向改变时，磁场的方向也随之改变。通电圆柱导体中磁场的方向可用右手定则确定：用右手握住导体，使拇指指向电流方向，其余四指卷曲的指向就是磁场的方向，如图 2—27 所示。

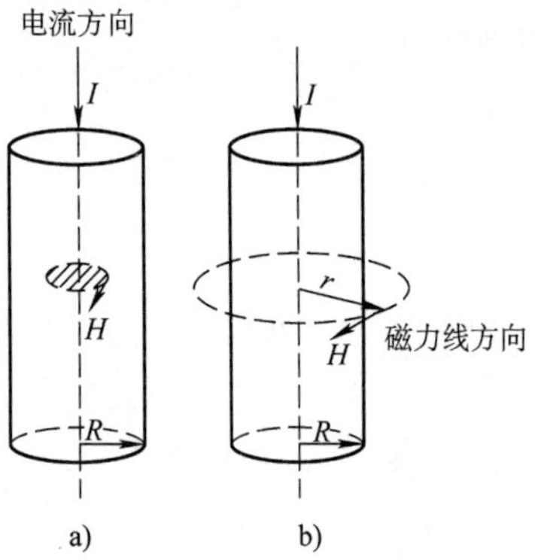

图 2—26　通电圆柱导体的磁场
a）导体内的磁场　b）导体外的磁场

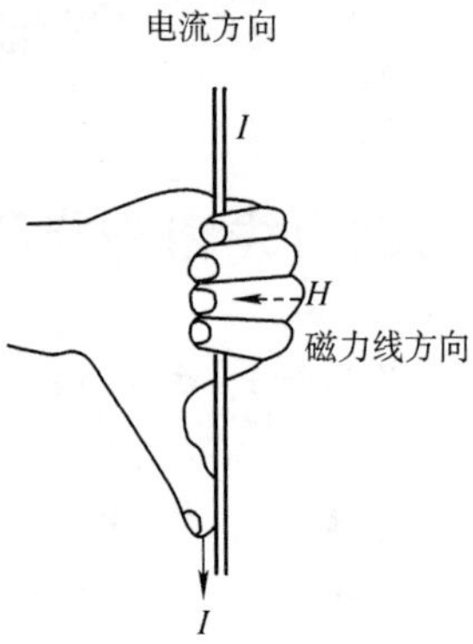

图 2—27　通电圆柱导体右手定则

2. 磁场强度计算

通电圆柱导体表面的磁场强度可由安培环路定理 $\oint \boldsymbol{H}\cdot \mathrm{d}\boldsymbol{l}=\sum I$ 推导，因圆周对称，所以沿圆周积分可得

$$H=\frac{I}{2\pi R} \tag{2—36}$$

式中 H ——磁场强度，A/m；

I ——电流强度，A；

R ——圆柱导体半径，m。

通电圆柱导体外部（见图 2—26b）r 处（$r>R$）的磁场强度可由安培环路定理推导计算出，它与圆柱导体中通过的电流 I 成正比，而与该处至导体中心轴线的距离 r 成反比，即

$$H=\frac{I}{2\pi r} \tag{2—37}$$

通电圆柱导体内部（见图 2—26a）r 处（$r<R$）的磁场强度可由安培环路定理推导计算出，它与圆柱导体中通过的电流 I 成正比，与至圆柱导体中心轴线的距离 r 成正比，而与圆柱导体半径 R 的平方成反比。

推导：因为闭合路径 $l=2\pi r$，$\sum I=\frac{I\pi r^2}{\pi R^2}$，代入式（2—32）中，有

$$2\pi rH=\frac{I\pi r^2}{\pi R^2}$$

从而

$$H=\frac{Ir}{2\pi R^2} \tag{2—38}$$

当 $r=R$ 时，式（2—38）与式（2—36）式相同。

例 2—1 一圆柱导体直径为 20 cm，通以 5 000 A 的直流电，求与导体中心轴相距 5 cm，10 cm，40 cm 及 100 cm 各点的磁场强度，并用图示法表示出导体内、外和表面磁场强度的变化。

解：与导体中心轴相距 5 cm 的点在导体之内，因为 $r=5\ \text{cm}=0.05\ \text{m}$，$R=20\ \text{cm}/2=10\ \text{cm}=0.1\ \text{m}$，代入式（2—38）得

$$H=Ir/2\pi R^2=5\ 000\times 0.05/(2\times 3.14\times 0.1^2)\approx 4\ 000\ (\text{A/m})$$

与导体中心轴相距 10 cm 的点在导体表面上，$R=10\ \text{cm}=0.1\ \text{m}$，代入式（2—36）得

$$H=I/2\pi R=5\ 000/(2\times 3.14\times 0.1)\approx 8\ 000\ (\text{A/m})$$

与导体中心轴相距 40 cm 的点在导体之外，$r=40\ \text{cm}=0.4\ \text{m}$，代入式（2—37）得

$$H=I/2\pi r=5\ 000/(2\times 3.14\times 0.4)\approx 2\ 000\ (\text{A/m})$$

与导体中心轴相距 100 cm 的点在导体之外，$r=100\ \text{cm}=1\ \text{m}$，代入式（2—37）得

$$H=I/2\pi r=5\ 000/(2\times 3.14\times 1)\approx 800(\text{A/m})$$

圆柱导体内、外和表面的磁场强度分布如图 2—28 所示。

例 2—2 一圆柱导体，长 1 000 mm，直径为 100 mm，进行磁粉检测，要求导体表面的磁场强度达到 2 400 A/m，求需要的磁化电流。

解：已知导体半径 $R=D/2=100\ \mathrm{mm}/2=50\ \mathrm{mm}=0.05\ \mathrm{m}$，代入式（2—36）得

$I=2\pi RH=2\times3.14\times0.05\times2\ 400=753.6$（A）

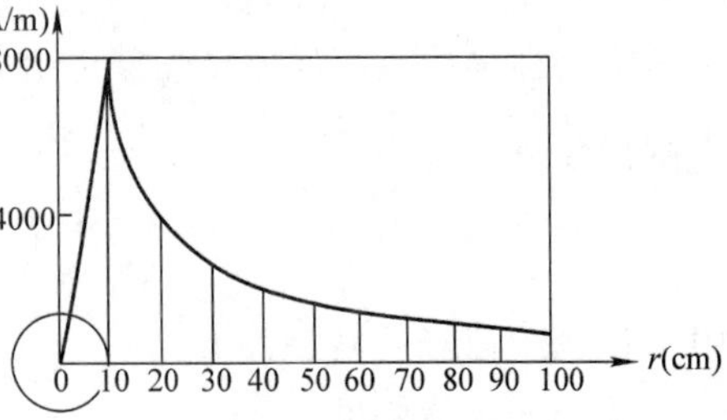

图 2—28　圆柱导体内、外和表面的磁场强度分布

3. 应用

（1）钢棒通电法磁化　用交流电和直流电通电磁化同一钢棒时，磁场强度分布如图 2—29所示，其共同点是：

1）在钢棒中心处，磁场强度为零。

2）在钢棒表面，磁场强度达到最大。

3）离开钢棒表面，磁场强度随 r 的增大而下降。

其不同点是：直流电磁化，从钢棒中心到表面，磁场强度是直线上升到最大值；交流电磁化，由于集肤效应，只有在钢棒近表面才有磁场强度，并缓慢上升，而在接近钢棒表面时，迅速上升达到最大值。

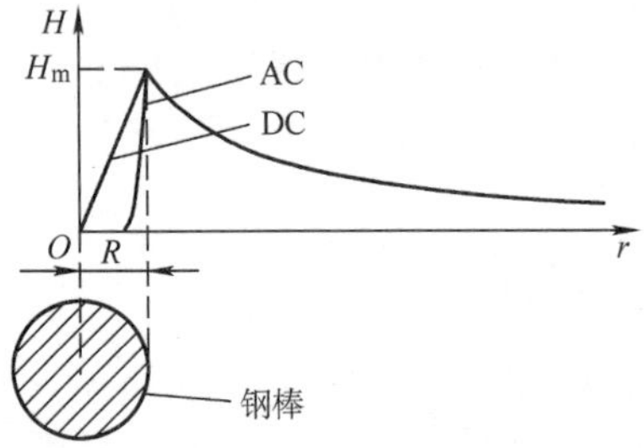

图 2—29　钢棒通交、直流电磁化的磁场强度分布

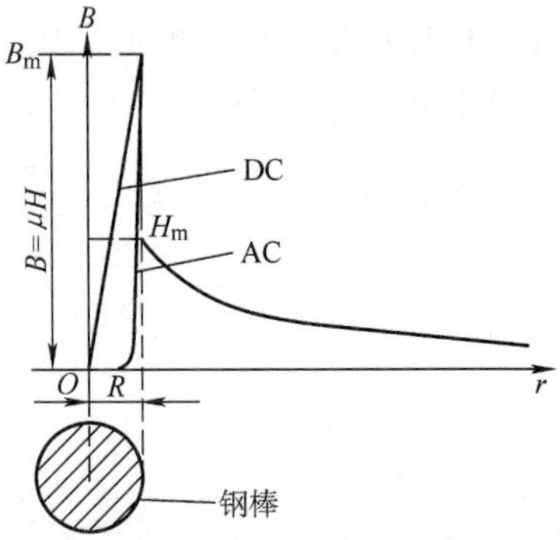

图 2—30　钢棒通交、直流电磁化的磁感应强度分布

用交流电和直流电磁化同一钢棒时，磁感应强度分布如图 2—30 所示。与图 2—29 的不同点是：

1）由于钢棒的磁导率高，又因为 $B=\mu H$，所以 B 远大于 H，B_m 远大于 H_m。

2）离开钢棒表面，在空气中，$\mu_r\approx1$，$B\approx H$，所以磁感应强度突降后与磁场强度曲线重合。

（2）钢管中心导体法磁化　用直流电中心导体法磁化钢管时，磁场强度和磁感应强度的分布如图 2—31 所示。从图中可以看出，在通电中心导体（铜棒）内、外磁场分布与图 2—29 相同。在钢管内是空气，由于铜棒 $\mu_r\approx1$，所以只存在磁场强度 H。在钢管上由于 $\mu_r\gg1$，所以能感应产生较大的磁感应强度；又因为 $H=I/2\pi r$，且钢管内半径比外半径 r 小，因而钢管内壁较外壁磁场强度和磁感应强度都大，探伤灵敏度高。离开钢管外表面，在空气中，$\mu_r\approx1$，$B\approx H$，所以磁感应强度突降后，与 H

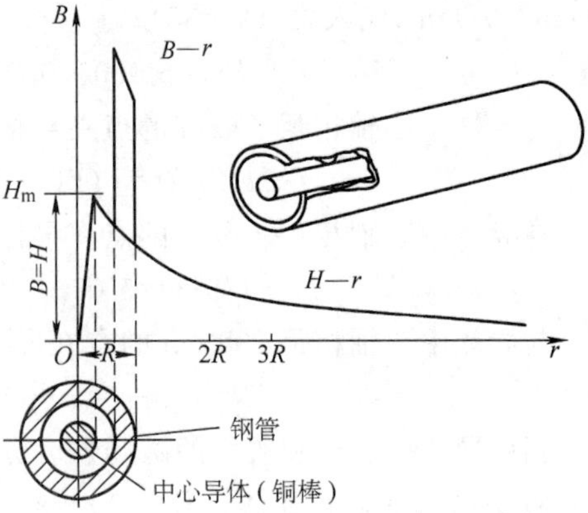

图 2—31　直流电中心导体法磁化钢管的磁场强度和磁感应强度分布

曲线重合。

采用中心导体法对钢管进行磁化时，一般推荐采用直流电或三相全波整流电。因为，采用脉动成分很大的交流电磁化时，由于电磁感应的作用，在钢管内表面会产生很大的涡电流，从而产生很大的磁感应强度，而钢管外表面磁感应强度变得很小，容易漏检缺陷。

2.3.2 通电钢管的磁场

1. 磁场方向

同通电圆柱导体的磁场一样，用右手定则来确定。

2. 磁场强度计算

(1) 钢管内部空心部分　根据安培环路定理，内部空心部分(含内表面)不包括任何电流，所以其磁场强度为零。

(2) 钢管横截面内部　钢管通直流电磁化的磁场强度分布如图 2—32 所示，钢管所通直流电的电流强度为 I，钢管横截面的电流密度为 J。

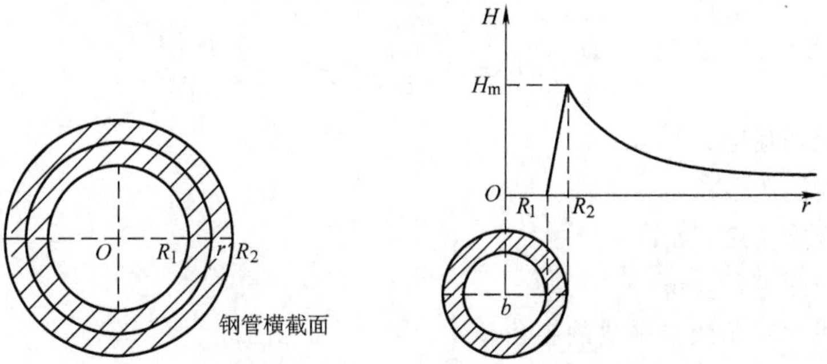

图 2—32　钢管通直流电磁化的磁场强度分布

根据安培环路定理，有

$$\int \boldsymbol{H} \cdot d\boldsymbol{l} = \sum I$$

即

$$2\pi r H = SJ$$

因为

$$S=\pi\ (r^2-R_1^2),\ J=\frac{I}{\pi(R_2^2-R_1^2)}$$

所以

$$H=\frac{I(r^2-R_1^2)}{2\pi r(R_2^2-R_1^2)} \tag{2—39}$$

(3) 钢管外表面及外部

1) 钢管外表面处：$r=R_2$，代入式 (2—39) 中，有

$$H=\frac{I}{2\pi R_2} \tag{2—40}$$

2) 钢管外部：根据安培环路定理，$H=\dfrac{I}{2\pi r}$　　(2—41)

钢管直接通电法磁化时，由于其内部磁场强度为零，所以不能用磁粉检测的方法来检测内表面的缺陷。

2.3.3 通电线圈的磁场

1. 磁场方向

在线圈中通以电流时，线圈内产生的磁场是与线圈轴平行的纵向磁场。其方向可用右手定则确定：用右手握住线圈，使四指指向电流方向，与四指垂直的拇指所指的方向就是线圈内部的磁场方向，如图 2—33 所示。

2. 磁场强度计算

空载通电线圈中心的磁场强度如图 2—34 所示。根据毕奥-萨伐尔定律，由式（2—19）可得空载通电线圈中心的磁感应强度为

$$B=\frac{1}{2}\mu_0 nI\ (\cos\beta_2-\cos\beta_1)\ =\mu_0 nI\cos\alpha$$

从而

$$H=\frac{B}{\mu_0}=nI\cos\alpha=\frac{NI}{L}\cos\alpha=\frac{NI}{\sqrt{L^2+D^2}} \tag{2—42}$$

式中 H ——磁场强度，A/m；

N ——线圈匝数；

L ——线圈长度，m；

D ——线圈直径，m；

α ——线圈对角线与轴线的夹角。

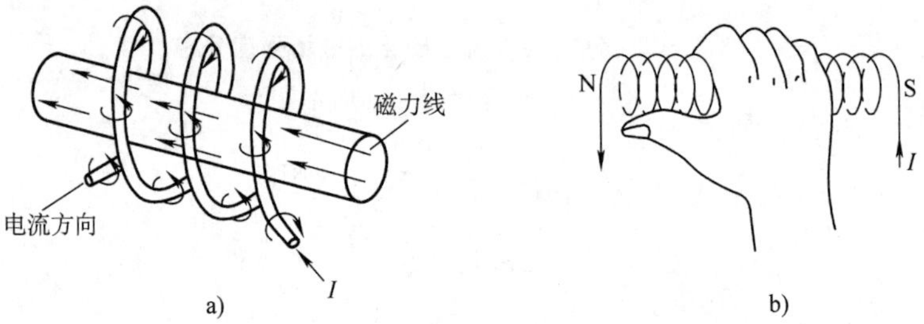

图 2—33 通电线圈产生的纵向磁场

a）通电线圈磁化 b）右手定则

3. 线圈分类

（1）按通电线圈的结构分为：

1）用软电缆缠绕在工件上的缠绕线圈。

2）将绝缘导线绕在骨架内的螺管线圈 螺管线圈是具有螺旋绕组的圆筒形线圈，分单层和多层绕组两种。单层螺管线圈是单根绝缘导线均匀而紧密排列的同轴线圈；多层螺管线圈相当于若干个半径不等的同轴螺管线圈。

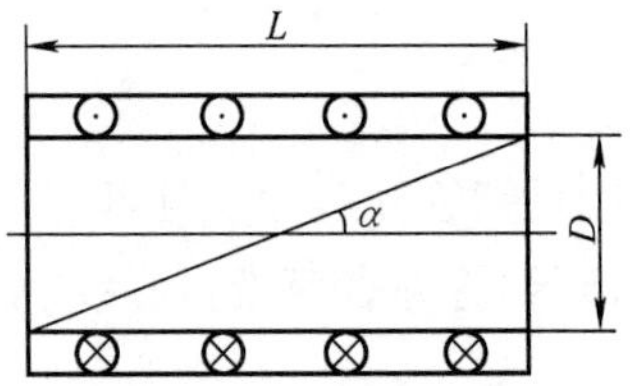

图 2—34 空载通电线圈中心的磁场强度

（2）按线圈横截面积与被检工件横截面积的比值——充填因数（也叫填充系数）分为：

1）低充填因数线圈——线圈横截面面积与被检工件横截面面积之比大于等于 10 时。

2）中充填因数线圈——线圈横截面面积与被检工件横截面面积之比大于 2 且小于 10 时。

3）高充填因数线圈——线圈横截面面积与被检工件横截面面积之比小于等于 2 时。

（3）按通电线圈的长度 L 和内径 D 的比分为：

1）短螺管线圈（$L<D$） 在短螺管线圈内部的中心轴线上，磁场分布极不均匀。中心比两端强，如图 2—35 所示。在线圈横截面上，靠近线圈内壁的磁场强度较线圈中心强，如图 2—36 所示。

2）有限长螺管线圈（$L>D$） 在有限长螺管线圈内部的中心轴线上，磁场分布较均匀，磁感应线方向大体上与中心轴线平行，线圈两端处的磁场强度为中心的 1/2，如图 2—37 所示。在线圈横截面上，靠近线圈内壁的磁场强度较线圈中心强，如图 2—36 所示。

3）无限长螺管线圈（$L\gg D$）或在无限远处头尾相接的线圈 无限长螺管线圈内部磁场分布均匀，并且磁场只存在于线圈内部，磁感应线方向与线圈的中心轴线平行。

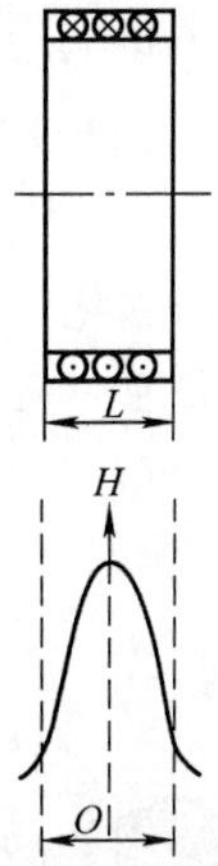

图 2—35 短螺管线圈中心轴线上的磁场分布

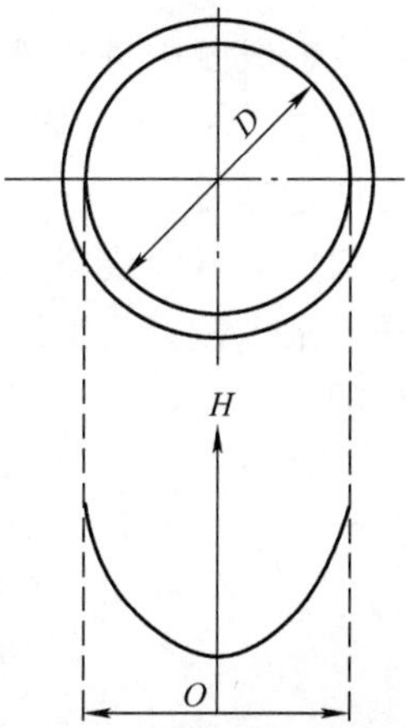

图 2—36 螺管线圈横截面上的磁场分布

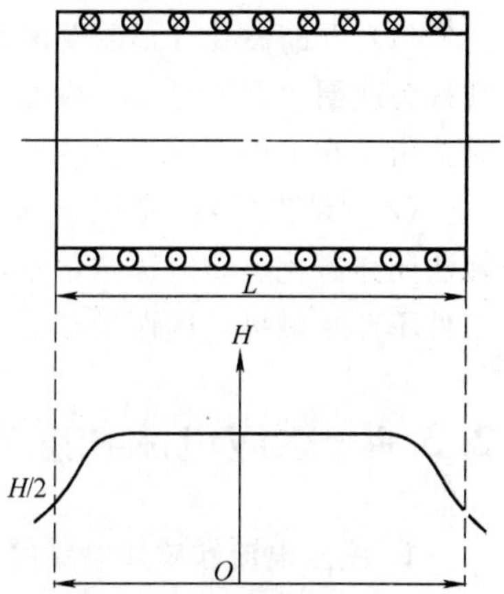

图 2—37 有限长螺管线圈中心轴线上的磁场分布

例 2—3 一有限长螺管线圈长 500 mm，内径 300 mm，匝数为 50 匝，要求空载螺管线圈中心磁场强度至少达到 20 000 A/m，需选用多大的磁化电流？

解：因为 $H=\dfrac{NI}{\sqrt{L^2+D^2}}$， 所以 $I=\dfrac{H\sqrt{L^2+D^2}}{N}$

式中：$L=500\ \text{mm}=0.5\ \text{m}$

$D=300\ \text{mm}=0.3\ \text{m}$

$H=20\ 000\ \text{A/m}$

$N=50$ 匝

代入公式得 $$I=\frac{20\ 000\times\sqrt{0.5^2+0.3^2}}{50}=232\ (\text{A})$$

答：需要 232 A 的磁化电流。

例 2—4 一有限长交流磁化线圈绕 10 匝，其线圈长度为 400 mm，线圈轴线与对角线夹角为 37°（cos37°＝0.8），当磁化电流为 1 000 A 时，求空载线圈中心和线圈端面中心处的磁场强度。

解：线圈中心磁场强度 $H=\frac{NI}{L}\cos\alpha$（SI 单位制）

式中，$N=10$ 匝，$I=1\ 000$ A，$L=400$ mm＝0.4 m，$\cos\alpha=\cos37°=0.8$ 代入公式得空载线圈中心的磁场强度

$$H_1=\frac{NI}{L}\cos\alpha=\frac{10\times1\ 000}{0.4}\times0.8=20\ 000\ (\mathrm{A/m})\approx250\ (\mathrm{Oe})$$

线圈端面中心处的磁场强度

$$H_2=20\ 000/2=10\ 000\ (\mathrm{A/m})\approx125\ (\mathrm{Oe})$$

答：空载线圈中心的磁场强度为 20 000 A/m（250 Oe），端面中心处的磁场强度为10 000 A/m（125 Oe）。

4. 应用

（1）开路磁化　把需要磁化的工件放在线圈中进行磁化或对大型工件进行绕电缆磁化，常称为线圈法开路磁化。线圈法磁化的磁化力一般用安匝数（*NI*）表示。线圈法磁化工件时，由于在工件两端产生磁极，因而会产生退磁场。

（2）闭路磁化　把线圈绕在铁心上构成电磁轭或交叉磁轭对工件进行的磁化，常称为磁轭法闭路磁化。磁轭法磁化时，以提升力来衡量导入工件的磁感应强度或磁通。磁轭法磁化工件不产生磁极，因而没有退磁场的影响。

2.3.4　感应电流和感应磁场

1. 感应电流和感应磁场的产生

感应电流和感应磁场的产生如图 2—38 所示，将铁心插入环形工件中，把工件当作变压器的次级线圈。当线圈中通以交流电时，通过铁心的磁通也是交变的，由于电磁感应的作用，因而在工件中就产生了周向的感应电流。该感应电流在工件中又产生磁场，称为感应磁场。

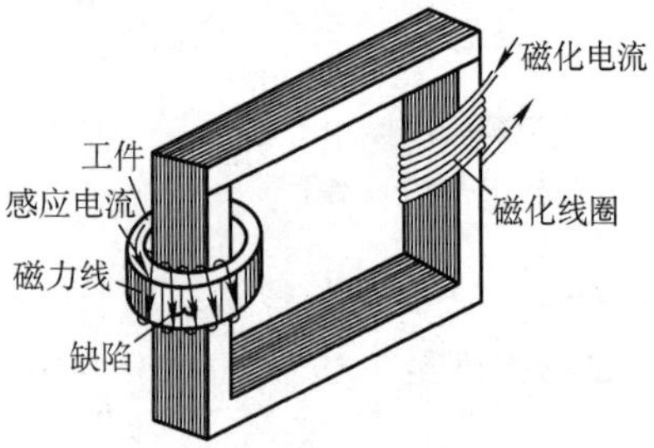

图 2—38　感应电流和感应磁场的产生

2. 应用

主要应用在环形工件的磁化中。

2.4　磁场的合成

当有多个磁场同时对工件进行多方向磁化时，对工件作用的磁场应是各磁场的矢量和，即合成磁场为各个磁场矢量的叠加。下面介绍两种常用的合成磁场。

2.4.1 交叉磁轭的磁场合成

1. 旋转磁场的形成

交叉磁轭属于复合磁化（多向磁化）。它是利用两相或多相磁场相互叠加而形成的合成磁场对工件进行磁化的，如图 2—39 所示。

交叉磁轭可以形成旋转磁场。它的四个磁极分别由两相具有一定相位差 ϕ 的正弦交变电流激磁，两相激磁电流产生的磁场波形图如图 2—40 所示。当条件合适时，其合成磁场就以与激磁电流同样的频率，在四个磁极所在平面不停旋转，旋转磁场因此而得名。

能形成旋转磁场的基本条件是：两个磁轭的几何夹角 α 与两相激磁电流的相位差 ϕ 均不等于 0°或 180°。

如图 2—40 所示，当 1，2 两相磁轭的激磁电流产生的磁场分别为

$$H_1 = H_m \sin(\omega t - \phi) \tag{2—43}$$

$$H_2 = H_m \sin\omega t \tag{2—44}$$

而且两相磁轭的所有参数均相等时，可以用下面的数学表达式来描述四个磁极所在平面几何中心点的合成磁场轨迹。

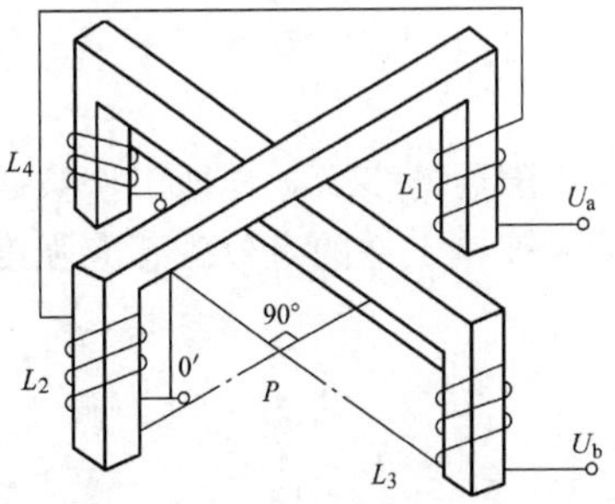

图 2—39 交叉磁轭示意图

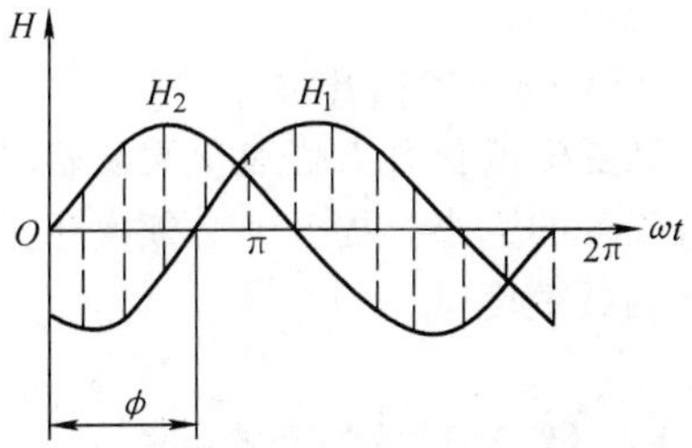

图 2—40 两相激磁电流产生的磁场波形图

$$\frac{H_1^2}{(2H_m \sin\frac{\alpha}{2}\sin\frac{\phi}{2})^2} + \frac{H_2^2}{(2H_m \cos\frac{\alpha}{2}\cos\frac{\phi}{2})^2} = 1 \tag{2—45}$$

式中 H_1 —— 1 相磁轭产生的磁场；

H_2 —— 2 相磁轭产生的磁场；

H_m —— H_1 与 H_2 的峰值；

α ——两相磁轭的几何夹角；

ϕ ——两相磁轭激磁电流的相位差。

当两相磁轭的几何夹角 α 与两相磁轭激磁电流的相位差 ϕ 均为 90°时，合成磁场在磁极所在面的几何中心点将形成圆形旋转磁场，在一个周期内合成磁场的轨迹为圆，而且其幅值始终与 H_m 相等。

交叉磁轭产生的旋转磁场如图 2—41 所示。该图是两相磁轭的几何夹角 $\alpha=90°$，两相磁轭激磁电流的相位差 $\phi=2\pi/3$ 时，不同瞬间合成磁场形成的过程，是每隔 $\pi/6$ 的相位角进行一次磁场合成的结果。

由图 2—41 不难看出，随着时间的变化，合成磁场的方向在旋转，当激磁电流相位角

ωt 由 0 逐渐变到 2π 时，其合成磁场正好旋转一周。当所用交流电为 50 Hz 时，旋转一周所需的时间为 0.02 s。

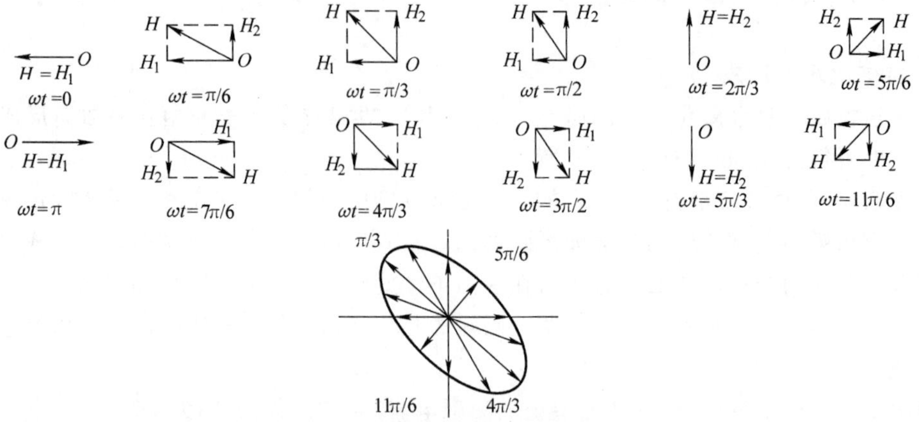

图 2—41　交叉磁轭产生的旋转磁场

2. 旋转磁场分布特点

交叉磁轭的磁场无论在四个磁极的内侧还是外侧，其分布都是极不均匀的。只有在几何中心点附近很小的范围内，其旋转磁场的椭圆度变化不大，而离开中心点较远的其他位置，其椭圆度变化很大，甚至不能形成旋转磁场。另外四个磁极外侧仍然有旋转磁场存在，只是有效磁化范围较小。

3. 交叉磁轭的提升力

交叉磁轭的提升力代表交叉磁轭导入被检测工件有效磁通的多少，亦即工件被磁化后其磁感应强度的大小。提升力必须大于某一值后，才能保证被检工件的有效磁感应强度，亦即保证检测灵敏度。

2.4.2　摆动磁场的合成

直流电磁轭与交流通电法复合磁化是指工件用直流电磁轭进行纵向磁化，并同时用交流轴向通电法进行周向磁化，如图 2—42 所示。

直流电磁轭产生的纵向磁场 $H_x = H_0$，大小保持不变，交流通电法产生的周向磁场为 $H_y = H_0\sin\omega t$，大小随时间而变化，其合成磁场是一个在 $\pm 45°$ 之间不断摆动的摆动磁场，在工件上产生的螺旋形磁场，如图 2—43 所示。交流磁场值比直流磁场值越大，则摆动的范围越大。在某一瞬时，工件上不同部位的磁场大小和方向并不相同。

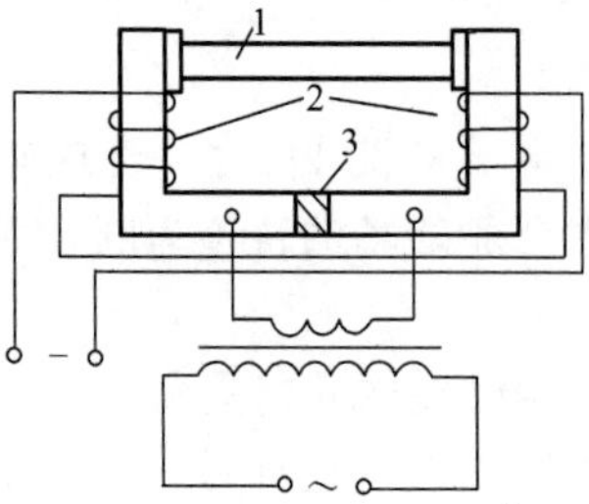

图 2—42　直流电磁轭与交流通电法复合磁化

1—工件　2—磁化线圈　3—绝缘片

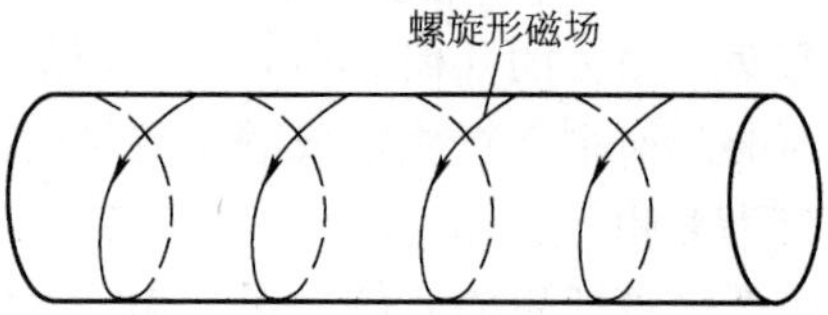

图 2—43　在工件上产生的螺旋形磁场

2.5 退磁场

2.5.1 退磁场概念

将直径相同、长度不同的几根圆钢棒，分别放在同一线圈中用相同的磁场强度磁化，将标准试片贴在圆钢棒中部表面，或用磁强计测量圆钢棒中部表面的磁场强度，会发现长径比大的圆钢棒比长径比小的圆钢棒上磁痕显示清晰，磁场强度也大。出现这种现象的原因是，圆钢棒在外加磁场中磁化时，在它的端头产生了磁极，这些磁极形成了磁场 ΔH，其方向与外加磁场 H_0 相反，因而削弱了外加磁场 H_0 对圆钢棒的磁化作用。所以把铁磁性材料磁化时，由材料中磁极所产生的磁场称为退磁场，也叫反磁场，它对外加磁场有削弱作用，用符号 ΔH 表示，如图 2—44 所示。

退磁场与材料的磁化强度 M 成正比，即

$$\Delta H = N \times M \tag{2—46}$$

式中 ΔH ——退磁场，A/m；

M ——磁化强度，A/m；

N ——退磁因子。

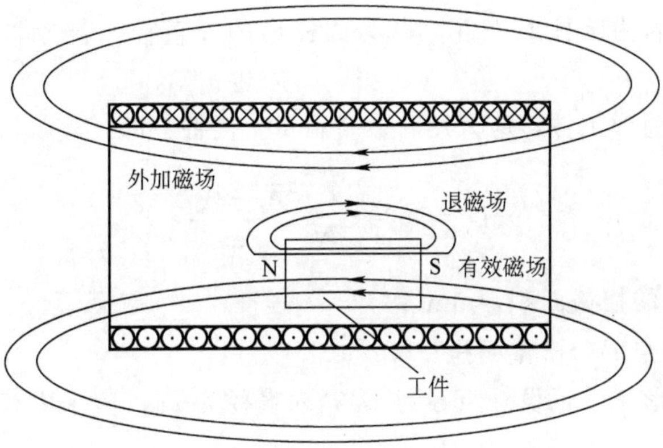

图 2—44 退磁场

2.5.2 有效磁场

铁磁性材料磁化时，只要在工件上产生磁极，就会产生退磁场，它削弱了外加磁场。所以工件上的有效磁场用 H 表示，等于外加磁场 H_0 减去退磁场 ΔH，即退磁场越大，铁磁性材料越不容易磁化，退磁场总是起着阻碍磁化的作用，其数学表达式为

$$H = H_0 - \Delta H = H_0 - N\left(\frac{B}{\mu_0} - H\right) = H_0 - N\left(\frac{\mu H}{\mu_0} - H\right) = H_0 - NH(\mu_r - 1)$$

于是有

$$H=\frac{H_0}{1+N\ (\mu_r-1)} \tag{2—47}$$

式中 H ——有效磁场，A/m；

H_0 ——外加磁场，A/m；

ΔH ——退磁场，A/m；

μ_r ——相对磁导率。

2.5.3 影响退磁场大小的因素

退磁场使工件上的有效磁场减小，同样也使磁感应强度减小，直接影响工件的磁化效果。为了保证工件磁化效果，必须研究影响退磁场大小的因素，如用适当增大磁场强度或 L/D 值的方法，克服退磁场的影响。

1. 退磁场大小与外加磁场强度大小有关。外加磁场强度越大，工件磁化得越好，产生的 N 极和 S 极磁场越强，因而退磁场也越大。

2. 退磁场大小与工件 L/D 值有关。工件 L/D 值越大，退磁场越小。将两根长度相同而直径不同的钢棒分别放在同一线圈中，用相同的磁场强度磁化时，L/D 值大的钢棒比 L/D 值小的钢棒表面磁场强度大，标准试片上磁痕清晰，说明退磁场小。

计算 L/D 时：

对于实心工件，若为圆柱形工件，D 为圆柱形的外直径。若为非圆柱形工件，D 为横截面最大尺寸。

对于中空的非圆筒形工件，应采用有效直径 D_{eff} 代替，即

$$D=D_{eff}=2\sqrt{\frac{(A_t-A_h)}{\pi}} \tag{2—48}$$

式中 A_t ——工件总的横截面积，mm^2；

A_h ——工件中空部分横截面积，mm^2。

对于中空的圆筒形工件，设外直径为 D_o，内直径为 D_i，应采用有效直径 D_{eff} 代替，即

$$D=D_{eff}=\sqrt{D_o^2-D_i^2} \tag{2—49}$$

3. 退磁因子 N 与工件几何形状有关。纵向磁化所需的磁场强度大小与工件的几何形状及 L/D 值有关。这种影响磁场强度的几何形状因素称为退磁因子，用 N 表示，它是 L/D 的函数。

对于完整闭合的环形试样，$N=0$；对于球体，$N=0.333$；长短轴比值等于 2 的椭圆体，$N=0.14$；对于圆钢棒，N 与钢棒的长度和直径比 L/D 的关系是，L/D 越小，N 越大，也就是说，随着 L/D 的减小 N 增大，退磁场也增大，圆钢棒的退磁因子与 L/D 的关系见表 2—2。

4. 磁化尺寸相同的钢管和钢棒，钢管比钢棒产生的退磁场小。设钢棒外直径为 D，与钢管外直径 D_o 相等，同时钢管内直径为 D_i。钢管为空心，应采用有效直径 D_{eff}。由式

(2—49)得

$$D_{\text{eff}} = \sqrt{D_o^2 - D_i^2}$$

显然 $D > D_{\text{eff}}$，所以，$\frac{L}{D_{\text{eff}}} > \frac{L}{D}$。

因此，直径相同的钢管比钢棒的退磁场小。

表 2—2　　圆钢棒的退磁因子与 L/D 的关系

L/D	N	
	SI 单位制	CGS 单位制
1	0.333	3.39
2	0.14	1.76
5	0.04	0.50
10	0.017	0.215
20	0.006	0.07

5. 磁化同一工件时，交流电比直流电产生的退磁场小。因为交流电有集肤效应，比直流电渗入深度浅，故交流电在钢棒端头形成的磁极磁性小，所以交流电和直流电磁化同一工件时，交流电产生的退磁场小。

2.5.4　退磁场计算

例 2—5　一长度为 100 mm 的钢棒，截面为正方形，边长为 20 mm，求 L/D 值。

解：截面最大尺寸为对角线，即 $D=20\sqrt{2}=28.3$ (mm)，因此

$$L/D=100/28.3\approx3.5$$

例 2—6　对长为 1 m，直径分别为 0.1 m，0.2 m 和 0.5 m 的三个钢棒用通电线圈磁化，要使钢棒上的有效磁场强度达到 2 400 A/m，则要求必要的外加磁场强度 H 为多少？(从该钢的磁化曲线查到，磁场强度为 2 400 A/m 时，磁感应强度为 0.8 T)。

解：由表 2—2 可知：当 $L/D=1/0.1=10$ 时，$N=0.017$

当 $L/D=1/0.2=5$ 时，$N=0.04$

当 $L/D=1/0.5=2$ 时，$N=0.14$

$$\mu=B/H=0.8/2\,400\ (\text{H/m})\approx0.000\,33\ (\text{H/m})$$

$$\mu_r=\mu/\mu_0=0.000\,33/\ (4\pi\times10^{-7})\ \approx263$$

要使钢棒的有效磁场强度达到 $H=2\,400$ A/m，则要求

当 $L/D=10$ 时，

$H_0=H[1+N(\mu_r-1)]=2\,400\times[1+0.017\times(263-1)]=13\,090(\text{A/m})\approx163(\text{Oe})$

当 $L/D=5$ 时，

$H_0=H[1+N(\mu_r-1)]=2\,400\times[1+0.04\times(263-1)]=27\,552(\text{A/m})\approx344(\text{Oe})$

当 $L/D=2$ 时，

$H_0=H[1+N(\mu_r-1)]=2\,400\times[1+0.14\times(263-1)]=90\,432(\text{A/m})\approx1\,130(\text{Oe})$

结果讨论：从 $L/D=10$，5 和 2 时求出的必要外加磁场 H_0 可以看出，退磁场与工件的

形状即 L/D 关系极大，N 随着 L/D 的增大而下降，退磁场影响也减小，磁化需要的外加磁场强度亦小得多。当 $L/D\leqslant 2$ 时，退磁场影响很大，工件磁化需要很大的外加磁场强度。只有外加磁场强度 H_0 远远大于有效磁场强度 H 时，才足以克服退磁场的影响，对工件进行有效的磁化。实际上通电线圈很难产生上千奥斯特的外加磁场强度，所以，对 $L/D\leqslant 2$ 的工件通常采用延长块将工件接长，以增大 L/D 值，减小退磁场的影响。

2.6 磁路与磁感应线的折射

2.6.1 磁路

在铁磁性材料内（包括气隙）磁感应线通过的闭合路径叫磁路。

铁磁性材料磁化后，不仅能产生附加磁场，而且还能够把绝大部分磁感应线约束在一定的闭合路径上，如图 2—45 所示，磁路可用电路来模拟。

设一密绕螺线环的横截面积为 S，长度为 L，如图 2—46 所示。介质的磁导率为 μ，环中的磁场强度为

$$H=NI/L \qquad (2—50)$$

式中 N——线圈匝数；

I——线圈中的电流，A。

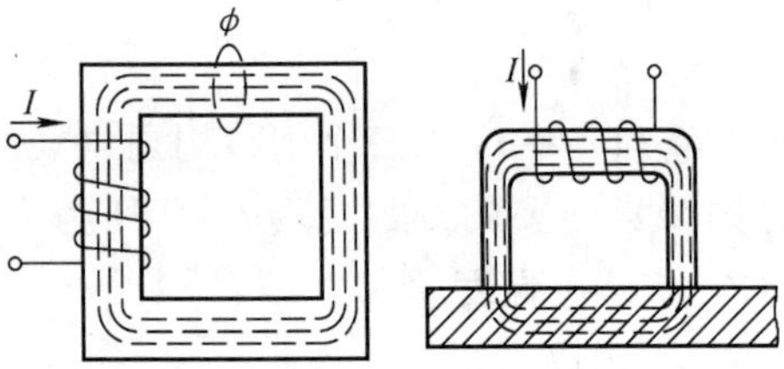

图 2—45 磁路

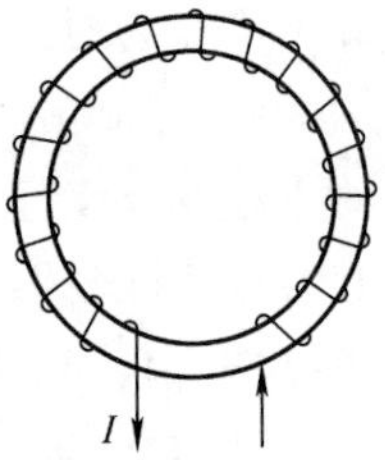

图 2—46 螺线环

磁通量 $\Phi=BS=\mu HS$，将式（2—50）代入得

$$\Phi=\frac{NI}{\dfrac{L}{\mu S}}=\frac{NI}{r_{\mathrm{m}}} \qquad (2—51)$$

上式与电路的欧姆定律相似，Φ 相当于电流，磁动势 NI 相当于电压，$L/(\mu S)$ 相当于电阻，称为磁阻，用 r_{m} 表示，故磁路的磁阻与磁路的长度成正比，与其横截面积及其磁路的铁磁性材料的磁导率成反比。从式中还可看出，磁通量等于磁动势与磁阻之比，称为磁路定律。

如果在上述铁环中留有空气隙，则变为串联磁路，如图 2—47 所示，则根据安培环路定理，有

$$Hl+H_0l_0=NI \qquad (2—52)$$

式中，H 和 H_0 分别代表铁环中和空气隙中的磁场强度；l 和 l_0 分别代表铁环和空气隙

的长度；N 为线圈的匝数。因为铁环中和空气隙中的磁感应强度分别是 $B=\mu H$ 和 $B_0=\mu_0 H_0$，磁通量 $\Phi=BS=B_0 S$。

因此式（2—52）可化为

$$\Phi=\frac{NI}{\frac{l}{\mu S}+\frac{l_0}{\mu_0 S}}=\frac{NI}{R_{m1}+R_{m0}}=\frac{NI}{R_m} \tag{2—53}$$

R_m 表示铁环的磁阻 R_{m1} 和空气隙的磁阻 R_{m0} 之和。上式表明，与串联电路相似，串联磁路的磁阻等于串联各部分磁阻之和。

当磁路并联组合时，如图 2—48 所示，为一个有分支的磁路。设磁路中部的磁通量为 Φ，在另外两个分支磁路中的磁通量分别为 Φ_1 和 Φ_2，根据磁通量的连续性，有

$$\Phi=\Phi_1+\Phi_2 \tag{2—54}$$

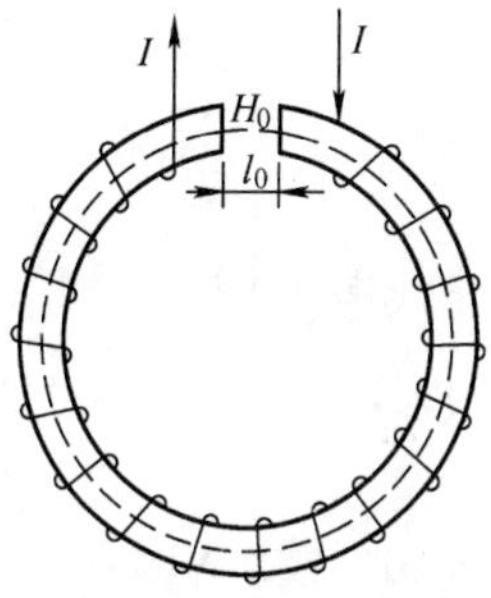

图 2—47　串联磁路

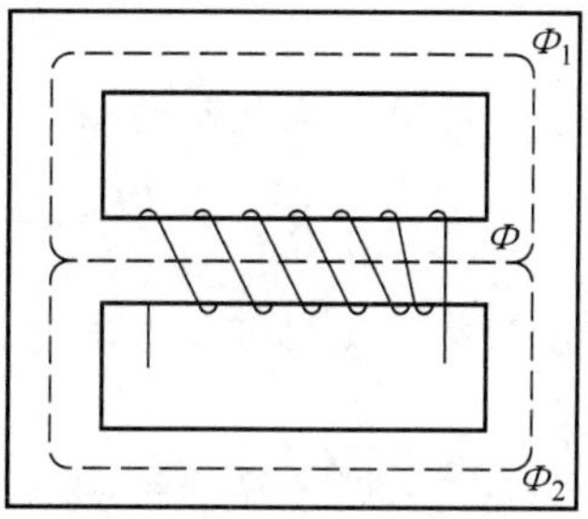

图 2—48　并联磁路

图中两个分支磁路并联后还与中部绕有线圈的一段磁路串联，故对每个分支磁路由安培环路定理可得

$$NI=\Phi R_{m\Phi}+\Phi_1 R_{m1} \tag{2—55}$$

$$NI=\Phi R_{m\Phi}+\Phi_2 R_{m2} \tag{2—56}$$

式中，R_{m1}，R_{m2} 和 $R_{m\Phi}$ 分别是每个分支磁路及中部磁路的磁阻，由式（2—54），式（2—55）和式（2—56）可得

$$\Phi=\frac{NI}{R_m+R_{m\Phi}} \tag{2—57}$$

式中

$$\frac{1}{R_m}=\frac{1}{R_{m1}}+\frac{1}{R_{m2}} \tag{2—58}$$

与并联电路相似，并联磁路的磁阻倒数等于分支磁路磁阻倒数之和。

例 2—7　设环式线圈铁心的长度 $l=60$ cm，缝隙的宽度 $l_0=0.1$ cm，环式线圈的横截面积 $S=12\ \text{cm}^2$，总匝数 $N=1\ 000$，电流为 1 A，铁心的相对磁导率为 600，试求缝隙内的磁场强度 H_0。

解：环式线圈内的磁通量为

$$\Phi=\frac{NI}{l/(\mu S)+l_0/(\mu_0 S)}$$

缝隙内的磁感应强度为

$$B_0=\frac{\Phi}{S}=\frac{NI}{l/\mu+l_0/\mu_0}$$

所以

$$H_0=\frac{B_0}{\mu_0}=\frac{1}{\mu_0}\frac{NI}{l/\mu+l_0/\mu_0}=\frac{NI}{l/\mu_r+l_0}=\frac{1\ 000\times1}{0.6/600+0.001}=5\times10^5\,(\text{A/m})$$

例 2—8 设螺线环的平均长度为 50 cm，它的横截面积为 4 cm^2，用磁导率为 65×10^{-4} H/m的材料做成，若环上绕线圈 200 匝。试计算产生 4×10^{-4} Wb 的磁通量需要的电流。若将环切去 1 mm，即留一空气隙，欲维持同样的磁通，需要多大的电流?

解：磁阻

$$R_m=\frac{l}{\mu S}=\frac{50\times10^{-2}}{65\times10^{-4}\times4\times10^{-4}}=1.92\times10^5\ (\text{A/Wb})$$

磁动势

$$NI=\Phi R_m=4\times10^{-4}\times1.92\times10^5=77\ (\text{A})$$

所以

$$I=\frac{77}{N}=\frac{77}{200}=0.385\ (\text{A})$$

当有空气隙时，空气隙的磁阻为

$$R'_m=\frac{l'}{\mu_0 S}=\frac{1\times10^{-3}}{4\pi\times10^{-7}\times4\times10^{-4}}=2\times10^6\ (\text{A/Wb})$$

环长度的微小变化可忽略不计，它的磁阻与先前相同，即 1.92×10^5 A/Wb，这时全部磁路的磁阻为

$$R_m+R'_m=(2\times10^6+1.92\times10^5)\approx2.2\times10^6\ (\text{A/Wb})$$

欲维持同样的磁通所需的磁动势为

$$NI=\Phi\ (R_m+R'_m)=4\times10^{-4}\times2.2\times10^6=880\ (\text{A})$$

所需电流为

$$I'=\frac{880}{N}=\frac{880}{200}=4.4\ (\text{A})$$

通过这个例子，可以看到空气隙对于磁路的影响。由于空气的磁导率（近似为真空磁导率）比铁磁质的磁导率要小得多，所以空气隙的长度虽短，它的磁阻却有可能比铁磁质大得多，所需线圈的安匝数也很大。可见，磁路中有空气隙时，维持相同的磁通所需线圈的安匝数大大地增加，因此，在进行磁轭法磁化时，磁极一定要注意紧密接触工件。

另外必须指出，在以上两个例子中，磁导率都是事先给定的，这是不合实际的。因为铁磁质的磁导率随 B 和 Φ 而变，它不是一个常量，也不会是已知的，必须从相应材料的磁化曲线上查出其值。所以，磁化曲线是磁路设计中的重要依据。

例 2—9 图 2—49 所示为一个以铸钢为铁心的磁路，该磁路的相关尺寸见表 2—3，空气隙 BC 的截面已考虑了磁感应线向外部散放的边缘效应。如果线圈的激励电流为 1 A，要使空气隙中的磁通量为 2.0×10^{-3} Wb，试求应绕的线圈匝数。铸钢的磁化曲线如图 2—50 所示。

解：已知 $\Phi_1=2\times10^{-3}$ Wb，则铁心中的磁感应强度为

$$B_{AB}=B_{CD}=\frac{\Phi_1}{S_{AB}}=\frac{2\times10^{-3}}{25\times10^{-4}}=0.8\ (\text{T})$$

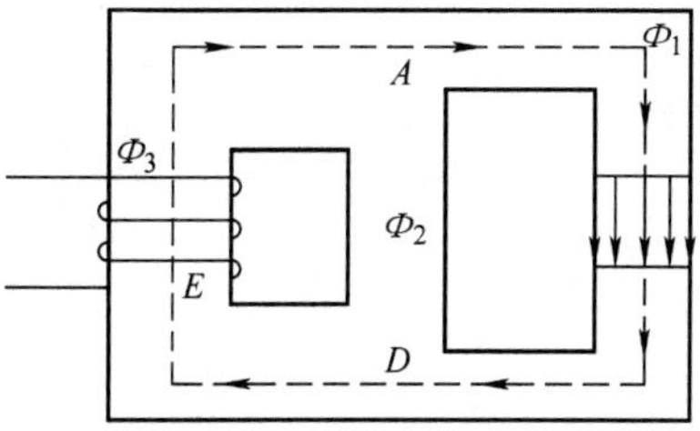

图 2—49　以铸钢为铁心的磁路

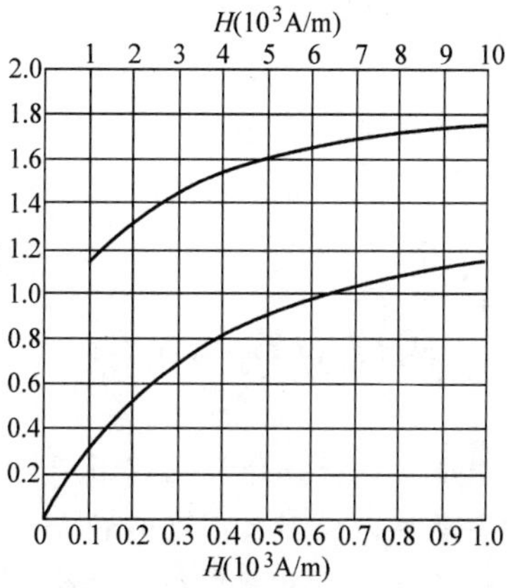

图 2—50　铸钢的磁化曲线

表 2—3　　**以铸钢为铁心的磁路相关尺寸**

	AB	*BC*	*CD*	*AD*	*DEA*
平均长度（10^{-2}m）	25	0.025	25	20	37.5
截面积（10^{-4}m²）	25	25.25	25	12.5	37.5

从图 2—50 所示的磁化曲线查得相应的磁场强度为

$$H_{AB}=H_{CD}=390\ (\mathrm{A/m})$$

空气隙中的磁感应强度为

$$B_{BC}=\frac{\Phi_1}{S_{BC}}=\frac{2\times10^{-3}}{25.25\times10^{-4}}=0.79\ (\mathrm{T})$$

于是

$$H_{BC}=\frac{B_{BC}}{\mu_0}=\frac{0.79}{4\pi\times10^{-7}}=6.29\times10^{5}\ (\mathrm{A/m})$$

对回路 *ABCDA* 运用安培环路定理得

$$H_{AB}l_{AB}+H_{BC}l_{BC}+H_{CD}l_{CD}-H_{AD}l_{AD}=0$$

$$H_{AD}l_{AD}=390\times25\times10^{-2}+6.29\times10^{5}\times0.025\times10^{-2}+390\times25\times10^{-2}=352\ (\mathrm{A})$$

$$H_{AD}=\frac{352}{20\times10^{-2}}=1\ 760\ (\mathrm{A/m})$$

从图 2—50 所示的磁化曲线查得相应的磁感应强度为

$$B_{AD}=1.3\ \mathrm{T}$$

于是

$$\Phi_2=B_{AD}S_{AD}=1.3\times12.5\times10^{-4}=1.625\times10^{-3}\ (\mathrm{Wb})$$

根据磁通量的连续性可得

$$\Phi_3=\Phi_1+\Phi_2=2.0\times10^{-3}+1.625\times10^{-3}=3.625\times10^{-3}\ (\mathrm{Wb})$$

所以，*DEA* 铁心中的磁感应强度为

$$B_{DEA}=\frac{\Phi_3}{S_{DEA}}=\frac{3.625\times10^{-3}}{37.5\times10^{-4}}=0.967\ (\mathrm{T})$$

从图 2—50 所示的磁化曲线查得相应的磁场强度为

$$H_{DEA}=575\ \mathrm{A/m}$$

根据安培环路定理可得

$$IN=H_{DEA}l_{DEA}+H_{AD}l_{AD}=575\times37.5\times10^{-2}+352=568\ (\mathrm{A})$$

于是求得线圈的匝数为

$$N=\frac{IN}{I}=\frac{568}{1}=568\ (\text{匝})$$

2.6.2 磁感应线的折射

当磁通量从一种介质进入另一种介质时，它的量不变。但是，如果一种介质与另一种介质的磁导率不同，那么，这两种介质中的磁感应强度便会显著不同。这说明在不同磁导率的两种材料的界面上磁感应线的方向会突变，这种突变称作磁感应线的折射，这种折射与光波或声波的折射极其相似，并遵从折射定律

$$\frac{\tan\alpha_1}{\mu_1}=\frac{\tan\alpha_2}{\mu_2} \tag{2—59}$$

$$\tan\alpha_1/\tan\alpha_2=\mu_1/\mu_2=\mu_{r_1}/\mu_{r_2} \tag{2—60}$$

当磁感应线由钢铁进入空气，或者由空气进入钢铁时，在空气中磁感应线实际上是与界面垂直的。这是由于钢铁和空气的磁导率相差 $10^2\sim10^3$ 的数量级的缘故。

例 2—10 已知钢的相对磁导率 $\mu_r=3\ 000$，在钢中，磁感应线的方向与分界面的法线成 88°角，求在空气中磁感应线与分界面法线所成的角度。磁感应线在钢-空气界面的折射如图 2—51 所示。

解：由折射定律可得

$$\tan\alpha_2=\frac{\mu_2}{\mu_1}\cdot\tan\alpha_1=\frac{\mu_0}{3\ 000\mu_0}\cdot\tan88°=\frac{28.6}{3\ 000}=0.009\ 5$$

所以

$$\alpha_2=33'$$

从例题中可以看出，在空气与钢这两种磁介质的的分界面上，钢中的磁感应线几乎与界面平行，并且非常密集；空气中的磁感应线近似地与界面垂直，比较稀疏，如图 2—52 所示。因此，如果一种磁介质与另一种磁介质的磁导率显著不同，那么这两种磁介质中的磁感应强度便会显著不同。

如果界面与一种介质中的磁感应强度垂直，则磁感应线将无折射地进入第二种介质，这时，磁感应强度不变。

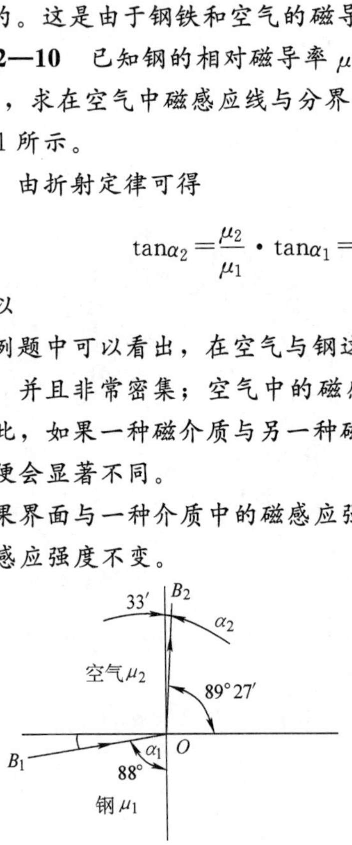

图 2—51 磁感应线在钢-空气界面的折射

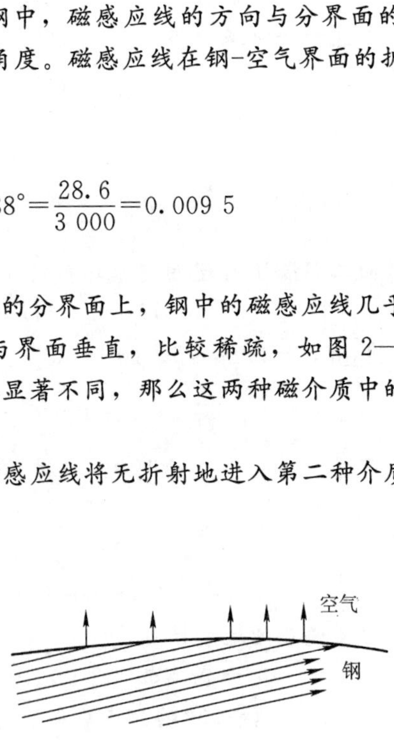

图 2—52 磁感应线由钢进入空气

磁感应强度的边界条件是：磁感应强度在两种磁介质中分布时，其界面处的磁感应强度

的法向分量和切向分量间的关系应满足下述两个条件。

$$B_{1n}=B_{2n}\text{（法向分量不变）} \quad (2—61)$$

$$H_{1t}=H_{2t}\text{（切向分量不变）} \quad (2—62)$$

或

$$B_{1t}/B_{2t}=\mu_1/\mu_2 \quad (2—63)$$

2.7 漏磁场

2.7.1 漏磁场的形成

所谓漏磁场，就是铁磁性材料磁化后，在不连续性处或磁路的截面变化处，磁感应线离开和进入表面时形成的磁场，如图1—1和图2—6所示。

漏磁场形成的原因，是由于空气的磁导率远远低于铁磁性材料的磁导率。如果在磁化了的铁磁性工件上存在着不连续性或裂纹，则磁感应线优先通过磁导率高的工件，这就迫使一部分磁感应线从缺陷下面绕过，形成磁感应线的压缩。但是，工件上这部分可容纳的磁感应线数目也是有限的，又由于同性磁感应线相斥，所以，一部分磁感应线从不连续性中穿过，另一部分磁感应线遵从折射定律几乎从工件表面垂直地进入空气中去绕过缺陷又折回工件，形成了漏磁场。

2.7.2 缺陷的漏磁场分布

缺陷产生的漏磁场在工件表面可以分解为水平分量 B_x 和垂直分量 B_y，水平分量与工件表面平行，垂直分量与工件表面垂直。假设有一矩形缺陷，则在矩形中心，漏磁场的水平分量有极大值，并左右对称；而垂直分量为通过中心点的曲线，缺隙的漏磁场分布如图2—53所示，图2—53a所示为水平分量，图2—53b所示为垂直分量，如果将两个分量合成，则可得到如图2—53c所示的漏磁场。

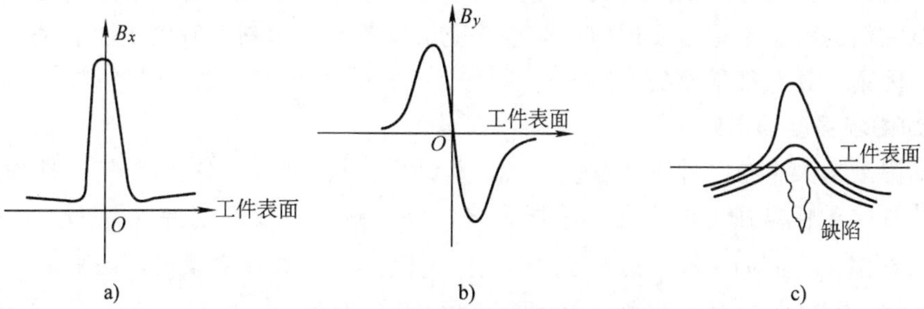

图2—53　缺陷的漏磁场分布

a）水平分量　b）垂直分量　c）合成的漏磁场

缺陷处产生漏磁场是磁粉检测的基础。但是，漏磁场是看不见的，还必须有显示或检测漏磁场的手段。磁粉检测是通过漏磁场引起磁粉聚集形成的磁痕显示进行检测的。漏磁场对磁粉的吸引可看成是磁极的作用，如果在磁极区有磁粉，磁粉则将被磁化，也呈现出N极和S极，并沿着磁感应线排列起来。当磁粉的两极与漏磁场的两极相互作用时，磁粉就会被吸引并加速移到缺陷上去。漏磁场的磁力作用在磁粉微粒上，其方向指向磁感应线最大密度区，即指向缺陷处，如图 2—54 所示。

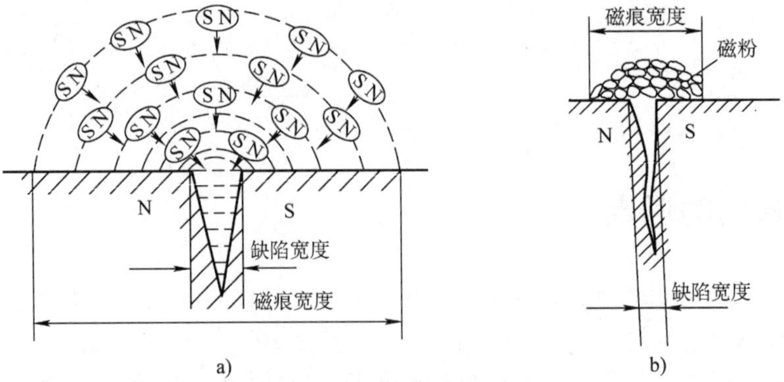

图 2—54　磁粉受漏磁场吸引

漏磁场的宽度要比缺陷的实际宽度大数倍至数十倍，所以磁痕对缺陷宽度具有放大作用，能将目视不可见的缺陷变成目视可见的磁痕使之容易观察出来。

磁粉除了受漏磁场的磁力之外，还受重力、液体介质的悬浮力、摩擦力、磁粉微粒间的静电力与磁力的作用，磁粉在这些合力作用下移动到缺陷处，即漏磁场吸引力把磁粉吸引到缺陷处。磁粉的受力分析如图 2—55 所示。

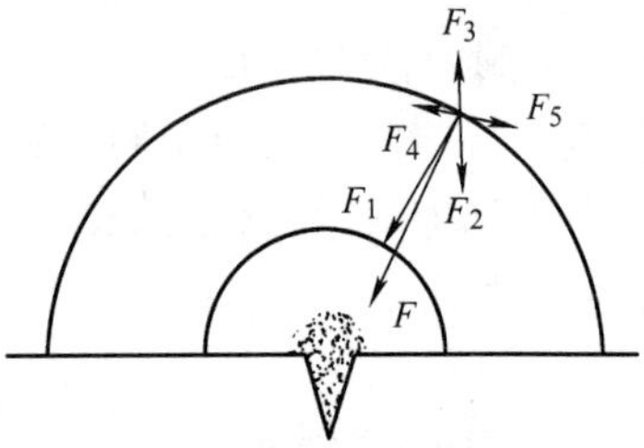

图 2—55　磁粉的受力分析

F_1—漏磁场磁力　F_2—重力

F_3—液体介质的悬浮力

F_4—磁力　F_5—静电力

2.7.3　影响漏磁场的因素

漏磁场的大小，对检测缺陷的灵敏度至关重要。由于真实的缺陷具有复杂的几何形状，准确计算漏磁场的大小是难以实现的，测量又受试验条件的影响，所以定性地讨论影响漏磁场的规律和因素，具有很重要的意义。

1. 外加磁场强度的影响

缺陷的漏磁场大小与工件磁化程度有关，从铁磁性材料的磁化曲线得知，外加磁场大小和方向直接影响磁感应强度的变化。一般说来，外加磁场强度一定要大于 H_{μ_m}，即选择在产生最大磁导率 μ_m 对应的 H_{μ_m} 点右侧的磁场强度值，此时磁导率减小，磁阻增大，漏磁场增大。当铁磁性材料的磁感应强度达到饱和值的 80% 左右时，漏磁场便会迅速增大。

2. 缺陷位置及形状的影响

（1）缺陷埋藏深度的影响　缺陷的埋藏深度，即缺陷上端距工件表面的距离，对漏磁场产生有很大的影响。同样的缺陷，位于工件表面时，产生的漏磁场大；若位于工件的近表面，产生的漏磁场显著减小；若位于距工件表面很深的位置，则工件表面几乎没有漏磁场存在。

（2）缺陷方向的影响　缺陷的可检出性取决于缺陷延伸方向与磁场方向的夹角。如图 2—56 所示为显现缺陷方向的示意图，当缺陷垂直于磁场方向时，漏磁场最大，也最有利于缺陷的检出，灵敏度最高，随着夹角由 90°减小，灵敏度下降；当缺陷与磁场方向平行或夹角小于 30°时，则几乎不产生漏磁场，不能检出缺陷。

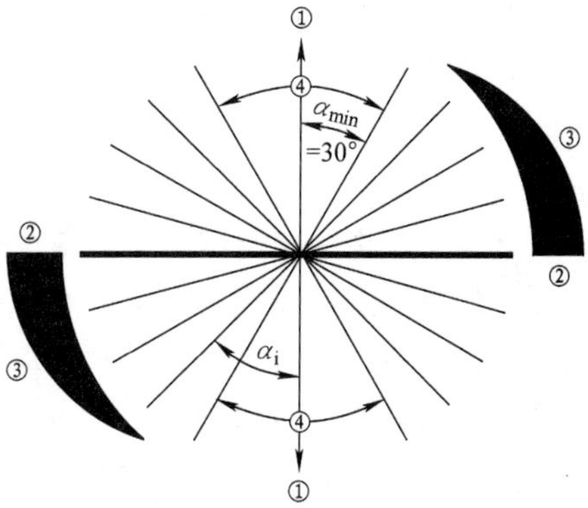

图 2—56　显现缺陷方向的示意图
①—磁场方向　②—最佳灵敏度
③—灵敏度减小　④—灵敏度不足
α—磁场和缺陷间夹角
α_{min}—显现最小角度　α_i—实例

（3）缺陷深宽比的影响　同样宽度的表面缺陷，如果深度不同，产生的漏磁场也不同。在一定范围内，漏磁场的增加与缺陷深度的增加几乎成线性关系；当深度增大到一定值后，漏磁场增加变得缓慢。当缺陷的宽度很小时，漏磁场随着宽度的增加而增加，并在缺陷中心形成一条磁痕；当缺陷的宽度很大时，漏磁场反而下降，如表面划伤又浅又宽，产生的漏磁场很小，在缺陷两侧形成磁痕，而缺陷根部没有磁痕显示。

缺陷的深宽比是影响漏磁场的一个重要因素，缺陷的深宽比越大，漏磁场越大，缺陷越容易检出。

3. 工件表面覆盖层的影响

工件表面的覆盖层会影响磁痕显示，如图 2—57 所示为工件表面覆盖层对磁痕显示的影响。图中有三个深宽比一样的横向裂纹，纵向磁化后产生同样大小的漏磁场，图 2—57a 所示裂纹上没有覆盖层，磁痕显示浓密清晰；图 2—57b 所示裂纹上覆盖着较薄的一层，有磁痕显示，但不如图 2—57a 所示裂纹清晰；图 2—57c 所示裂纹上有较厚的表面覆盖层，如厚的漆层，漏磁场不能泄漏到覆盖层之上，所以不吸附磁粉，没有磁痕显示，磁粉检测就会漏检。漆层厚度对漏磁场的影响如图 2—58 所示。

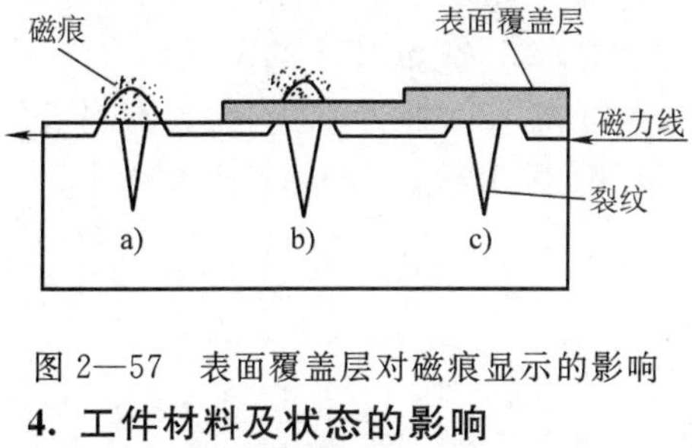

图 2—57　表面覆盖层对磁痕显示的影响

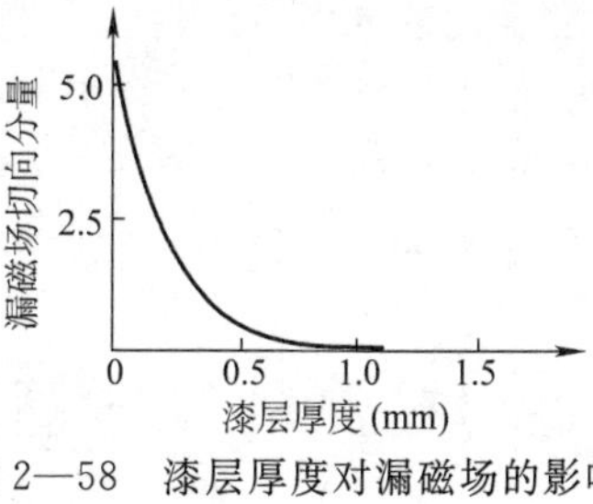

图 2—58　漆层厚度对漏磁场的影响

4. 工件材料及状态的影响

根据化学成分的不同，钢材分为碳素钢和合金钢。碳素钢是铁和碳的合金，含碳量小于 0.25％称为低碳钢，含碳量在 0.25％～0.60％称为中碳钢，含碳量大于 0.6％称为高碳钢。碳素钢的主要组织是铁素体、珠光体、渗碳体、马氏体和残余奥氏体。铁素体和马氏体呈铁磁性；渗碳体呈弱磁性；珠光体是铁素体与渗碳体的混合物，具有一定的磁性；奥氏体不呈现磁性。合金钢是在碳素钢里加入各种合金元素而成。

钢的主要成分是铁，因而具有铁磁性。但 1Cr18Ni9 和 1Cr18Ni9Ti 室温下属奥氏体不锈钢，没有磁性，不能进行磁粉检测。高铬不锈钢如 1Cr13 和 Cr17Ni2，室温下的主要成分为铁素体和马氏体，具有一定的磁性，能够进行磁粉检测。另外沉淀硬化不锈钢也有磁性，能够进行磁粉检测。

钢铁材料的晶格结构不同，磁特性便有所变化。面心立方晶格的材料是非磁性材料。体心立方晶格的材料是铁磁性材料，但体心立方晶格如果发生变形，其磁性也将发生很大变化。例如，当合金成分进入晶格以及冷加工或热处理使晶格发生畸变时，都会改变磁性。矫顽力与钢的硬度有着相对应的关系，即矫顽力随着硬度的增大而增大，漏磁场也增大。

下面列举工件材料和状态对漏磁场的影响：

(1) 晶粒大小的影响　晶粒越大，磁导率越大，矫顽力越小，漏磁场就越小；相反，晶粒越小，磁导率越小，矫顽力越大，漏磁场也越大。

(2) 含碳量的影响　对碳钢来说，在热处理接近时，对磁性影响最大的合金成分是碳，随着含碳量的增加，矫顽力几乎成线性增加，相对磁导率则随着含碳量的增加而下降，漏磁场也增大，含碳量对钢材磁性的影响见表 2—4。

表 2—4　含碳量对钢材磁性的影响

钢牌号	含碳量（%）	状态	H_c（A/m）	μ_r
40	0.4	正火	584	620
D-60	0.6	正火	640	522
T10A	1.0	正火	1 040	439

(3) 热处理的影响　钢材处于退火与正火状态时，其磁性差别不大，而退火与淬火状态的差别却比较大。淬火可提高钢材的矫顽力和剩磁，使漏磁场增大。但淬火后随着回火温度的升高，材料变软，矫顽力降低，漏磁场也降低。

如 40 钢，在正火状态下矫顽力为 580 A/m；在 860℃水淬，300℃回火，矫顽力为 1 520 A/m；提高回火温度到 460℃时，矫顽力则降为 720 A/m。

(4) 合金元素的影响　由于合金元素的加入，材料硬度增加，矫顽力也增加，所以漏磁场也增加。如正火状态的 40 钢和 40Cr 钢，矫顽力分别为 584 A/m 和 1 256 A/m。

(5) 冷加工的影响　冷加工如冷拔、冷轧、冷校和冷挤压等加工工艺，将使材料表面硬度增加、矫顽力增大。随着压缩变形率增加，矫顽力和剩磁均增加，漏磁场也会增大。

2.8　磁粉检测的光学基础

2.8.1　光度量术语及单位

光是能够直接引起视觉的电磁辐射，光度学是有关视觉效应评价辐射量的学科。磁粉检测观察和评定磁痕显示，必须在可见光或黑光下进行，其光源的发光强度、光通量、[光]照度、辐[射]照度和[光]亮度都与检测结果直接有关。

1. 发光强度

发光强度是指光源在给定方向上单位立体角内传输的光通量，用符号I表示，单位是坎［德拉］(cd)。

$$I=\mathrm{d}\Phi/\mathrm{d}\Omega$$

式中　I——发光强度，cd。

国际计量大会对发光强度单位坎德拉定义为："坎德拉是发出频率为540×10^{12} Hz的单色辐射的光源在给定方向的发光强度，该方向的辐射强度为1/683瓦特每球面度(W/sr)"。(球面度是一个立体角，其顶点位于球心，而它在球面上所截取的面积等于以球半径为边长的正方形面积)。

2. 光通量

光通量是指能引起眼睛视觉强度的辐射通量。用符号Φ表示，单位是流明(lm)。流明(lm)是发光强度为1 cd的均匀点光源在1球面度立体角内发射的光通量。

3. ［光］照度

［光］照度亦称照度，是单位面积上接收的光通量。用符号E表示，单位是勒［克斯］(lx)。1 lx=1 lm/m²，1勒［克斯］是1 lm的光通量均匀分布在1 m²表面上产生的光照度。

过去照度单位曾经使用过英尺坎德拉(f·cd)和英尺烛光(f·c)，1 f·cd=1 f·c=10.76 lx。

从定义式$E=\mathrm{d}\Phi/\mathrm{d}A$可以看出，当面积$A$一定时，光通量$\Phi$越大，则这个表面的照度$E$就越大；当光通量$\Phi$一定时，被均匀照射的表面积$A$越大，表面照度$E$就越小。

另外还可以导出：由一个发光强度为I的点光源，在相距1 m处的平面上产生的照度，与这个光源的发光强度成正比，与距离的平方成反比，即

$$E=I/l^2$$

式中　E——照度，lx；

I——光源发光强度，cd；

l——光源到接收面的距离，m。

4. 辐［射］照度

辐［射］照度亦称辐照度。表面上一点的辐照度是入射在包含该点的面元上的辐射通量$\mathrm{d}\Phi_e$除以该面元面积$\mathrm{d}A$之商，用符号E_e(或E)表示，单位是瓦［特］/米²，1 W/m²=100 μW/cm²，即$E_e=\mathrm{d}\Phi_e/\mathrm{d}A$。

5. ［光］亮度

［光］亮度亦称亮度，是指在给定方向单位立体角的垂直光照度，用符号L表示，单位是坎德拉每平方米(cd/m²)。

2.8.2 发光

发光的物体称为光源，也称为发光体。

非荧光磁粉检测时，在波长范围为400～760 nm的可见光下观察磁痕。可见光是目视可见的光，即包括红、橙、黄、绿、青、蓝、紫七种颜色的光。荧光磁粉检测时，采用波长

范围为 320～400 nm 的紫外光（被称为黑光）激发荧光磁粉的磁痕，产生波长范围为 510～550 nm 的黄绿色荧光。

许多原来在可见白光下不发光的物质，在紫外线的照射下却能够发光，这种现象称为光致发光。光致发光的物质，在外界光源移去后，经过很长时间才停止发光，这种光称为磷光，这种物质称为磷光物质；在外界光源移去后立即停止发光，这种光称为荧光，这种物质称为荧光物质。由于荧光磁粉表面包覆一层荧光染料，当黑光照射到荧光磁粉上时，荧光物质便吸收黑光的能量，处于较低能级离原子核较近的轨道上的电子，受激发而跳跃到离原子核较远的轨道上去，使原子能量升高而处于激发状态。处在激发状态的原子很不稳定，其高能级上的电子要自发地跳跃到失去电子的较低能级上去，电子由高能级跳到低能级，将发出一个光子，这个光子的能量就等于高、低能级的能量差，该光子的波长在 510～550 nm 范围内，发黄绿色的荧光。

2.8.3 紫外线

紫外线是指波长为 100～400 nm 的不可见光，其电磁波谱图位于可见光和 X 射线之间，如图 2—59 所示。不是所有的紫外线都可以用于荧光磁粉检测，只有波长为 320～400 nm 的黑光才能用于荧光磁粉检测。

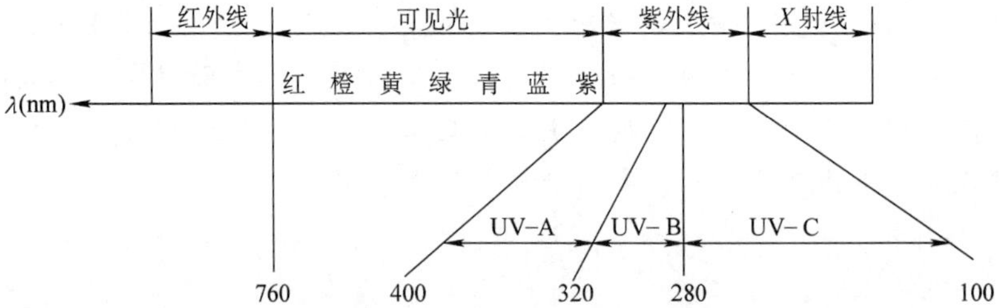

图 2—59 紫外线电磁波谱图

国际照明委员会把紫外线分成如下三个范围：

波长 320～400 nm 的紫外线称为 UV-A、黑光或长波紫外线。UV-A 波长的紫外线，适用于荧光磁粉检测，它的峰值波长约为 365 nm。

波长 280～320 nm 的紫外线称为 UV-B 或中波紫外线，又叫红斑紫外线。UV-B 具有使皮肤变红的作用，还可引起晒斑和雪盲，不能用于磁粉检测。

波长 100～280 nm 的紫外线称为 UV-C 或短波紫外线。UV-C 具有光化和杀菌作用，能引起猛烈的烧伤，还伤害眼睛，也不能用于磁粉检测，医院使用 UV-C 紫外线来杀菌。

2.8.4 人眼对光的响应

人眼对于波长小于 400 nm 的辐射响应并不敏感，但是在不存在长波可见光情况下，人眼的灵敏度往往会提高。图 2—60 所示为不同可见光照度下，人眼对可见光的相对平均响应。图 2—60a 所示为在 1 000 lx 明亮条件下观察，相当于最大灵敏度时的眼的明视觉，垂直标度为 1。

在暗室中，如图2—60b所示，平均照度为10 lx。暗室不可能达到完全黑暗，这是由于黑光灯本身产生一些蓝色或紫色的可见光，检验场所的一些荧光源，如检验人员的衣着也产生荧光。人眼对380～400 nm波长范围内的辐射变得很灵敏，几乎比亮光下的灵敏度高30倍。380～400 nm波长范围内还会在眼中引起深蓝色的感觉，并大大提高蓝色范围405 nm波长黑光灯的灵敏度。在这种可见光下适应了黑暗的检验人员，可在检验场所来回走动，准确地进行检验。

在完全黑暗的暗室中，如图2—60c所示，平均照度为1 lx。这是磁粉检测难得的环境，眼睛的灵敏度将提高800倍，且能对波长直至350 nm的光线作出响应（使眼球晶体和角膜适应荧光）。在本底水平较低时，人眼对波长较长的可见光存在更易于检验。

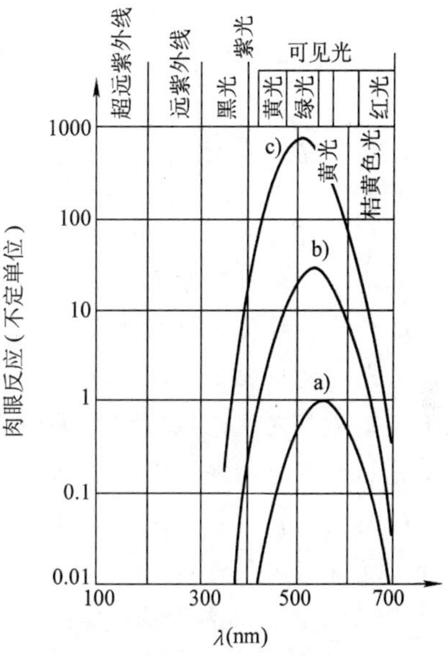

图2—60　人眼对可见光的相对平均响应

人眼瞳孔的尺寸随光线强度变化而变化和进行调整，故视觉灵敏度在不同光线强度下有所不同。如人的眼睛在强光下，对光强度的微小差别不敏感，而对颜色和对比度的差别的辨别能力很高。在暗光下，人的眼睛辨别颜色和对比度的本领很差，却能看出微弱的发光物体或光源，因为在暗光下，眼睛的瞳孔会自动放大，能吸收更多的光。当人从明亮处进入暗区时，短时间内，眼睛看不见周围的东西，必须过一段时间才能看见，这种现象称为黑暗适应。进行荧光磁粉检测时，黑暗适应时间需要3～5 min。同样，从暗区到明亮的地方，也需要足够的恢复时间。

人的眼睛对各色光的敏感性是不同的，根据标准光度观测者的测定结果，只有波长为555 nm的黄绿色光，它的明视觉光谱光视效率是1，对人眼最敏感。荧光磁粉的磁痕，在黑光的照射下，能发出色泽鲜明的黄绿色荧光，容易观察，与工件表面形成的紫色本底有很高的对比度，因而缺陷磁痕在暗区具有很好的可见度，检测缺陷灵敏度高。

磁粉检测人员佩戴眼镜观察磁痕有一定的影响，如光敏（光致变色）眼镜在黑光辐射时会变暗，变暗程度与辐射的入射量成正比，影响对荧光磁粉磁痕的观察和辨认，因此不允许使用。由于荧光磁粉检验区域的紫外线，不允许直接或间接地射入人的眼睛，为避免人的眼睛暴露在紫外线辐射下，可佩戴吸收紫外线的护目眼镜，它能阻挡紫外线和大多数紫光与蓝光。但应注意，不得降低对黄绿色荧光磁粉磁痕的检出能力。

2.8.5　黑光灯

黑光灯的结构如图2—61所示。它由石英内管和外壳组成，内管的两端各有一个主电极，管内装有水银和氩气，在主电极的旁边装有一个引燃用的辅助电极，其引出处串联一个限流电阻，外面有一个玻璃外壳，起保护石英内管和聚光的作用。这种灯一般用电感性镇流器稳流。镇流器通过对灯的两端电压自动调节，使灯泡的放电电弧稳定。黑光灯与镇流器的连接线路，如图 2—62 所示。接通电源后，水银并不立刻产生电弧，而是由辅助电极和一个主电极之间发生辉光放电，这时石英管内温度升高，水银逐渐汽化，等到管内产生足够的水银蒸气时，方能发生主电极间的水银弧光放电，产生紫外线。这个过程大约需要 3～5 min，由于产生紫外线，石英内管水银蒸气可达到(4～5)×10^5 Pa，所以这种紫外灯又叫高压水银灯。

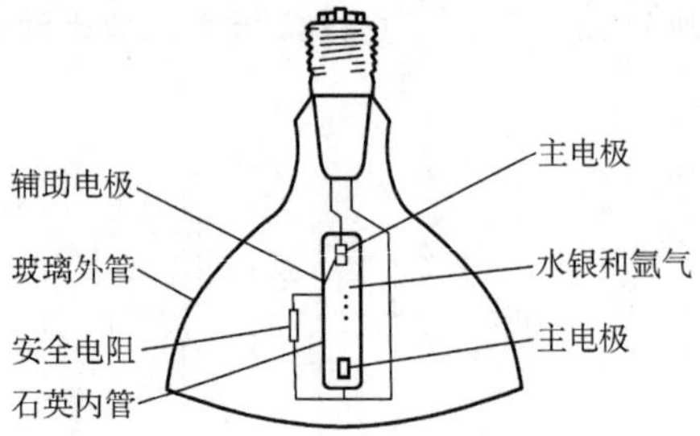

图 2—61　黑光灯结构

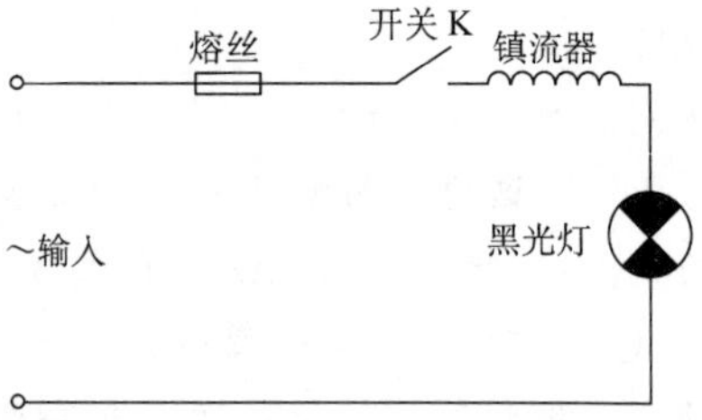

图 2—62　黑光灯与镇流器的连接线路

黑光灯外壳用深紫色镍玻璃制成，镍玻璃能吸收可见光，仅让 320～400 nm 波长的黑光通过。外壳锥体内镀有银，可起到聚光作用，大大提高黑光灯的辐照度。

黑光灯发出的光，既包括不可见的紫外光，也包括可见光。不可见光峰值在 365 nm 附近，这正是激发荧光磁粉所需要的波长，而可见光和中波及短波紫外线则是不需要的。因为可见光影响荧光磁粉磁痕的识别，中波和短波紫外光对人眼有伤害。因此，采用滤光片将不需要的光线滤掉，仅让波长 320～400 nm 的长波紫外线（UV-A 黑光）通过，所以把这种紫外灯通常叫做黑光灯。

黑光灯使用的注意事项是：

（1）黑光灯刚点燃时，输出达不到最大值，所以检验工作应至少等 3 min 以后再进行。

（2）要尽量减少灯的开关次数，频繁启动会缩短灯的使用寿命。

（3）黑光灯使用后，辐射能量下降，所以应定期测量黑光辐照度。

（4）电源电压波动对黑光灯影响很大。电压低，灯可能启动不了，或使点燃的灯熄灭。当使用的电压超过灯的额定电压时，对灯的使用寿命又影响很大，所以必要时应装稳压电源，以保持电源电压稳定。

（5）滤光片上有脏污，应及时清除，因为会影响黑光的发出。

（6）避免将磁悬液溅到黑光灯上，使灯炸裂。

（7）不要将黑光灯直对着人的眼睛照。

（8）滤光片如果有裂纹，应及时更新，因为会使可见光和中、短波紫外光通过，对人体有害。

复习思考题

1. 简述磁性、磁体、磁极、磁力和磁场的概念。

2. 在北半球，地磁场的磁感应线是指向地球表面，还是从地球表面出来？

3. 磁感应线有哪些特性？

4. 什么是磁场强度、磁通量和磁感应强度？用什么符号表示？在 SI 和 CGS 单位制中单位是什么？如何换算？

5. 什么是磁导率？如何分类？单位是什么？物理意义是什么？

6. 铁磁性材料、顺磁性材料和抗磁性材料的区别是什么？

7. 用磁畴理论解释铁磁性材料的磁化过程。

8. 什么是剩磁？什么是矫顽力？

9. 铁磁性材料有哪些特性？

10. 硬磁材料和软磁材料的区别是什么？

11. 用交流电和直流电磁化同一钢棒，磁场强度和磁感应强度分布的共同点和区别分别是什么？

12. 简述短、有限长和无限长螺管线圈的区别和各自的磁场分布特征。

13. 低、中和高充填因数线圈如何区分？

14. 两个钢管，外径和长度相同，但壁厚不同，用相同的安匝数和直流电磁化，厚壁管与薄壁管的退磁场哪个大？为什么？

15. 什么是磁畴？什么是居里点？

*16. 磁化强度 M 是如何定义的？其物理意义是什么？

17. 什么是退磁场？影响退磁场大小的因素有哪些？退磁场如何计算？

*18. 磁感应线的边界条件是什么？

*19. 什么是磁路定律？写出数学表达式。

20. 影响漏磁场大小的因素有哪些？

21. 一钢棒长 1 000 mm，直径为 100 mm，通以 1 000 A 电流磁化，求钢棒表面的磁场强度为多少 A/m 和多少 Oe？

22. 一螺管线圈绕 5 匝，通以 10 A 电流，另一个同样尺寸的螺管线圈绕 10 匝，通以 5 A电流，问两个线圈的中心磁场强度是否相等？

23. 旋转磁场的原理是什么？形成条件是什么？

24. 简述交叉磁轭分布对检测灵敏度有哪些影响。

*25. 简述发光强度、光通量、光照度、辐照度和光亮度的定义及单位。

26. 可见光、黑光的区别是什么？波长范围各是多少？

*27. 什么是荧光、磷光和光致发光？

*28. 简述人眼对光源的响应。

*29. 简述黑光灯的结构和黑光的产生。

30. 简述使用黑光灯的注意事项。

31. 长波、中波和短波紫外线如何区分？

第3章 磁化电流、磁化方法和磁化规范

3.1 磁化电流

在电场作用下，电荷有规则的运动形成电流。电流通过的路径称为电路，它一般由电源、连接导线和负载组成。单位时间内流过导体某一截面的电量叫电流，用 I 表示，单位是安［培］(A)。

在磁粉检测中，是用电流来产生磁场的，常用不同的电流对工件进行磁化。这种为在工件上形成磁化磁场而采用的电流叫做磁化电流。由于不同电流随时间变化的特性不同，在磁化时所表现出的性质也不一样，因此，在选择磁化设备与确定工艺参数时，应考虑不同电流种类的影响。磁粉检测采用的磁化电流有交流电、整流电（包括单相半波整流电、单相全波整流电、三相半波整流电和三相全波整流电）、直流电和冲击电流，其波形、电流表指示及换算关系见表 3—1。其中最常用的磁化电流有交流电、单相半波整流电和三相全波整流电三种。表 3—1 中，电流有效值、峰值和平均值分别用符号 I，I_m 和 I_d 表示。

表 3—1 磁化电流的波形、电流表指示及换算关系

电流波形	电流表指示	换算关系	峰值为 100 A 时电流表读数
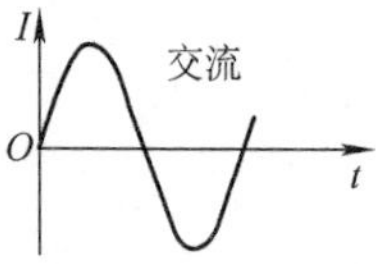	有效值	$I_m=\sqrt{2}I$	70 A
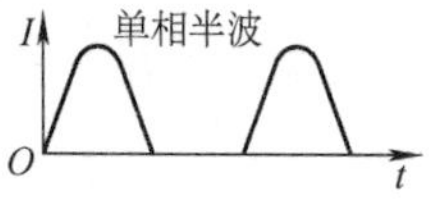	平均值 两倍平均值	$I_m=\pi I_d$ $I_m=\frac{\pi}{2}I_d$	32 A 65 A
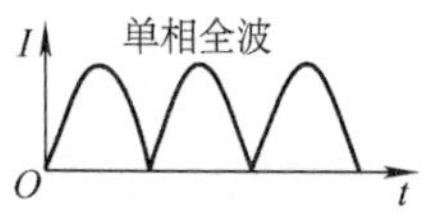	平均值	$I_m=\frac{\pi}{2}I_d$	65 A
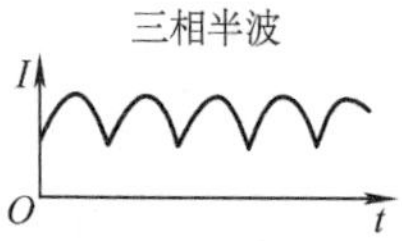	平均值	$I_m=\frac{2\pi}{3\sqrt{3}}I_d$	83 A

续表

电流波形	电流表指示	换算关系	峰值为100 A时电流表读数
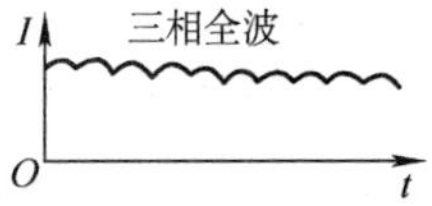	平均值	$I_m=\frac{\pi}{3}I_d$	95 A
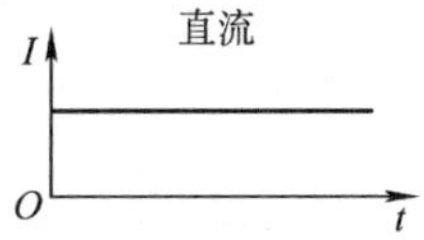	平均值	$I_m=I_d$	100 A
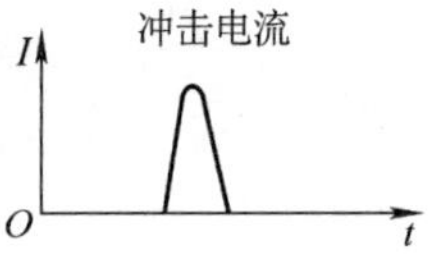			

3.1.1　交流电

1. 表征交流电的物理量

大小和方向随时间按正弦规律变化的电流称为正弦交流电，简称交流电，用符号AC表示，如图3—1所示。

交流电在一个周期内的电流最大值叫峰值，用 I_m 表示。在工程上还应用有效值和平均值。交流电的有效值，是指在相同的电阻上分别通以直流电和交流电，经过一个交流周期时间，电阻上所损失的电能如果相等，则把该直流电的大小作为该交流电的有效值，用 I 表示。从交流电流表上读出的电流值是有效值。交流电的峰值 I_m 和有效值 I 的换算关系为

$$I_m=\sqrt{2}I\approx1.414I \tag{3—1}$$

交流电在半个周期（$T/2$）范围内各瞬间的算术平均值称为交流电的平均值，用 I_d 表示。也可以用图解法求出，如图3—2所示矩形的高度代表交流电平均值。交流电峰值和平均值的换算关系为

$$I_d=(2/\pi)I_m\approx0.637I_m \tag{3—2}$$

在一个周期内，交流电的平均值等于零。

2. 集肤效应

交变电流通过导体时，导体表面电流密度较大而内部电流密度较小的现象称为集肤效应。这是由于导体在变化着的磁场里因电磁感应而产生涡流，在导体表面附近，涡流方向与原来电流方向相同，使电流密度增大；而在导体轴线附近，涡流方向则与原来电流方向相

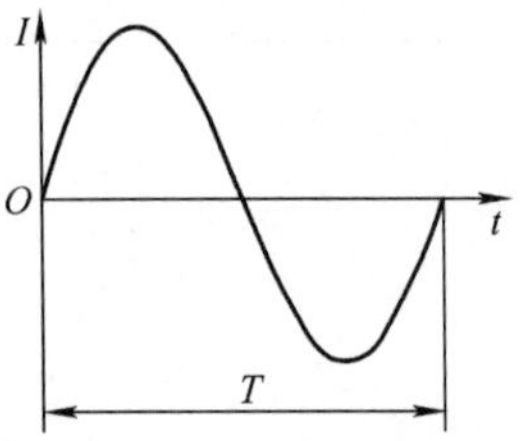

图 3—1　正弦交流电

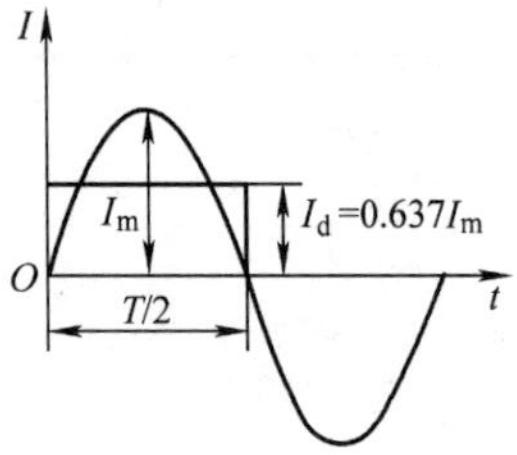

图 3—2　交流电在半个周期内的平均值

反，使导体内部电流密度减弱，如图 3—3 所示。材料的电导率和相对磁导率增加时，或交流电的频率提高时，都会使集肤效应更加明显。通常 50 Hz 交流电的集肤深度，也称交流电的渗入深度 δ，大约为 2 mm，渗入深度 δ 可用下式表示。

$$\delta=\frac{500}{\sqrt{f\sigma\mu_r}} \tag{3—3}$$

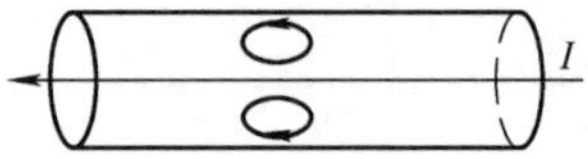

图 3—3　集肤效应

式中　δ——交流电集肤深度，m；

f——交流电频率，Hz；

σ——材料电导率，S/m；

μ_r——相对磁导率。

3. 交流电的优点和局限性

在我国磁粉检测中，交流电被广泛应用，是由于它具有以下优点：

（1）对表面缺陷检测灵敏度高　由于集肤效应在工件表面电流密度最大，所以磁通密度也最大，有助于表面缺陷产生漏磁场，从而提高了工件表面缺陷的检测灵敏度。

（2）容易退磁　因为交流电磁化的工件，磁场集中于工件表面，所以用交流电容易将工件上的剩磁退掉，还因为交流电本身不断地变换方向，而使退磁方法变得简单又容易实现。

（3）电源易得，设备结构简单　由于电流电源能方便地输送到检测场所，交流探伤设备也不需要晶闸管整流装置，结构较简单。

（4）能够实现感应电流法磁化　根据电磁感应定律，交流电可以在磁路里产生交变磁通，而交变磁通又可以在回路中产生感应电流，对环形件实现感应电流法磁化。

（5）能够实现多向磁化　多向磁化常用两个交流磁场相互叠加来产生旋转磁场或用一个直流磁场和一个交流磁场矢量合成来产生摆动磁场。

（6）磁化变截面工件磁场分布较均匀　用固定式电磁轭磁化变截面工件时，可发现用交流电磁化，工件表面上磁场分布较均匀。若用直流电磁化，工件截面突变处有较多的漏磁场，会掩盖该部位的缺陷显示。

（7）有利于磁粉迁移　由于交流电的方向在不断地变化，所产生的磁场方向也不断地改变，它有利于搅动磁粉促使磁粉向漏磁场处迁移，使磁痕显示清晰可见。

（8）用于评价直流电（或整流电）磁化发现的磁痕显示　由于直流电磁化较交流电磁化发现的缺陷深，所以直流电磁化发现的磁痕显示，若退磁后用交流电磁化发现不了，说明该缺陷不是表面缺陷，有一定的深度。

(9) 适用于在役工件的检验　用交流电磁化，检验在役工件表面疲劳裂纹灵敏度高，设备简单轻便，有利于现场操作。

(10) 交流电磁化时工序间可以不退磁。

交流电的局限性是：

(1) 剩磁法检验受交流电断电相位影响　剩磁大小不稳定或偏小，易造成缺陷漏检，所以使用剩磁法检验的交流探伤设备，应配备断电相位控制器。

(2) 探测缺陷深度小　对于钢件 $\phi 1$ mm 人工孔，交流电的探测深度，剩磁法约为 1 mm，连续法约为 2 mm。

4. 交流电断电相位的影响

图 3—4 所示为交流电磁化与产生剩磁的关系。

0，1，2，3，4，5，6 表示交流电与产生的磁滞回线上各点的对应关系。如果交流电在正弦周期的 $(\frac{\pi}{2}\sim\pi)$ 和 $(\frac{3\pi}{2}\sim 2\pi)$ 或在零值断电，工件上将得到最大剩磁 B_r，对应坐标上的 02 和 05。若断电发生在正弦周期的 $(0\sim\frac{\pi}{2})$ 和 $(\pi\sim\frac{3\pi}{2})$，如在磁滞回线的 3 和 6 处断电，由于铁磁性材料的磁滞特性，对应的磁化曲线到达 3′和 6′，得到剩磁 B_r'，对应坐标上的 03′和 06′。显然 03′<02，06′<05。所以剩磁 $B_r'<B_r$。由此看出，剩磁大小与交流电的断电相位有关。

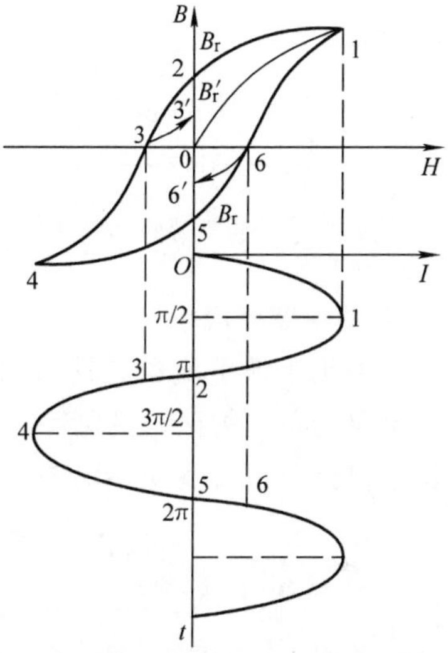

图 3—4　交流电磁化与产生剩磁的关系

为了克服剩磁法检验交流电断电相位的影响，在交流探伤机上应加装断电相位控制器。如 XKQ－Ⅲ型断电相位控制器，采用逻辑电路控制，确保交流电一定在 π 或 2π 处断电，从而保证剩磁稳定，检测结果可靠。

5. 非正弦交流电

我国许多旧式交流探伤机都加装了断电相位控制器，即用晶闸管调压取代了自耦变压器调压。许多移动式或便携式磁粉探伤仪，为了减轻重量和使电压连续可调，也采用了晶闸管调压。因负载属于电感性负载，当电压过零时，电流还未到零，使晶闸管滞后关断，其电流波形如图 3—5 所示，此时输出电流已成为非正弦交流电，它的峰值 I_m 已不等于有效值 $\sqrt{2}I$。

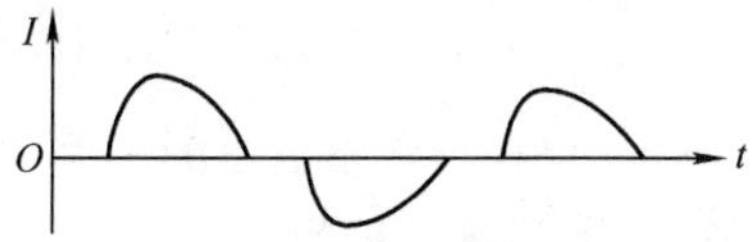

图 3—5　非正弦交流电波形

3.1.2　整流电

整流电是通过对交流电整流而获得，如图 3—6 到图 3—9 所示，分别为①单相半波、

②单相全波、③三相半波和④三相全波桥式整流电路原理图。四种类型电流中，按交流分量大小递减排列的顺序是：①、②、③、④；按检测缺陷深度大小排列的顺序是：④、③、②、①。其中最常用的是单相半波和三相全波整流电。

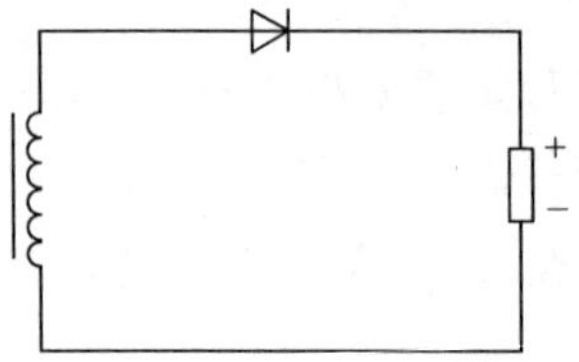

图 3—6　单相半波整流电路原理图

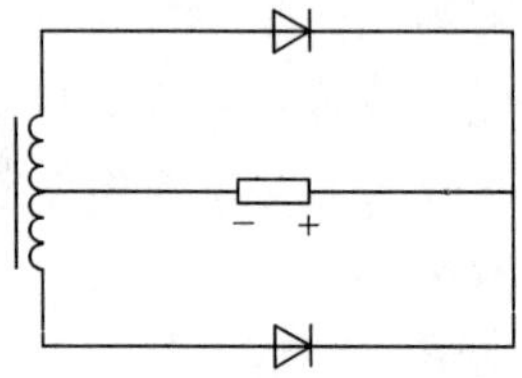

图 3—7　单相全波整流电路原理图

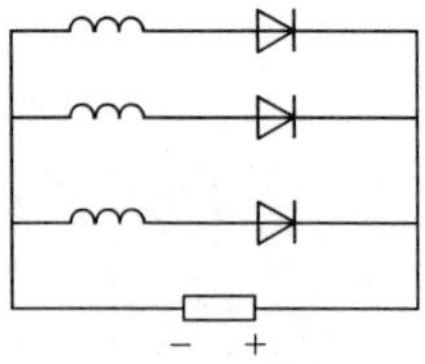

图 3—8　三相半波整流电路原理图

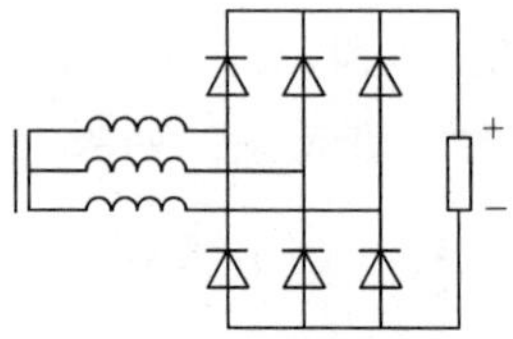

图 3—9　三相全波桥式整流电路原理图

1. 单相半波整流电

（1）单相半波整流电是通过整流将单相正弦交流电的负向去掉，只保留正向电流，形成直流脉冲，每个脉冲持续半周，在各脉冲的时间间隔里没有电流流动，用符号 HW 表示。单相半波整流电波形如图 3—10 所示。

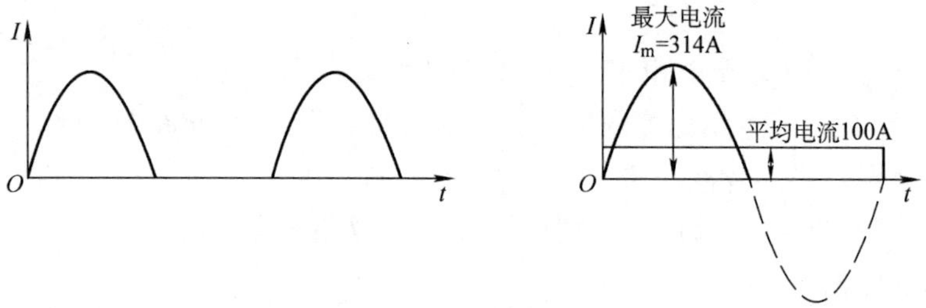

图 3—10　单相半波整流电波形图

（2）单相半波整流电的峰值与未被整流的交流电的峰值相同，平均值 I_d、有效值 I 和峰值 I_m 的换算关系为

$$I_m = \pi I_d \tag{3—4}$$

$$I = 1.57 I_d \tag{3—5}$$

对于所有的整流电，电流值都是用测量平均值的电流表指示的。

对于单相半波整流电，例如，电流表读数为 100 A，是指平均值，则峰值为：$I_m = \pi I_d = 3.14 \times 100\ \text{A} = 314\ \text{A}$；有效值为：$I = 1.57 I_d = 1.57 \times 100\ \text{A} = 157\ \text{A}$。另外，有的电流表指示的是两倍平均值，则 $I_m = \frac{\pi}{2} I_d$，当电流表指示 100 A 时，$I_m = \frac{\pi}{2} I_d = \frac{3.14}{2} \times 100\ \text{A} = 157\ \text{A}$，使用这种电流表应注明换算关系。

(3) 单相半波整流电的优点和局限性　单相半波整流电是磁粉检测最常用的磁化电流类型之一，因为它有以下优点：

1) 兼有直流的渗入性和交流的脉动性　单相半波整流电具有直流电能渗入工件表面下的性质，因此能检测工件表面下较深的缺陷。对于钢件直径 1 mm 的人工孔，单相半波整流电的探测深度，剩磁法约为 1.5 mm，连续法可达到 4 mm。又由于单相半波整流电的交流分量较大，它所产生的磁场具有强烈的脉动性，对表面缺陷检测也有一定的灵敏度。

2) 剩磁稳定　单相半波整流电所产生的磁滞回线如图 3—11 所示，磁场是同方向的，磁滞回线是非对称的。无论在何点断电，在工件上都会获得稳定的剩磁 B_r。

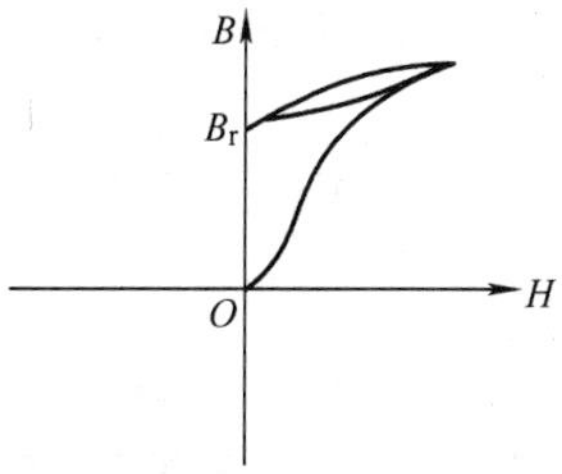

图 3—11　单相半波整流电的磁滞回线

3) 有利于近表面缺陷的检测　单相半波整流电是单方向脉冲电流，能够搅动干磁粉，有利于磁粉的迁移，因此单相半波整流电结合干法检测，检测近表面气孔、夹杂和裂纹等缺陷效果很好。

4) 能提供较高的灵敏度和对比度　单相半波整流电结合湿法检验对细小裂纹有一定的灵敏度。又由于磁场不过分地集中于表面，所以即使采用较严格的磁化规范，缺陷上的磁粉堆积量也不会大量增加，所以缺陷轮廓清晰，本底干净，便于缺陷的观察和分析。

单相半波整流电的局限性是：

1) 退磁较困难　由于电流渗入深度大于交流电，所以比交流电退磁困难。

2) 检测缺陷深度不如三相全波整流电和直流电。

2. 三相全波整流电

(1) 交流电经过三相全波整流可得到三相全波整流电，使每相正弦曲线的负向部分都倒转为正向，产生一个接近直流电的整流电，用符号 FWDC 表示。

(2) 三相全波整流电峰值 I_m 与平均值 I_d 的换算关系为

$$I_m = \frac{\pi}{3} I_d \tag{3—6}$$

(3) 三相全波整流电的优点和局限性　三相全波整流电是磁粉检测最常用的磁化电流类型之一，它具有以下优点：

1) 具有很大的渗入性和很小的脉动性。三相全波整流电已接近直流电，磁场具有很大的渗入性，即可以检测近表面埋藏较深的缺陷，如用 3 400 A 三相全波整流电磁化 B 型标准试块，最多可以发现距试块边缘 16 mm 的第 9 个孔的磁痕显示（孔径为 1.78 mm）。因交流分量很小，所以只有很小的脉动性。

2) 剩磁稳定。

3) 适用于检测焊接件、带镀层工件、铸钢件和球墨铸铁毛坯的近表面缺陷。

4) 设备需要输入的功率小。

三相全波整流电的局限性是：

1) 退磁困难　用三相全波整流电或直流电磁化的工件，如果用交流电退磁，只能将表层的剩磁去掉，内部仍然有剩磁存在。要彻底地退磁，就要使用超低频或直流换向衰减退磁设备，设备较复杂，退磁效率也较低。

2）退磁场大　工件进行纵向磁化时，用三相全波整流电或直流电比用交流电产生的退磁场要大，这是由于磁场渗入较深的缘故。

3）变截面工件磁化不均匀　在工件截面变化处会产生磁化不足或过量磁化，所以导致磁化不均匀。

4）不适用于干法检验。

5）周向和纵向磁化的工序间一般需要退磁。

3.1.3　直流电

直流电是磁粉检测应用最早的磁化电流，它的大小和方向都不变，用符号 DC 表示。直流电是通过蓄电池组或直流发电机供电的。使用蓄电池组，需要经常充电，电流大小调节和使用也不方便，退磁又困难，所以现在磁粉检测很少使用。

直流电的平均值 I_d、峰值 I_m 和有效值 I 相等。

直流电的优点是：

（1）磁场渗入深度大，在七种磁化电流中，检测缺陷的深度最大。

（2）剩磁稳定，剩磁能有力地吸住磁粉，便于磁痕评定。

（3）适用于镀铬层下的裂纹、闪光电弧焊中的近表面裂纹和薄壁焊接件根部的未焊透和未熔合的检验。

直流电的局限性是：

（1）退磁最困难。

（2）不适用于干法检验。

（3）退磁场大。

（4）工序间要退磁。

3.1.4　冲击电流

冲击电流一般是由电容器充放电而获得的电流，该磁化电流仅适用于需要的磁化电流值特别大而常规设备又不能满足时，根据工件要求制作的专用设备。其优点是探伤机可做得很小，但需要输出的磁化电流却很大，可达到（10～30）kA。其局限性是只适用于剩磁法，因为通电时间很短，一般是 0.01 s，所以很难在通电时间内完成施加磁粉并使磁粉向缺陷处迁移。

3.1.5　如何选用磁化电流

1. 用交流电磁化湿法检验，对工件表面微小缺陷检测灵敏度高。

2. 交流电的渗入深度，不如整流电和直流电。

3. 交流电用于剩磁法检验时，应加装断电相位控制器。

4. 交流电磁化连续法检验主要与有效值电流有关，而剩磁检验主要与峰值电流有关。

5. 整流电流中包含的交流分量越大，检测近表面较深缺陷的能力越小。

6. 单相半波整流电磁化干法检验，对工件近表面缺陷检测灵敏度高。

7. 三相全波整流电可检测工件近表面较深的缺陷。

8. 直流电可检测工件近表面最深的缺陷。

9. 冲击电流只能用于剩磁法检验和专用设备。

3.2 磁化方法

3.2.1 磁场方向与发现缺陷的关系

磁粉检测的能力，取决于施加磁场的大小和缺陷的延伸方向，还与缺陷的位置、大小和形状等因素有关。工件磁化时，当磁场方向与缺陷延伸方向垂直时，缺陷处的漏磁场最大，检测灵敏度最高；当磁场方向与缺陷延伸方向夹角为45°时，缺陷可以显示，但灵敏度降低；当磁场方向与缺陷延伸方向平行时，不产生磁痕显示，发现不了缺陷。从图2—56可直观地看出磁场方向与显现缺陷方向的关系。由于工件中缺陷有各种取向，难以预知，故应根据工件的几何形状，采用不同的方法直接、间接或通过感应电流对工件进行周向、纵向或多向磁化，以便尽量使磁场方向与工件可能存在的缺陷垂直。可结合工件尺寸、结构和外形等组合使用多种磁化方法，以发现所有方向的缺陷。

选择磁化方法应考虑的因素有：工件的尺寸大小；工件的外形结构；工件的表面状态。并根据工件过去断裂的情况和各部位的应力分布，分析可能产生缺陷的部位和方向，选择合适的磁化方法。

3.2.2 磁化方法的分类

根据工件的几何形状、尺寸大小和欲发现缺陷的方向而在工件上建立的磁场方向，将磁化方法一般分为周向磁化、纵向磁化和多向磁化。所谓周向与纵向，是相对被检工件上的磁场方向而言的。

1. 周向磁化

周向磁化是指给工件直接通电，或者使电流通过贯穿空心工件孔中的导体，旨在工件中建立一个环绕工件的并与工件轴相垂直的周向闭合磁场，用于发现与工件轴平行的纵向缺陷。

- 周向磁化
  - 通电法
    - 轴向通电法
    - 直角通电法
    - 夹钳通电法
  - 中心导体法
  - 偏置芯棒法
  - 触头法
  - 感应电流法
  - 环形件绕电缆法

2. 纵向磁化

纵向磁化是指将电流通过环绕工件的线圈，沿工件纵长方向磁化的方法，工件中的磁感应线平行于线圈的中心轴线。用于发现与工件轴相垂直的周向缺陷（横向缺陷）。利用电磁轭和永久磁铁磁化，使磁感应线平行于工件纵轴的磁化方法亦属于纵向磁化。

- 纵向磁化
  - 线圈法
    - 螺管线圈法
    - 绕电缆法
  - 磁轭法
    - 电磁轭整体磁化
    - 电磁轭局部磁化
  - 永久磁铁法

将工件置于线圈中进行纵向磁化，称为开路磁化。开路磁化在工件两端产生磁极，因而产生退磁场。

电磁轭整体磁化、电磁轭或永久磁铁的局部磁化，称为闭路磁化。闭路磁化不产生退磁场或退磁场很小。

3. 多向磁化（也叫复合磁化）

多向磁化是指通过复合磁化，在工件中产生一个大小和方向随时间成圆形、椭圆形或螺旋形轨迹变化的磁场。因为磁场的方向在工件上不断地变化着，所以可发现工件上多个方向的缺陷。

- 多向磁化
  - 交叉磁轭法
  - 交叉线圈法
  - 直流磁轭与交流通电法
  - 直流线圈与交流通电法
  - 有相移的整流电磁化法

4. 辅助通电法

辅助通电法是指将通电导体置于工件受检部位而进行局部磁化的方法，如电缆平行磁化法和铜板磁化法，仅用于常规磁化方法难以磁化的工件和部位，一般情况下不推荐使用。

3.2.3 各种磁化方法的特点

磁化工件的顺序，一般是先进行周向磁化，后进行纵向磁化。如果一个工件上横截面尺寸不等，周向磁化时，电流值应分别计算，先磁化小直径，后磁化大直径。

1. 轴向通电法

（1）轴向通电法是将工件夹于探伤机的两磁化夹头之间，使电流从被检工件上直接流过，在工件的表面和内部产生一个闭合的周向磁场，用于检查与磁场方向垂直、与电流方向平行的纵向缺陷。如图3—12所示，是轴向通电法最常用的磁化方法之一。

将磁化电流沿工件轴向通过的磁化方法称为轴向通电法，简称通电法；电流垂直于工件轴向通过的方法，称为直角通电法；若工件不便于夹持在探伤机两夹头之间时，可采用夹钳通电法，如图3—13所示，此法不适用大电流磁化。

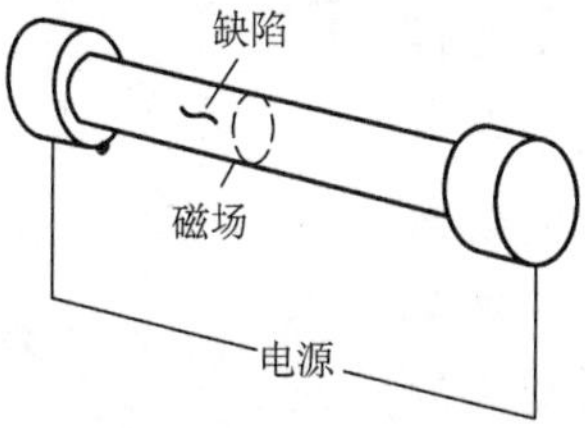

图3—12 轴向通电法

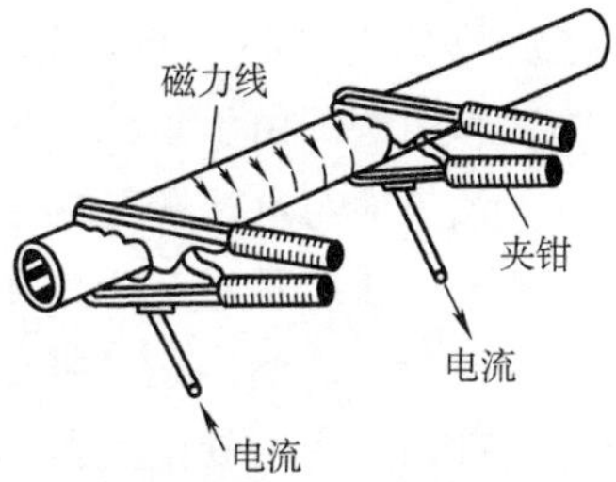

图3—13 夹钳通电法

（2）轴向通电法和触头法产生打火烧伤的原因是：

1）工件与两磁化夹头接触部位有铁锈、氧化皮及脏物。

2）磁化电流过大。

3）夹持压力不足。

4）在磁化夹头通电时夹持或松开工件。

（3）预防打火烧伤的措施是：

1）清除掉与电极接触部位的铁锈、油漆和非导电覆盖层。

2）必要时应在电极上安装接触垫，如铅垫或铜编织垫。应当注意，铅蒸气是有害的，使用时应注意通风，铜编织物仅适用于冶金上允许的场合。

3）磁化电流应在夹持压力足够时接通。

4）必须在磁化电流断电时夹持或松开工件。

5）用合适的磁化电流磁化。

（4）轴向通电法的优点、缺点和适用范围

1）轴向通电法的优点：

①无论简单或复杂工件，一次或数次通电都能方便地磁化。

②在整个电流通路的周围产生周向磁场，磁场基本上都集中在工件的表面和近表面。

③两端通电，即可对工件全长进行磁化，所需电流值与长度无关。

④磁化规范容易计算。

⑤工件端头无磁极，不会产生退磁场。

⑥用大电流可在短时间内进行大面积磁化。

⑦工艺方法简单，检测效率高。

⑧有较高的检测灵敏度。

2）轴向通电法的缺点：

①接触不良会产生电弧烧伤工件。

②不能检测空心工件内表面的不连续性。

③夹持细长工件时，容易使工件变形。

3）轴向通电法适用于特种设备实心和空心工件的焊缝、机加工件、轴类、管子、铸钢件和锻钢件的磁粉检测。

2. 中心导体法

（1）中心导体法是将导体穿入空心工件的孔中，并置于孔的中心，电流从导体上通过，形成周向磁场，所以又叫电流贯通法、穿棒法和芯棒法。由于是感应磁化，中心导体法可用于检查空心工件内、外表面与电流平行的纵向不连续性和端面的径向不连续性，如图 3—14 所示。空心件用直接通电法不能检查内表面的不连续性，因为内表面的磁场强度为零。但用中心导体法能更清晰地发现工件内表面的缺陷，因为内表面比外表面具有更大的磁场强度。

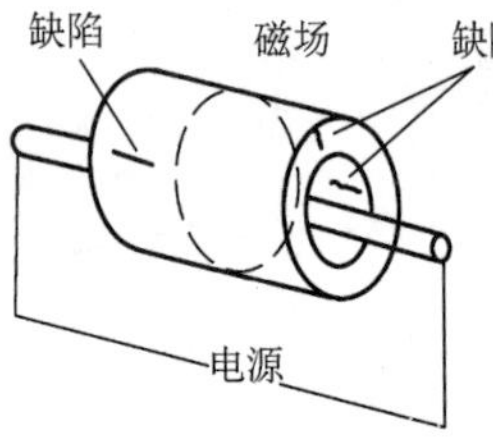

图 3—14　中心导体法

（2）中心导体法用交流电进行外表面检测时，会在筒形工件内产生涡电流 I_e，因此工件的磁场是中心导体中的传感电流 I_t 和工件内的涡电流 I_e 产生的磁场的叠加。由于涡电流有集肤效应，因此导致工件内、外表面检测灵敏度相差很大，给磁化规范的确定带来困难。国内有资料介绍，对某一规格钢管分别通交、直流电磁化，为达到管内、外表面相同大小的磁场，通直流电时二者相差不大，而通交流电时，检测外表面时的电流值将会是检测内表面电流值的 2.7 倍，因此，用中心导体法进行外表面检测时，一般不用交流电而尽量使用直流电和整流电。

（3）对于一端有封头（亦称盲孔）的工件，可将铜棒穿入盲孔中，铜棒为一端，封头作为另一端（保证封头内表面与铜棒端头有良好的电接触），夹紧后进行中心导体法磁化。

（4）对于内孔弯曲的工件，可用软电缆代替铜棒进行中心导体法磁化。

（5）中心导体材料通常采用导电性能良好的铜棒，也可用铝棒。在没有铜棒采用钢棒作中心导体磁化时，应避免钢棒与工件接触产生磁写，所以最好在钢棒表面包上一层绝缘材料。

（6）中心导体法的优点、缺点和适用范围

1）中心导体法的优点：

①磁化电流不从工件上直接流过，不会产生电弧。

②在空心工件的内、外表面及端面都会产生周向磁场。

③重量轻的工件可用芯棒支撑，许多小工件可穿在芯棒上一次磁化。

④一次通电，工件全长都能得到周向磁化。

⑤工艺方法简单、检测效率高。

⑥有较高的检测灵敏度，因而是最有效、最常用的磁化方法之一。

2）中心导体法的缺点：

①对于厚壁工件，外表面缺陷的检测灵敏度比内表面低很多。

②检查大直径管子时，应采用偏置芯棒法，需转动工件，进行多次磁化和检验。

③仅适用于有孔工件的检验。

3）中心导体法适用于特种设备的管子、管接头、空心焊接件和各种有孔的工件如轴承圈、空心圆柱、齿轮、螺帽及环形件的磁粉检测。

3. 偏置芯棒法

对于空心工件，导体应尽量置于工件的中心。若工件直径太大，探伤机所提供的磁化电流不足以使工件表面达到所要求的磁场强度时，可采用偏置芯棒法磁化，即将导体穿入空心工件的孔中，并贴近工件内壁放置，电流从导体上通过形成周向磁场，用于局部检验空心工件内、外表面与电流方向平行的缺陷和端面的径向缺陷。偏置芯棒法如图3—15所示，适用于中心导体法检验时，设备功率达不到的大型环和压力管道管子的磁粉检测。

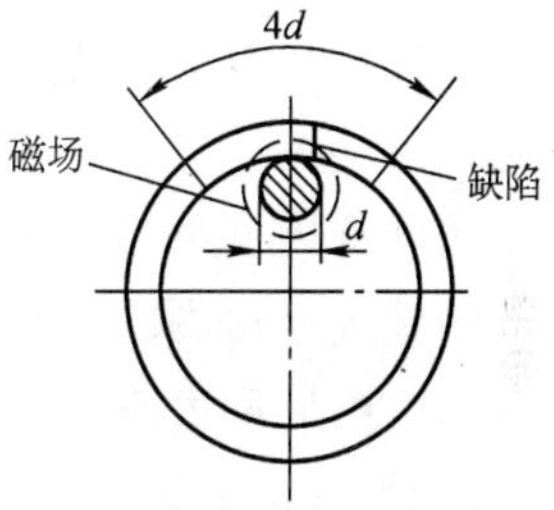

图3—15　偏置芯棒法

偏置芯棒法采用适当的电流值磁化，有效磁化范围约为导体直径 d 的4倍。检查时要转动工件，以检查整个圆周，并要保证相邻检查区域有10%的重叠。

4. 触头法

（1）触头法是用两支杆触头接触工件表面，通电磁化，在平板工件上磁化能产生一个畸变的周向磁场，用于发现与两触头连线平行的缺陷。触头法设备分非固定触头间距如图3—16所示（特种设备常用）和固定触头间距两种。触头法又叫支杆法、尖锥法、刺棒法和手持电极法。触头电极尖端材料宜用铅、钢或铝，最好不用铜，以防铜沉积于被检工件表面而影响材料的性能。

（2）触头法用较小的磁化电流值就可在工件局部得到必要的磁场强度，灵敏度高，使用方便。触头间距最短不得小于75 mm，因为在触头附近25 mm范围内，电流密度过大，会产生过度背景，有可能掩盖相关显示。触头间距也不宜过大，因为间距增大，电流流过的区域就变宽，使磁场减弱，磁化电流必须随着间距的增大相应地增加。JB/T 4730.4—2005《承压设备无损检测》规定："采用触头法时，电极间距应控制在75～200 mm之间。磁场的有效宽度为触头中心线两侧1/4极距，通电时间不应太长，电极与工件之间应保持良好的接触，以免烧伤工件。两次磁化区域间应有不小于10%的磁化重叠区"。欧洲标准EN1290也规定，触头法磁化的有效磁化区如图3—17的阴影部分所示，面积约为 $(L-50)\times(L/2)\ mm^2$。有效磁化区范围还可以通过实测工件表面磁场强度或用标准试片上的磁痕显示来验证。

（3）为了保证触头法磁化时不漏检，必须让两次磁化的有效磁化区相重叠不小于10%，如图3—18所示。

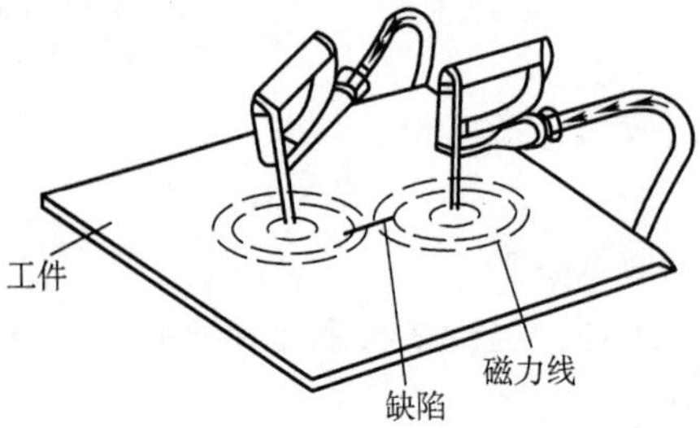

图 3—16　非固定触头间距的触头法设备

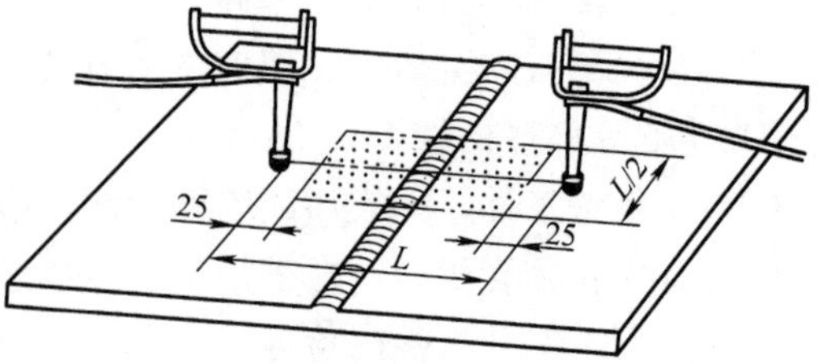

图 3—17　触头法磁化的有效磁化区（阴影部分）

（4）触头法的优点、缺点及适用范围

1）触头法的优点：

①设备轻便，可携带到现场检测，灵活方便。

②可将周向磁场集中在经常出现缺陷的局部区域进行检测。

③检测灵敏度高。

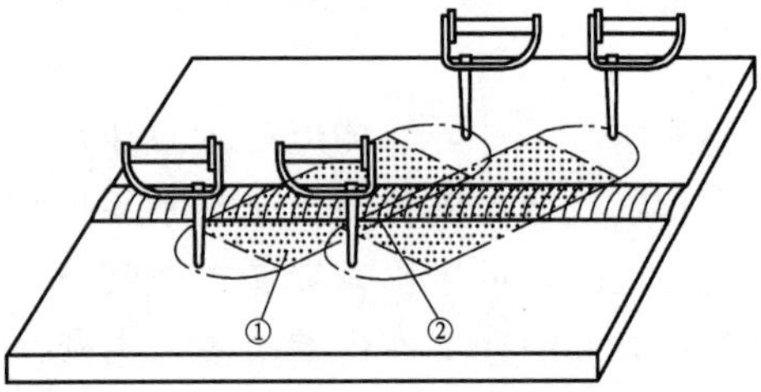

图 3—18　有效磁化区的重叠区

2）触头法的缺点：

①一次磁化只能检测较小的区域。

②接触不良会引起工件过热和打火烧伤。

③大面积检测时，要求分块累积检测，效率较低。

3）触头法适用于特种设备平板对接焊缝、T 形焊缝、管板焊缝、角焊缝以及大型铸件、锻件和板材的局部磁粉检测。

5. 感应电流法

感应电流法是将铁心插入环形工件内，把工件当作变压器的次级线圈，通过铁心中磁通的变化，在工件内产生周向感应电流。用感应电流磁化工件产生闭合磁场的方法称为感应电流法或磁通贯通法，其磁化原理图如图 3—19 所示，用于发现环形工件圆周方向的缺陷。

感应电流与磁通量的变化率成正比。只有激磁线圈容量大，铁心面积也足够大，才能感应产生足够的磁化电流，在工件表面产生足够大的磁化场。工件表面的磁场强度与环形工件径向尺寸成反比，与宽度关系不大。

感应电流法的优点：

（1）非电接触，可避免烧伤工件。

（2）工件不受机械压力，不会产生变形。

（3）能有效地检出环形工件内、外圆周方向的缺陷。

感应电流法适用于直径与壁厚之比大于 5 的薄壁环形工件、齿轮和不允许产生电弧烧伤的工件的磁粉检测。

6. 环形件绕电缆法

在环形工件上，缠绕通电电缆，也称为螺线环，如图 3—20 所示。所产生的磁场沿着环

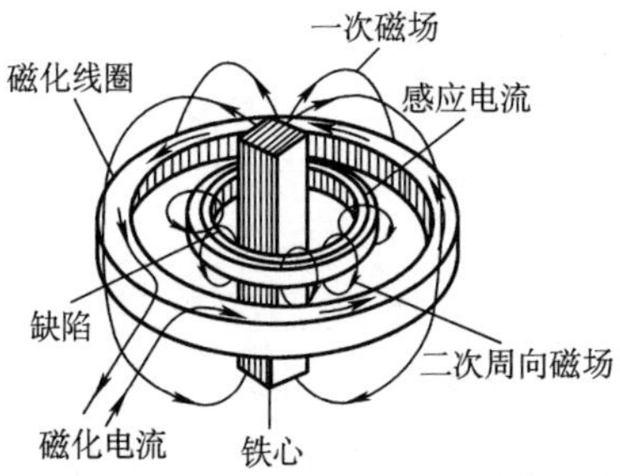

图 3—19　感应电流法磁化原理图

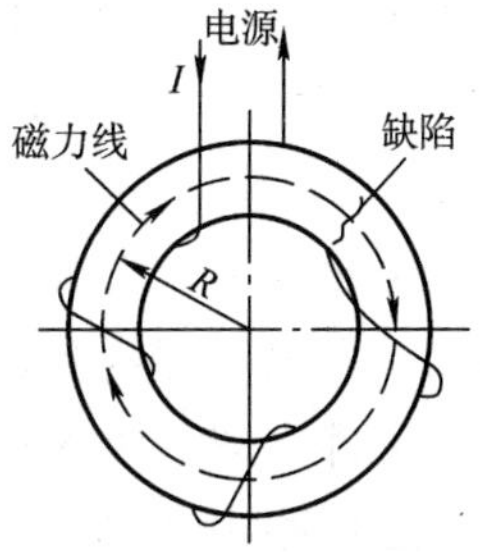

图 3—20　环形件绕电缆法

的圆周方向，磁场大小可近似地用下式计算

$$H=\frac{NI}{2\pi R}\text{或 } H=\frac{NI}{L} \tag{3—7}$$

式中　H ——磁场强度，A/m；

N ——线圈匝数；

I ——电流，A；

R ——圆环的平均半径，m；

L ——圆环中心线长度，m。

环形件绕电缆法是用软电缆穿绕环形件，通电磁化，形成沿工件圆周方向的周向磁场，用于发现与磁化电流平行的横向缺陷，如图 3—20 所示。

环形件绕电缆法的优点是：

(1) 由于磁路是闭合的，无退磁场产生，容易磁化。

(2) 非电接触，可避免烧伤工件。

环形件绕电缆法的缺点是：效率低，不适用于批量检验。

环形件绕电缆法适用于尺寸大的环形件的磁粉检测。

7. 线圈法

(1) 线圈法是将工件放在通电线圈中，或用软电缆缠绕在工件上通电磁化，形成纵向磁场，用于发现工件的周向（横向）缺陷。适用于纵长工件如焊接件、轴、管子、棒材、铸件和锻件的磁粉检测。

(2) 线圈法包括螺管线圈法和绕电缆法两种，如图 3—21 和图 3—22 所示。

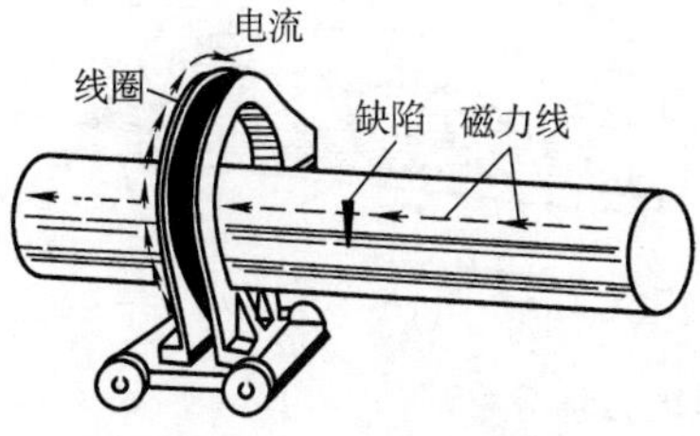

图 3—21　螺管线圈法

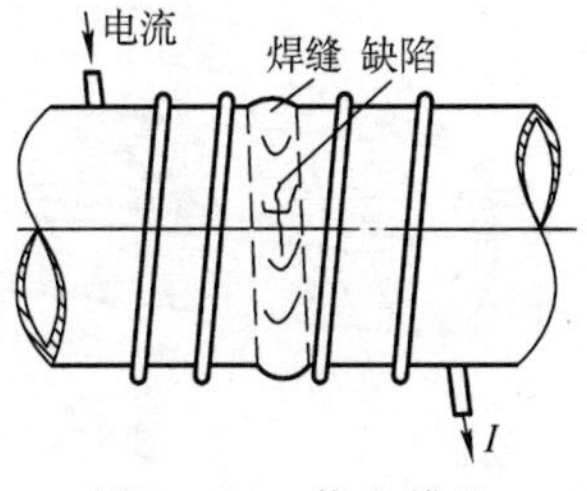

图 3—22　绕电缆法

(3) 线圈法纵向磁化的要求

1）线圈法纵向磁化，会在工件两端形成磁极，因而产生退磁场。工件在线圈中磁化与工件的长度 L 和直径 D 之比（L/D）有密切关系，L/D 越小越难磁化，所以 L/D 必须大于等于 2，若 $L/D<2$，应采用与工件外径相似的铁磁性延长块将工件接长，使 $L/D\geqslant 2$。

2）工件的纵轴应平行于线圈的轴线。

3）可将工件紧贴线圈内壁放置进行磁化。

4）对于长工件，应分段磁化，并应有 10％的有效磁场重叠。

5）工件置于线圈中开路磁化，能够获得满足磁粉检测磁场强度要求的区域称为线圈的有效磁化区。线圈的有效磁化区是从线圈端部向外延伸 150 mm 的范围内。超过 150 mm 以外区域，磁化强度应采用标准试片确定。ASTM E1444—1994a 对于低和高充填因数线圈的有效磁化区分别规定如下：对于低充填因数线圈，在线圈中心向两侧延伸的有效磁化区大约等于线圈的半径 R，如图 3—23 所示；对于高充填因数线圈和绕电缆法从线圈中心向两侧分别延伸 9 in（229 mm）为有效磁化区，如图 3—24 所示。可供试验和应用时参考。

对于不能放进螺管线圈的大型工件，可采用绕电缆法进行磁化。

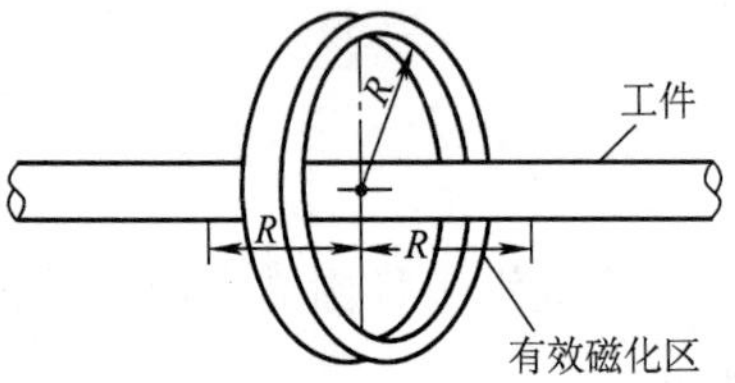

图 3—23　低充填因数线圈有效磁化区

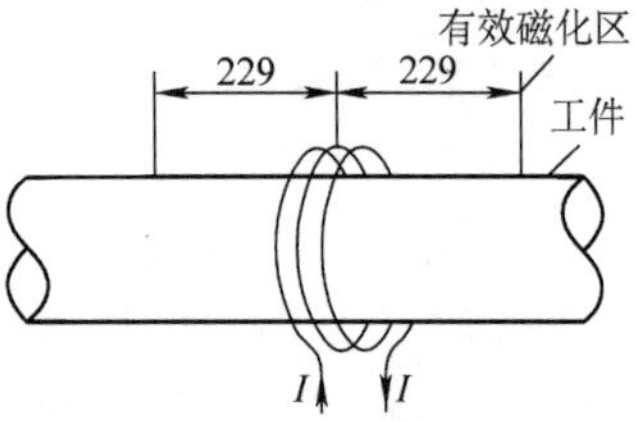

图 3—24　高充填因数线圈有效磁化区

（4）快速断电的影响　三相全波整流电磁化线圈，磁化长条形工件时，磁场在线圈横截面上分布不均匀，在其轴线附近变化较为平缓，靠近内壁变化增大。在线圈端部和端部外附近，磁场的径向分量很大，对工件磁化时，这部位的磁感应线外溢较严重，有可能造成工件端部（有效磁化区端部）磁化不足。此时，可采用快速断电的方法来补偿。磁化电流的快速切断，意味着磁化场的快速切除，这样在工件的横截面上将感生闭合的电流（即涡流），该电流产生的磁场与原磁场的轴向分量同向，同时在工件端部建立一个封闭的环形磁场，称为“快速断电效应”。快速断电和慢速断电的磁场分布如图 3—25 所示。只要断电速度足够快，感应电流的磁场也可以足够大，使缺陷能够被检测出来。利用这种效应，可检测工件端面的横向不连续性。

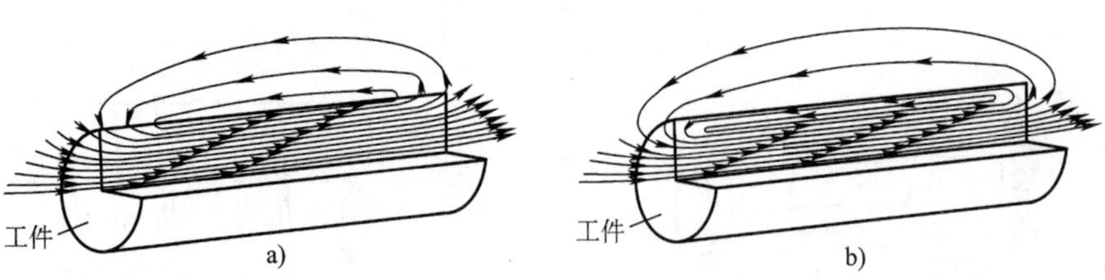

图 3—25　快速断电和慢速断电的磁场分布

a）慢速断电　b）快速断电

（5）线圈法的优点、缺点及适用范围

1）线圈法的优点：

①非电接触。

②方法简单。

③大型工件用绕电缆法很容易得到纵向磁场。

④有较高的检测灵敏度。

2）线圈法的缺点：

①L/D 值对退磁场和灵敏度有很大的影响，决定安匝数时要加以考虑。

②工件端面的缺陷，检测灵敏度低。

③为了将工件端部效应减至最小，应采用“快速断电”。

3）线圈法适用于特种设备对接焊缝、角焊缝、管板焊缝以及纵长工件如曲轴、轴、管子、棒材、铸件和锻件的磁粉检测。

8. 磁轭法

（1）磁轭法是用固定式电磁轭两磁极夹住工件进行整体磁化，或用便携式电磁轭两磁极接触工件表面进行局部磁化，如图3—26和图3—27所示，用于发现与两磁极连线垂直的缺陷。在磁轭法中，工件是闭合磁路的一部分，用磁极间对工件感应磁化，所以磁轭法也称为极间法，属于闭路磁化。

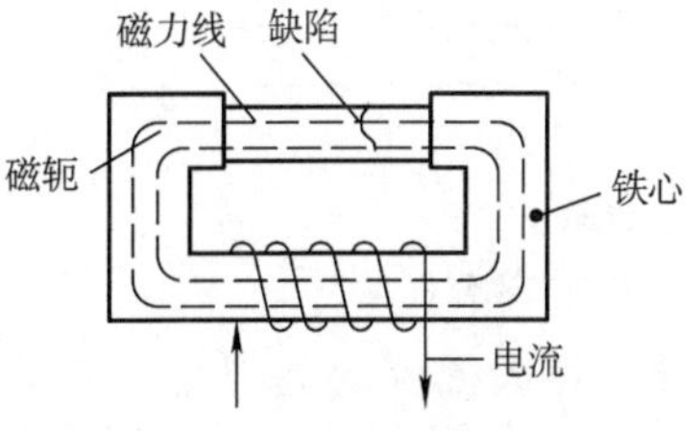

图3—26　电磁轭整体磁化

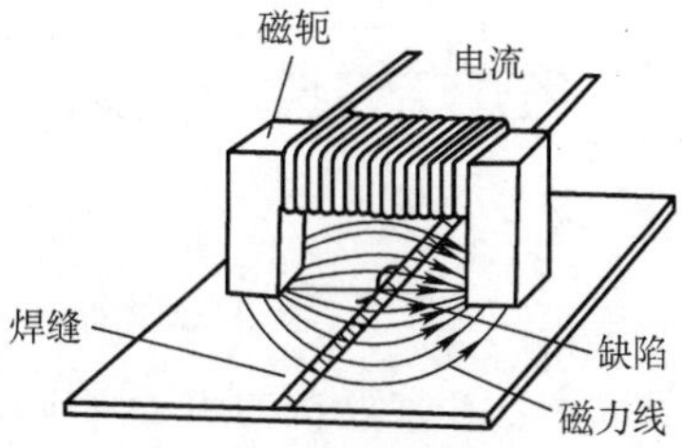

图3—27　电磁轭局部磁化

（2）整体磁化　用固定式电磁轭进行整体磁化的要求是：

1）只有磁极截面大于工件截面时，才能获得较好的探伤效果。相反，工件中便得不到足够的磁化，在使用直流电磁轭比交流电磁轭时更为严重。

2）应尽量避免工件与电磁轭之间的空气隙，因为空气隙会降低磁化效果。

3）当极间距大于1 m时，工件便不能得到必要的磁化。

4）形状复杂且较长的工件，不宜采用整体磁化。

（3）局部磁化　用便携式电磁轭的两磁极与工件接触，使工件得到局部磁化，两磁极间的磁感应线大体上平行两磁极的连线，有利于发现与两磁极连线垂直的缺陷。

便携式电磁轭，一般做成带活动关节，磁极间距 L 一般控制在75～200 mm为宜，但最短不得小于75 mm。因为磁极附近25 mm范围内，磁通密度过大会产生过度背景，有可能掩盖相关显示。在磁路上总磁通量一定的情况下，工件表面的磁场强度随着两极间距 L 的增大而减小，所以磁极间距也不能太大。JB/T 4730.4—2005《承压设备无损检测》规定：“磁轭的磁极间距应控制在75～200 mm之间，检测的有效区域为两极连线两侧各50 mm的范围内，磁化区域每次应有不少于15 mm的重叠”。欧洲标准EN1290也规定便携式电磁轭磁化的有效磁化区如图 3—28 所示的阴影部分，面积约为（L－50）×（$L/2$）mm^2。

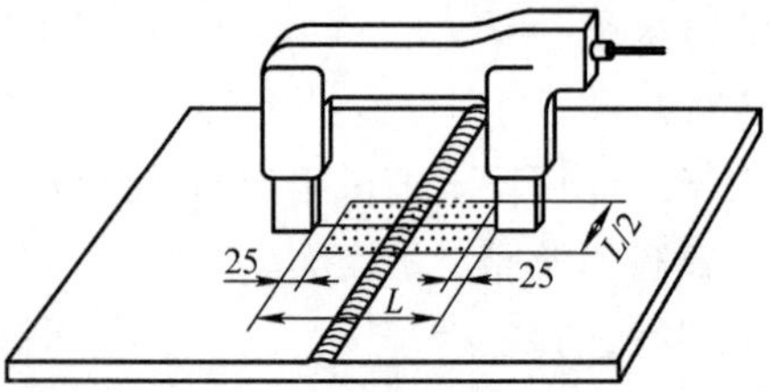

图 3—28　便携式磁轭磁化的有效磁化区（阴影部分）

交流电具有集肤效应，因此对表面缺陷有较高的灵敏度。又因交流电方向在不断地变化，使交流电磁轭产生的磁场方向也不断地变化，这种方向变化可搅动磁粉，有助于磁粉迁移，从而提高磁粉检测的灵敏度。而直流电磁轭产生的磁场能渗入工件表面较深，有利于发现较深层的缺陷，因此在同样的磁通量时，探测深度越大，磁通密度就越低，尤其在厚钢板中比在薄钢板中这种现象更明显，如图 3—29 所示。尽管直流电磁轭的提升力满足标准要求（大于 177 N），但测量工件表面的磁场强度和在 A_1 型标准试片上的磁痕显示往往都达不到要求，为此建议对厚度大于 6 mm 的工件不要使用直流电磁轭探伤。ASME 规范第 V 卷也特别强调“除了厚度小于等于 6 mm 的材料之外，在相等的提升力条件下，对表面缺陷的探测使用交流电磁轭优于直流和永久电磁轭。”

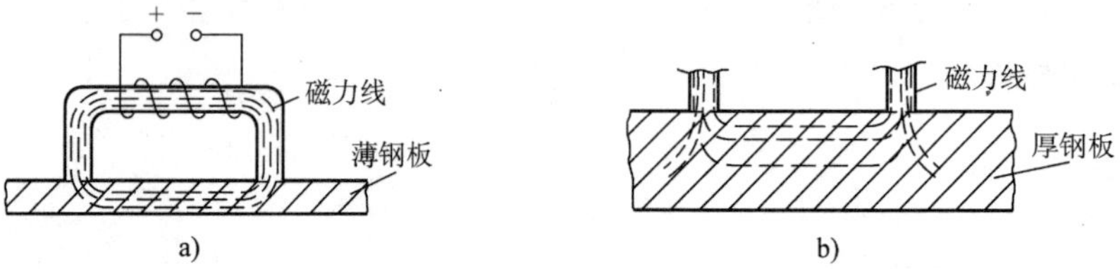

图 3—29　直流电磁轭在钢板中的磁通分布

a）在薄钢板中的磁通分布　b）在厚钢板中的磁通分布

一般说来，特种设备的表面和近表面缺陷的危害程度较内部缺陷要大得多，所以对锅炉、压力容器的焊缝进行磁粉检测，一般最好采用交流电磁轭。但对于薄壁（小于 6 mm）的压力管道来说，利用直流电磁轭既可发现较深层的缺陷，又兼顾表面及近表面缺陷的检测，弥补了交流电磁轭的不足，所以对于小于 6 mm 的薄壁压力管道应采用直流电磁轭。

（4）磁轭法的优点、缺点及适用范围

1）磁轭法的优点：

①非电接触。

②改变磁轭方位，可发现任何方向的缺陷。

③便携式磁轭可带到现场检测，灵活，方便。

④可用于检测带漆层的工件（当漆层厚度允许时）。

⑤检测灵敏度较高。

2）磁轭法的缺点：

①几何形状复杂的工件检验较困难。

②磁轭必须放到有利于缺陷检出的方向。

③用便携式磁轭一次磁化只能检验较小的区域，大面积检验时，要求分块累积，效率很低。

④磁轭磁化时应与工件接触好，尽量减小间隙的影响。

3）磁轭法适用于特种设备平板对接焊缝、T形焊缝、管板焊缝、角焊缝以及大型铸件、锻件和板材的局部磁粉检测。整体磁化适用于零件横截面小于磁极横截面的纵长零件的磁粉检测。

9. 永久磁轭法

永久磁铁可用于对工件局部磁化，适用于无电源和不允许产生电弧（即存在易燃易爆物品）的场所。它的缺点是：在检验大面积工件时，不能提供足够的磁场强度以得到清晰的磁痕显示，磁场强度大小也不能调节。永久磁铁磁场强度太大时，吸在工件上难以取下来，磁极上吸附的磁粉不容易清除掉，还可能把缺陷磁痕弄模糊，所以使用永久磁铁磁化一般需要得到批准。

10. 交叉磁轭法

电磁轭有两个磁极，进行磁化只能发现与两极连线垂直的和成一定角度的缺陷，对平行于两磁极连线方向的缺陷则不能发现。使用交叉磁轭可在工件表面产生旋转磁场，如图3—30所示。国内外大量实践证明，这种多向磁化技术可以检测出非常小的缺陷，因为在磁化循环的每个周期都使磁场方向与缺陷延伸方向相垂直，所以一次磁化可检测出工件表面任何方向的缺陷，检测效率高。

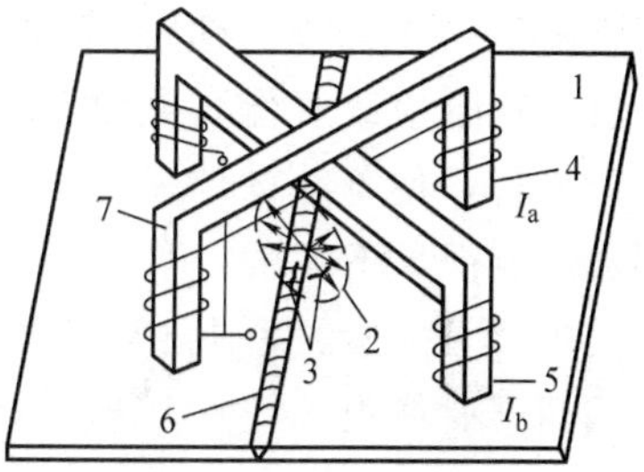

图3—30　交叉磁轭法

1—工件　2—旋转磁场　3—缺陷

4、5—交流电　6—焊缝　7—交叉磁轭

（1）交叉磁轭的正确使用方法是：

1）交叉磁轭磁化检验只适用于连续法。必须采用连续移动的方式进行工件磁化，且边移动交叉磁轭进行磁化，边施加磁悬液。最好不采用步进式的方法移动交叉磁轭。

2）为了确保灵敏度和不会造成漏检，磁轭的移动速度不能过快，不能超过标准规定的4 m/min的移动速度，可通过标准试片上的磁痕显示来确定。当交叉磁轭移动速度过快时，对表面裂纹的检出影响不是很大，但是，对近表面裂纹，即使是埋藏深度只有零点几毫米，也难以形成缺陷磁痕。

3）磁悬液的喷洒至关重要，必须在有效磁化区范围内始终保持润湿状态，以利于缺陷磁痕的形成。尤其对有埋藏深度的裂纹，由于磁悬液的喷洒不当，会使已经形成的缺陷磁痕被磁悬液冲刷掉，造成缺陷漏检。

4）磁痕观察必须在交叉磁轭通过后立即进行，避免已形成的缺陷磁痕遭到破坏。

5）交叉磁轭的外侧也存在有效磁化场，可以用来磁化工件，但必须通过标准试片确定有效磁化区的范围。

6）交叉磁轭磁极必须与工件接触好，特别是磁极不能悬空，最大间隙不应超过1.5 mm，否则会导致检测失效。

（2）交叉磁轭磁化的优点、缺点及适用范围

1）交叉磁轭磁化的优点：一次磁化可检测出工件表面任何方向的缺陷，而且检测灵敏度和效率都很高。

2）交叉磁轭磁化的缺点：不适用于剩磁法磁粉检测，操作要求严格。

3）交叉磁轭磁化适用于锅炉压力容器的平板对接焊缝的磁粉检测。

11. 直流电磁轭与交流通电法复合磁化

工件用直流电磁轭进行纵向磁化，并同时用交流通电法进行周向磁化，其原理及特点见2.4.2。在某一瞬时间，工件上不同部位的磁场大小和方向并不相同，可用于发现工件上任何方向的缺陷。

12. 平行电缆磁化法

平行电缆磁化法是将电缆放在被检部位（如焊缝）附近进行局部磁化的方法，如图3—31所示。

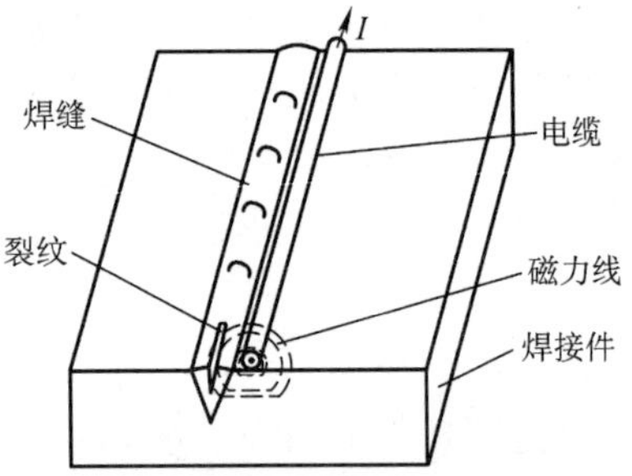

图3—31　平行电缆磁化法

根据右手定则，当电流流过电缆时，产生的磁场是以电缆中心轴线为圆心的同心圆。当电缆放在焊板上时，磁场发生畸变，磁感应线是通过空气才闭合，其中有些磁感应线可能与裂纹剖断面的延伸方向平行或接近平行，使部分缺陷不能被发现而被漏检，因而检测灵敏度低，不可靠。

美国《无损检测手册·磁粉卷》在平行磁化的局限性中早就指出，这是一种不可靠的方法，因而不要使用。

3.3　磁化规范

3.3.1　磁化规范及其制定

对工件磁化，选择磁化电流值或磁场强度值所遵循的规则称为磁化规范。磁粉检测应使用既能检测出所有的有害缺陷，又能区分磁痕显示的最小磁场强度进行检验。因磁场强度过大易产生过度背景，会掩盖相关显示；磁场强度过小，磁痕显示不清晰，难以发现缺陷。

1. 制定磁化规范应考虑的因素

首先根据工件的材料、热处理状态和磁特性，确定采用连续法还是剩磁法检验，制定相应的磁化规范；还要根据工件的尺寸、形状、表面状态和欲检出缺陷的种类、位置、形状及大小，确定磁化方法、磁化电流种类和有效磁化区，制定相应的磁化规范。显然这些变动因素范围很大，对每个工件制定一个精确的磁化规范进行磁化是困难的。但是人们在长期的理论探讨和实践经验的基础上，摸索出了将磁场强度控制在一个较合理的范围内，使工件得到有效磁化的方法。

2. 制定磁化规范的方法

磁场强度足够的磁化规范可通过下述一种或综合四种方法来确定。

（1）用经验公式计算　对于工件形状规则的，磁化规范可用经验公式计算，如$I=(8\sim15)D$等，这些公式可提供一个大略的指导，使用时应与其他磁场强度监控方法结合使用。

（2）利用材料的磁特性曲线，确定合适的磁场强度　制定磁化规范时，除了应考虑工件的尺寸和形状外，还应将材料的磁特性考虑进去。磁特性曲线可参考兵器工业无损考委会所编写的《常用钢材磁特性曲线速查手册》。由于各种材料及其在不同热处理状态下的磁性都不同，因而对每种工件都去测定其磁化曲线是不现实的。但对于工作中常遇到的材料，一般总能找到一个可满足检测条件的磁场范围。无论采用何种磁化方法，在制订磁化规范时，必须将磁化工作点选在磁性曲线上最大磁导率 μ_m 的右侧。即应根据磁特性曲线，选择比最大磁导率 μ_m 所对应的磁场强度 H_{μ_m} 较大的值，这样才能得到合适的磁化。

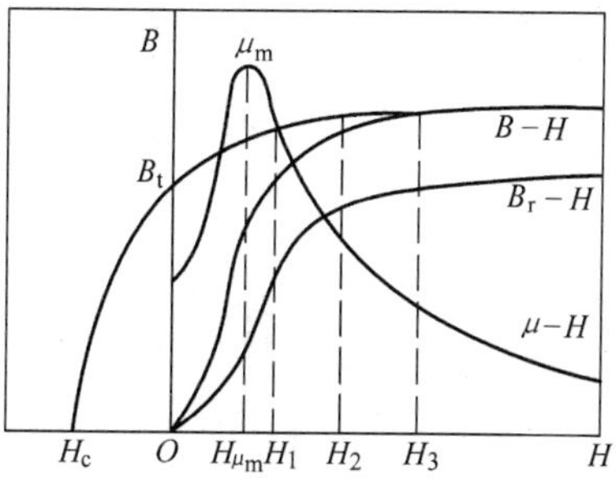

图 3—32　按磁特性曲线制定磁化规范

利用钢材的磁特性曲线制定周向磁化规范时，可将磁特性曲线分为四个区域，如图 3—32 所示。周向磁化规范的分级，见表 3—2。

表 3—2　　周向磁化规范的分级

规范名称	检测方法		应用范围
	连续法	剩磁法	
严格规范	$H_2 \sim H_3$（基本饱和区）	H_3 以后（饱和区）	适用于特殊要求或进一步鉴定缺陷性质的工件
标准规范	$H_1 \sim H_2$（近饱和区）	H_3 以后（饱和区）	适用于较严格的要求
放宽规范	$H_{\mu_m} \sim H_1$（激烈磁化区）	$H_2 \sim H_3$（基本饱和区）	适用于一般的要求（发现较大的缺陷）

1）连续法　连续法周向磁场的选择一般应选择在 $H_{\mu_m} \sim H_3$ 之间为宜。

2）剩磁法　剩磁法检测时的磁化场应选取在远比 H_{μ_m} 大的磁场范围，一般选在大于 H_3 的饱和区段，通常为 $0.9H_m > H_3$。这样，当去掉磁化场后，工件上的剩磁和矫顽力才能保证有足够大的数值，确保工件具有足够的剩余磁性产生漏磁场，从而使缺陷处吸附磁粉并被检测出。

3）利用磁特性曲线选取磁化规范方法举例

例 3—1　有一材料为 30CrMnSiA 的轴，原材料进厂前经 900℃正火处理，现车制成 ϕ50 mm 的轴坯后进行热处理，热处理工艺是 880℃油淬，300℃回火，然后磨削加工成 ϕ48 mm 的成品轴，若进行周向磁化检查表面细小缺陷，如何确定坯料和成品检测的方法和磁化电流？原材料状态及调质状态时的 30CrMnSiA 磁特性曲线如图 3—33 所示。

解：1）原材料（坯料）检查

由图 3—33a 可知，其 $B_r = 1.2$ T，$H_c = 280$ A/m，最大磁能积 $(BH)_m = 0.135$ kJ/m³，其保磁性能差，只能采用连续法检测。因要求检查细小缺陷，采用标准规范磁化。磁感应强度 B 在 1.4 T 附近，磁场强度 H 约为 2 600 A/m。由此可以计算

$$D = 50 \text{ mm} = 0.05 \text{ m}$$

$$I = \pi DH = 3.14 \times 0.05 \times 2\,600 \approx 400 \text{ (A)}$$

2）成品检查

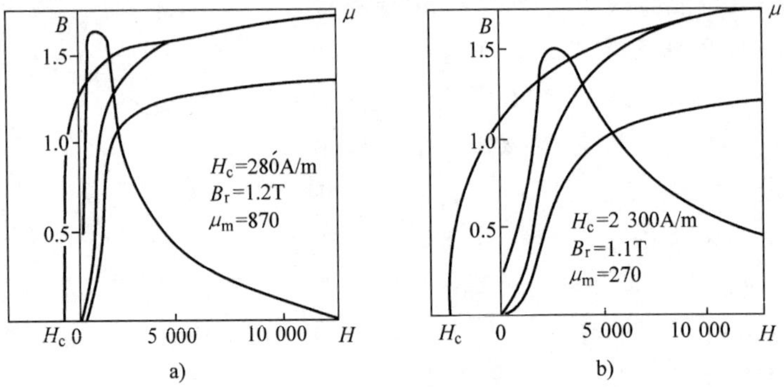

图 3—33　30CrMnSiA 磁特性曲线

a）原材料状态　b）调质状态

从图 3—33b 中可知，其 $B_r=1.1$ T，$H_c=2\ 300$ A/m，最大磁能积 $(BH)_m=1.178$ kJ/m³，均较大，可以采用剩磁法检测。剩磁法应在饱和磁感应强度时进行，即 B 约为1.7 T，查此处磁场强度 H 为 14 000 A/m，由此计算

$$D=48\ \text{mm}=0.048\ \text{m}$$

$$I=\pi DH=3.14\times0.048\times14\ 000\approx2\ 100\ \text{(A)}$$

若采用连续法，其磁感应强度 B 约为 1.4 T，此时磁场强度 H 约为 4 800 A/m，相应磁化电流应为

$$I=\pi DH=3.14\times0.048\times4\ 800\approx720\ \text{(A)}$$

从以上例题中可以看出，一般周向磁化时，剩磁法所用的磁场强度约为连续法的 3 倍。

在线圈纵向磁化时，由于存在着退磁场，工件内的有效磁场不等于磁化场，并且工件中各处的退磁因子不同，因而各处的退磁场也不一样。所以不能用磁特性曲线确定纵向磁化规范。

（3）用毫特斯拉计测量工件表面的切向磁场强度　测量时，将磁强计的探头放在被检工件表面，确定切向磁场强度的最大值是否满足磁化规范的要求，可以替代用经验公式计算出的电流值，这样制定的磁化规范也比较可靠。

（4）用标准试片确定　用标准试片上的磁痕显示程度确定磁化规范，尤其对于形状复杂的工件，难以用计算法求得磁化规范时，把标准试片贴在被磁化工件不同部位，可确定大致理想的磁化规范。

3.3.2　轴向通电法和中心导体法磁化规范

轴向通电法和中心导体法的磁化规范见表 3—3。中心导体法可用于检测工件内、外表面与电流平行的纵向缺陷和端面的径向缺陷。外表面检测时应尽量使用直流电或整流电。

磁化规范公式的来源：轴向通电磁化电流的计算公式为 $H=\dfrac{I}{\pi D}$。

在特种设备行业，轴向通电(周向)磁化法主要用于锻件和螺栓件的检查。压力容器锻件和螺栓件所用碳素钢、低合金钢材料牌号在 GB/T 150—1998、JB 4726—2000 和 JB 4727—

2000中已做规定。根据相关资料表明，这些材料一般来说 H_1＝1 360～3 680 A/m，H_2＝2 400～6 400 A/m，H_3＝6 400～12 000 A/m，H_m＝14 880～16 000 A/m。

表3—3　　轴向通电法和中心导体法的磁化规范

检测方法	磁化电流计算公式	
	AC	FWDC
连续法	$I=(8\sim15)D$	$I=(12\sim32)D$
剩磁法	$I=(25\sim45)D$	$I=(25\sim45)D$

注：1. I—磁化电流，A；圆柱形直径 D—工件直径，mm
2. 对于非圆柱形工件，D 为工件横截面上最大尺寸，mm

根据产品质量的要求，磁化规范应选用标准规范的上限值。因此，取 H_1＝3 680 A/m，H_2＝6 400 A/m，H_3＝8 000 A/m，H_m＝16 000 A/m。代入上式中，有：

直流电和整流电：

连续法　$I=(H_1\sim H_2)\pi D=(11.55\sim20.09)D$，取 $I=(12\sim32)D$（上限值提高）。

剩磁法　$I=(H_3\sim0.9H_m)\pi D=(25.12\sim45.216)D$，取 $I=(25\sim45)D$。

交流电连续法：因为 $I_{交}=0.707I_{直}$，又因为交流电有集肤效应，所以取 $I_{交}=0.5I_{直}$。代入式中得

$$I=(8\sim15)D\text{（上限值也有所提高）。}$$

例3—2　一截面为50 mm×50 mm，长为1 000 mm的方钢，要求工件表面磁场强度为8 000 A/m，求所需的磁化电流值。

解：工件截面最大尺寸 $D=50\times\sqrt{2}\approx70.7$（mm）

因此，所需的磁化电流值　$I=8\,000\times70.7\times3.14/1\,000=1\,776$（A）

3.3.3　偏置芯棒法磁化规范

当采用中心导体法磁化时，若工件直径大、设备的功率电流值不能满足，可采用偏置芯棒法磁化。应依次将芯棒紧靠工件内壁（必要时对与工件接触部位的芯棒进行绝缘）停放在不同位置，以检测整个圆周，在工件圆周方向表面的有效磁化区为芯棒直径 d 的4倍，并应有不小于10%的磁化重叠区。磁化电流仍按表3—3中的公式计算，只是工件直径 D 要按芯棒直径加两倍工件壁厚之和计算。

例3—3　有一钢管，规格为 ϕ180 mm×17 mm×1 000 mm，用偏置芯棒法检验管内、外壁的纵向缺陷，应采用多大的磁化电流？若采用直径为25 mm的芯棒时，需移动几次才能完成全部表面的检验？

解：芯棒直径 D＝25 mm，

当采用直流电或整流电连续法时　$I=(12\sim32)\times(25+2\times17)=(708\sim1\,888)$（A）

又因为检测范围为　$4D=4\times25=100$（mm）

钢管外壁周长为　$L=\pi\phi=3.14\times180\approx570$（mm）

考虑到检测区 10%的重叠，所以完成全部表面的检验需移动芯棒次数为

$$N=\frac{L}{4D\ (1-10\%)}=\frac{570}{100\times0.9}\approx6.3$$

取整数
$$N=7$$

答：当芯棒直径为 25 mm 时，用偏置芯棒法全面检验钢管需 708～1 888 A 磁化电流，钢管应移动 7 次。

3.3.4　触头法磁化规范

触头法磁化时，电极间距 L 一般应控制在 75～200 mm 之间。磁场的有效宽度为触头中心线两侧 1/4 间距。两次磁化区域之间应有不小于 10%的磁化重叠区。

连续法检验的触头法磁化电流值见表 3—4。磁化电流应根据标准试片实测结果校正。

表 3—4　　**触头法磁化电流值**

工件厚度 T（mm）	电流值 I（A）
$T<19$	$I=(3.5\sim4.5)\ L$
$T\geqslant19$	$I=(4\sim5)\ L$

注：I—磁化电流，A；L—两触头间距，mm。

例 3—4　有一板材对接焊缝，板厚为 20 mm，采用触头间距固定为 150 mm 的探伤仪来检查，需要多大磁化电流？

解：因为 $L=150$ mm，$T=20$ mm

所以 $I=(4\sim5)\ L=(600\sim750)$（A）

3.3.5　线圈法磁化规范

线圈法产生的磁场平行于线圈的轴线。

1. 用连续法检测的线圈法磁化规范

线圈法的有效磁化区是从线圈端部向外延伸 150 mm 的范围内，超过 150 mm 之外区域，磁化强度应采用标准试片确定。当被检工件太长时，应进行分段磁化，且应有一定的重叠区。重叠区应不小于分段检测长度的 10%。检测时，磁化电流应根据标准试片实测结果来确定。

（1）低充填因数线圈——线圈横截面积与被检工件横截面积之比大于等于 10 时

1）当工件偏心放置时，线圈的安匝数为

$$IN=\frac{45\ 000}{L/D}\qquad(3—8)$$

2）当工件正中放置于线圈中心时，线圈的安匝数为

$$IN=\frac{1\ 690R}{6(L/D)-5} \tag{3—9}$$

（2）高充填因数线圈——线圈横截面积与被检工件横截面积之比小于等于2时线圈的安匝数为

$$IN=\frac{35\ 000}{L/D+2} \tag{3—10}$$

以上各式中 I——施加在线圈上的磁化电流，A；

N——线圈匝数；

R——线圈半径，mm；

L——工件长度，mm；

D——工件直径或横截面上最大尺寸，mm。

（3）中充填因数线圈——线圈横截面积与被检工件横截面积之比大于2且小于10时线圈的安匝数为

$$IN=(IN)_h\frac{10-Y}{8}+(IN)_l\frac{Y-2}{8} \tag{3—11}$$

式中 $(IN)_h$——由式（3—10）计算出的安匝数；

$(IN)_l$——由式（3—8）或式（3—9）计算出的安匝数；

充填因数Y——线圈横截面积与被检工件横截面积之比。

例如：线圈直径为200 mm，工件为棒料，直径为100 mm，则$Y=(\pi\times100^2)/(\pi\times50^2)=4$，为中充填因数。

注：1）充填因数的计算：

无论工件是实心或空心，工件截面积为总的横截面积。

2）关于L/D中的直径D

①若工件为实心件：圆柱体，D为外直径；若为其他形状，D为横截面最大尺寸。

②若工件为空心件，应采用有效直径D_{eff}代替。

对于中空的非圆筒形工件，D_{eff}的计算如下

$$D_{eff}=2\sqrt{\frac{(A_t-A_h)}{\pi}} \tag{3—12}$$

式中 A_t——工件总的横截面积，mm^2；

A_h——工件中空部分横截面积，mm^2。

对于中空的圆筒形工件，D_{eff}的计算如下

$$D_{eff}=\sqrt{{D_o}^2-{D_i}^2} \tag{3—13}$$

式中 D_o——圆筒外直径，mm；

D_i——圆筒内直径，mm。

3）式（3—8）和式（3—9）在$L/D>2$时有效；当$L/D<2$时，应在工件两端连接与被检工件材料接近的磁极块以使$L/D>2$或采用标准试片实测来决定电流值；当$L/D\geqslant15$时，L/D值仍按15计算。

4）式（3—8）～式（3—11）中的电流I为放入工件后的电流值。

例3—5 有一空心圆筒形工件，长600 mm，外径100 mm，内径80 mm，求L/D值为

多少？

解：$D_{eff}=\sqrt{D_o^2-D_i^2}=\sqrt{100^2-80^2}=60$（mm）

代入公式得　$L/D=L/D_{eff}=600/60=10$

例 3—6　将例 3—5 中工件放入直径为 200 mm，绕 5 匝的线圈中，求所需磁化电流值。

解：$Y=\pi\times100^2/(\pi\times50^2)=4$

代入中充填因数线圈公式（3—11）中，得

$$IN=(IN)_h\frac{10-Y}{8}+(IN)_l\frac{Y-2}{8}=0.75(IN)_h+0.25(IN)_l$$

式中　$(IN)_l=\frac{45\ 000}{L/D}=\frac{45\ 000}{10}=4\ 500$

$$(IN)_h=\frac{35\ 000}{(L/D)+2}=\frac{35\ 000}{12}\approx2\ 920$$

因为 $IN=0.75\times2\ 920+0.25\times4\ 500=3\ 315$　$N=5$，所以 $I=3\ 315\div5=663$（A）

答：需 663 A 磁化电流值。

讨论：由计算结果可看出，用高、中、低充填因数线圈磁化同一工件时，所需安匝数依次为 2 920，3 315 和 4 500，逐渐递增，因此若线圈匝数相同，低充填因数线圈要达到同样的磁化效果需要更大的磁化电流。

2. 用剩磁法检测的线圈法磁化规范

特种设备行业剩磁法应用较少。但对于紧固件如螺栓螺纹根部的横向缺陷应采用线圈磁化剩磁法检测，因为紧固件螺栓用的材料经过淬火后，其剩磁和矫顽力值一般都符合剩磁法检测的条件。如果用连续法检测，螺纹本身就相当横向裂纹，纵向磁化后，螺纹吸附磁粉形成的过度背景，使缺陷难以观察，所以宜采用剩磁法检测。

进行剩磁法检测时，考虑 L/D 的影响，推荐采用空载线圈中心的磁场强度应不小于表 3—5 中所列的数值。

表 3—5　　空载线圈中心的磁场强度值

L/D	磁场强度（kA/m）
>2～5	28
>5～10	20
>10	12

3.3.6　磁轭法磁化规范

1. 磁轭法的提升力

磁轭法的提升力是指通电电磁轭在最大磁极间距时（有的指磁极间距为 200 mm 时），对铁磁性材料（或制件）的吸引力是多少。磁轭的提升力大小反映了磁轭对磁化规范的要求，即当磁轭磁感应强度的峰值 B_m 达到一定大小所对应的磁轭吸引力。对于一定的设备和工件，磁轭的吸引力 F 与铁素体钢板的磁导率、磁极间距、磁极与钢板的间隙及移动情况都有关。当上述因素不变时，磁感应强度峰值 B_m 与磁轭吸引力有一定的对应关系。但当磁

极间距 L 变化时，将使磁感应强度峰值 B_m 随之改变，这就是讲提升力大小时必须注明磁极间距 L 的原因。

2. 磁轭法的检测灵敏度

磁轭法磁化时，检测灵敏度可根据标准试片上的磁痕显示和电磁轭的提升力来确定。磁轭法磁化时，两磁极间距 L 一般应控制在 75～200 mm 之间。当使用磁轭最大间距时，交流电磁轭至少应有 45 N 的提升力；直流电磁轭至少应有 177 N 的提升力；交叉磁轭至少应有 118 N 的提升力（磁极与试件表面间隙为 0.5 mm）。采用便携式电磁轭磁化工件时，其磁化规范应根据标准试片上的磁痕显示来验证；如果采用固定式磁轭磁化工件时，应根据标准试片上的磁痕显示来校验灵敏度是否满足要求。

复习思考题

1. 什么是磁化电流？磁化电流有哪七种？

2. 三种最常用的磁化电流是什么？用什么符号表示？分别写出峰值 I_m 与平均值 I_d 和有效值 I 的关系公式。

3. 交流电有哪些优点和局限性？

4. 画图说明交流电断电相位的影响。

5. 如何考虑选用交流电、单相半波和三相全波整流电？

6. 单相半波整流探伤机电流表指示 2 000 A 电流时，其峰值电流是多少？

7. 交流探伤机电流表读出 2 000 A 电流时，其峰值电流是多少？

8. 磁场方向与发现缺陷的关系是什么？

9. 简述选择磁化方法应考虑的因素。

10. 根据什么对磁化方法进行分类？磁化方法可分为几类？

11. 什么是周向磁化？包括哪几种磁化方法？

12. 什么是纵向磁化？包括哪几种磁化方法？

13. 通电法和触头法产生打火烧伤的原因和预防措施有哪些？

14. 比较通电法与中心导体法的优点和局限性。

15. 比较通电法与中心导体法的适用范围。

16. 什么是开路磁化和闭路磁化？有什么区别？

17. 使用偏置芯棒法应注意哪些事项？

18. 使用触头法应注意哪些事项？

19. 线圈法纵向磁化有哪些要求？

20. 使用磁轭法应注意哪些事项？

21. 比较线圈法与磁轭法的优点和局限性？

22. 什么是当量直径和有效直径？它们的适用范围有什么区别？能否混用？

23. 画图说明螺旋形磁场是如何形成的。

24. 有一长 100 mm，外径为 50 mm，壁厚 δ 为 5 mm 的钢管，如图 3—34 所示，对钢管内壁缺陷 2，端头缺陷 1 和 3 及外壁缺陷 4 和 5，分别用通电法、中心导体法、触头法、

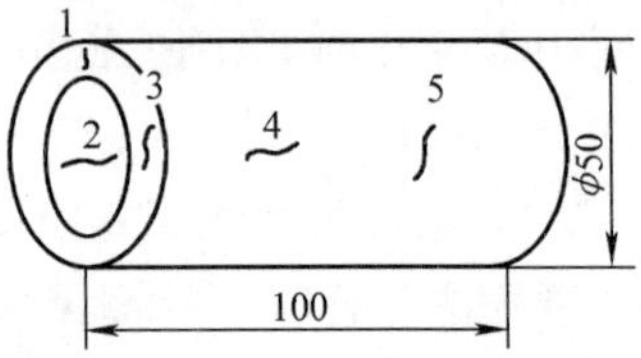

图 3—34　钢管磁粉检测

线圈法、磁轭法和感应电流法进行磁粉检测，写出各种磁化方法可发现的缺陷号。

通电法可发现缺陷：________

中心导体法可发现缺陷：________

触头法可发现缺陷：________

线圈法可发现缺陷：________

磁轭法可发现缺陷：________

感应电流法可发现缺陷：________

25. 什么是磁化规范？制定磁化规范应考虑哪些因素？

26. 简述制定磁化规范的方法。

27. 有一三角形钢材，长 1 000 mm，三角形截面每边长 310 mm，要求周向磁化工件表面磁场强度为 2 400 A/m，求所需的磁化电流值。

* 28. 钢管长 800 mm，内径 40 mm，壁厚 6 mm，用中心导体法磁化，当磁化电流 $I=$ 800 A 时，试计算钢管内、外表面的磁场强度。

29. 钢板厚 25 mm，用交流电触头法磁化，当触头间距为 100 mm 时，求需要的磁化电流值。

* 30. 一钢棒长径比为 20，正中放置在匝数为 10 的低充填因数线圈中检查周向缺陷，线圈半径为 100 mm，需要多大磁化电流？

31. 无论什么磁化方法，工件表面的磁场强度，连续法和剩磁法，至少应达到多少安/米 (A/m)？多少奥斯特 (Oe)？

32. 交流电磁轭、直流电磁轭和交叉磁轭要求的提升力分别为多少？

33. 如何正确使用交叉磁轭？

34. 偏置芯棒法如何计算磁化规范？

35. 关于高充填因数和低充填因数线圈的有效磁化区，JB/T 4730.4—2005 与 ASTM E1444—1994a 是怎样分别规定的？

36. 关于触头法和磁轭法的有效磁化区，JB/T 4730.4—2005 与 EN1290 是怎样分别规定的？

37. 交叉磁轭的提升力 F 与哪些因素有关？

第4章 磁粉检测器材

4.1 磁粉

磁粉是显示缺陷的重要手段，磁粉质量的优劣和选择是否恰当，将直接影响磁粉检测的结果，所以，检测人员对作为“磁场传感器”的磁粉应进行全面的了解和正确使用。

磁粉的种类很多，按适用的磁痕观察方式，磁粉分为荧光磁粉和非荧光磁粉；按适用的施加方式，磁粉分为湿法用磁粉和干法用磁粉。

1. 荧光磁粉和非荧光磁粉

（1）荧光磁粉　在黑光下观察磁痕显示所使用的磁粉称为荧光磁粉。荧光磁粉是以磁性氧化铁粉、工业纯铁粉或羰基铁粉为核心，在铁粉外面用环氧树脂黏附一层荧光染料（如YC2 荧光磁粉）或将荧光染料化学处理在铁粉表面（如美国 14A 荧光磁粉）制作而成的。

磁粉的颜色、荧光亮度及与工件表面颜色的对比度，对磁粉检测的灵敏度均有很大的影响。由于荧光磁粉在黑光照射下，能发出 510～550 nm 波长范围且对人眼接受最敏感的色泽鲜明的黄绿色荧光，与工件表面颜色的对比度也高，适用于任何颜色的受检表面，容易观察，因而检测灵敏度高，能提高检测速度，所以在国内外都已普遍使用。但荧光磁粉一般只适用于湿法检验。

对在用特种设备进行磁粉检测时，如果制造时采用高强度钢以及对裂纹（包括冷裂纹、热裂纹和再热裂纹）敏感的材料，或是长期工作在腐蚀介质环境下，有可能发生应力腐蚀裂纹的场合，其内壁宜采用荧光磁粉方法进行检测。对细牙螺纹根部缺陷的检测，也应采用荧光磁粉。

（2）非荧光磁粉　在可见光下观察磁痕显示所使用的磁粉称为非荧光磁粉。常用的有四氧化三铁（Fe_3O_4）黑磁粉、γ 三氧化二铁（γ-Fe_2O_3）红褐色磁粉、蓝磁粉和白磁粉，所以也叫彩色磁粉。前两种磁粉既适用于湿法，又适用于干法。以工业纯铁粉等为原料，用黏合剂包覆制成的白磁粉或经氧化处理的蓝磁粉等非荧光彩色磁粉只适用于干法。

湿法用磁粉是将磁粉悬浮在油或水载液中喷洒到工件表面的磁粉；干法用磁粉是将磁粉在空气中吹成雾状喷撒到工件表面的磁粉。

JCM 系列空心球形磁粉是铁铬铝的复合氧化物，具有良好的移动性和分散性，磁化工件时，磁粉能不断地跳跃着向漏磁场处聚集，检测灵敏度高，高温不氧化，在 400℃上下仍能使用，可用于在高温条件下或部件的高温焊接过程中的磁粉检测。但空心球形磁粉只适用于干法。

在纯铁中添加铬、铝和硅制成的磁粉也可用于300～400℃的高温焊缝缺陷检测。

2. 磁粉的性能

磁粉检测是靠磁粉聚集在漏磁场处形成磁痕来显示缺陷的，磁痕显示的程度不仅与缺陷性质、磁化方法、磁化规范、磁粉施加方式、工件表面状态和照明条件等有关，还与磁粉本身的性能如磁特性、粒度、形状、流动性、密度和识别度等有关，因此了解和选择性能好的磁粉十分重要。

（1）磁特性　磁粉的磁特性与磁粉被漏磁场吸附形成磁痕的能力有关。磁粉应具有高磁导率、低矫顽力和低剩磁的特性。高磁导率的磁粉容易被缺陷产生的微小漏磁场磁化和吸附，聚集起来便于识别。如果磁粉的矫顽力和剩磁大，磁化后，磁粉形成磁极，彼此吸引聚集成团不容易分散开，磁粉也会被吸附到工件表面不易去除，形成过度背景，甚至会掩盖相关显示。若磁粉吸附在管道上，还会使油路堵塞。干法检测中，第一次磁化后的磁粉若被吸附在最初接触的工件表面上，会使磁粉移动性变差，难以被缺陷处微弱的漏磁场所吸附，同样也会形成过度背景，影响缺陷的辨认和识别。

（2）粒度　磁粉的粒度也就是磁粉颗粒的大小，粒度的大小对磁粉的悬浮性和漏磁场对磁粉的吸附能力都有很大的影响。

选择适当的磁粉粒度时，应考虑缺陷的性质、尺寸、埋藏深度及磁粉的施加方式。

湿法用磁粉包括荧光磁粉和非荧光磁粉。检测工件表面微小缺陷时，宜选用粒度细小的湿法用磁粉，因为细磁粉悬浮性好，容易被小缺陷产生的微弱漏磁场所磁化和吸附，形成的磁痕显示才会线条清晰，定位准确。干法用磁粉一般不用荧光磁粉，而非荧光磁粉（包括彩色磁粉）用于检测工件表面和近表面大的缺陷时，宜选用粒度较粗一点的干法用磁粉，因为粗磁粉在空气中容易分散开，也容易搭接跨过大的缺陷，磁导率又较细磁粉的高，因而搭接起来容易磁化和形成磁痕显示，并减少粉尘的影响。

在实际应用中，要求发现各种大小不同的缺陷，也要求发现工件表面和近表面的缺陷，所以应使用含有各种粒度的磁粉，这样对于各类缺陷可获得较均衡的灵敏度。粒度细小的磁粉可用于提高检测细小缺陷的灵敏度，但又不能全部由细小粒度的磁粉组成。这是因为：第一，细小磁粉容易粘在有油污、潮湿、指纹和凹凸不平处形成过度背景；第二，检测环境粉尘飞扬，对检测人员极不安全。对于干法用磁粉，粒度范围为10～50 μm，最大不超过150 μm。对于湿法用的黑磁粉和红磁粉，粒度宜采用5～10 μm。粒度大于50 μm的磁粉，不能用于湿法检测，因为它很难在磁悬液中悬浮，粗大的磁粉在磁悬液流动过程中，还会滞留在工件表面干扰相关显示。而粒度过细的磁粉在使用中，它们会聚集在一起作用。荧光磁粉因表面有包覆层，所以粒度不可能太小，一般在5～25 μm之间，但这并不意味着检测灵敏度的降低，因为荧光磁粉的可见度、对比度和分辨力高，所以仍能获得高的灵敏度。

在磁粉检测中，一般推荐干法用80～160目的粗磁粉，湿法用300～400目的细磁粉。

即将换版发布的JB/T 6063—1992中规定了磁粉尺寸的定义和磁粉尺寸的范围如下：

1）下限直径 d_1：小于 d_1 的磁粉应不多于10％；

2）平均直径 d_a：50％的磁粉应大于 d_a；

3）上限直径 d_u：大于 d_u 的磁粉不应多于10％。

磁粉尺寸的要求：

d_1，d_a 和 d_u 应出具报告。对于磁悬液，尺寸应在 $d_1 \geq 1.5$ μm 和 $d_u \leq 40$ μm 的范围内。干磁粉通常为 $d_1 \geq 40$ μm。

JB/T 6063—1992 中还规定了磁粉性能型式检验用的参考试块是I型参考试块。该试块是表面带有两种自然裂纹的圆块，如图 4—1 所示。它应包含由磨削和应力腐蚀所产生的粗线条裂纹和细微裂纹。试块采用直流电中心导体法磁化，用目视或其他适当方法进行显示比较来进行评定。

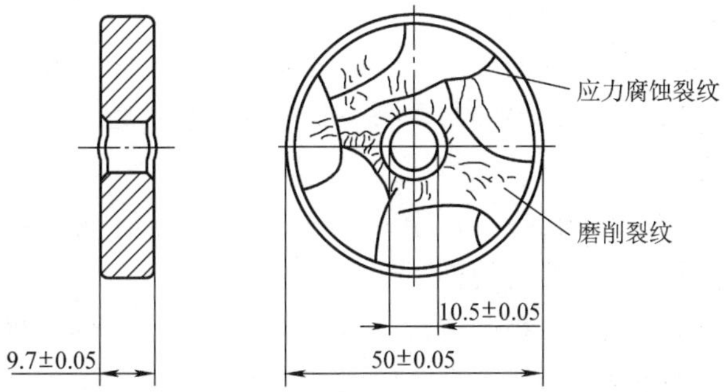

图 4—1 I型参考试块

（3）形状　磁粉有各种各样的形状，如条形、椭圆形、球形或其他不规则的颗粒形状。

一般说来，条形磁粉（长径比大）较容易被磁化并形成磁极，因而较容易被漏磁场吸附，有利于检测大缺陷和近表面缺陷，因为这类缺陷的漏磁场分散，聚集成磁粉链条才能形成明显磁痕。但如果完全由条形磁粉组成，磁粉的流动性不好，磁粉严重聚集还会导致灵敏度的下降。对于干法用磁粉，条形磁粉相互吸引还会影响喷撒和磁痕显示的形成。

球形磁粉能提供良好的流动性，尽管退磁场的影响不容易被漏磁场磁化，但球形磁粉能跳跃着向漏磁场聚集。

为了使磁粉既有良好的磁吸附性能，又有良好的流动性，所以理想的磁粉应由一定比例的条形、球形和其他形状的磁粉混合在一起使用。

（4）流动性　为了能有效地检出缺陷，磁粉必须能在受检工件表面流动，以便被漏磁场吸附形成磁痕显示。

在湿法检验中，是利用磁悬液的流动带动磁粉向漏磁场处流动。在干法检验中，是利用微风吹动磁粉，并利用交流电不断换向使磁场也不断换向，或利用单相半波整流电产生的单方向脉冲磁场带动磁粉变换方向促进磁粉流动。由于其他直流电磁场方向不改变，不能带动磁粉变换方向，所以直流电不能用于干法检验。

（5）密度　磁粉的密度指单位体积的磁粉质量。湿法用黑磁粉和红磁粉的密度约为 4.5 g/cm^3，干法用纯铁粉的密度约为 8 g/cm^3，空心球形磁粉的密度约为 0.7～2.3 g/cm^3，荧光磁粉的密度除与采用的铁磁粉原料有关，还与磁粉、荧光染料和黏结剂的配比有关。

磁粉的密度对检测结果有一定的影响，因为密度大的磁粉难以被弱的漏磁场吸附，而且在湿法检验中，若磁粉的密度大，则易沉淀、悬浮性差。密度大小与材料磁特性也有关，所以应综合考虑。

（6）识别度　识别度是指磁粉的光学性能，包括磁粉的颜色、荧光亮度及与工件表面颜色的对比度。对于非荧光磁粉，只有磁粉的颜色与工件表面的颜色形成很大对比度时，磁痕才容易观察到，缺陷才容易被发现；对于荧光磁粉，在黑光下观察时，工件表面呈紫色，只有微弱的可见光本底时，磁痕呈黄绿色，色泽鲜明，能提供最大的对比度和亮度。由于工件的表面覆盖着一层荧光磁悬液时，会产生微弱的荧光本底从而降低对比度，因此，荧光磁悬液的浓度不宜太高，大约为非荧光磁悬液浓度的十分之一。

总的来说，影响磁粉使用性能的因素有以上六个方面，但这些因素又是相互关联、相互制约的，如果孤立地追求某一方面而排斥另一方面，其结果有可能会导致试验或检测过程的失败。如磁性称量法只反映了磁粉的磁特性，如果仅仅依靠磁性称量法称出磁粉样品几克为合格而忽略其他影响因素，则测得的结果经实践证明并不是完全可靠的。最可靠的办法应该是通过综合性能（系统灵敏度）试验的结果来衡量磁粉的性能。

3. 磁粉的验收试验

湿法非荧光磁粉的验收试验包括：污染、颜色、粒度、灵敏度和悬浮性；湿法荧光磁粉的验收试验除上述五项外，还包括耐用性。

（1）污染　在下列情况下用目视测定磁悬液，不应显示明显的外来物、结块和浮渣。

1）配制磁悬液后应立即检查。

2）磁悬液搅拌后静置不少于 30 min 并轻微摇动时。

3）测定磁粉其他性能试验期间。

（2）颜色　湿法非荧光磁粉，在不小于 1 000 lx 的白光照度下检查，玻璃容器中均匀分散好的磁悬液试样应呈黑色、红色或要求的颜色。

湿法荧光磁粉在环境光不大于 20 lx 的暗区内，用辐照度不小于 1 000 $\mu W/cm^2$ 的黑光激发荧光磁粉，磁粉应发黄绿色的荧光。

（3）粒度　向 1 L 油基载液中加入 20 g 磁粉制成磁悬液，将该磁悬液通过孔径为 45 μm（320 目）的标准分样筛后，再用 1 L 油基载液冲洗筛子，筛子干燥后，测定未能通过筛子的磁粉质量与原加入的 20 g 磁粉的质量比，通过筛子的质量不应低于 98%。

（4）灵敏度

1）湿法非荧光磁粉

①将 B 型标准试块穿在长为 400 mm，直径为 25～38 mm 的铜棒上，通以 2 500 A 的三相全波整流电，然后施加合格的磁悬液，在不小于 1 000 lx 的可见光照度下观察，至少应显示 5 个孔。

②将 E 型标准试块穿在铜棒上，通以有效值为 700 A 的交流电，然后施加合格的磁悬液，在不小于 1 000 lx 的白光照度下观察，至少应显示 1 个孔。

2）湿法荧光磁粉

①将 B 型标准试块穿在长为 400 mm，直径为 25～38 mm 的铜棒上，通以 2 500 A 的三相全波整流电，然后施加合格的荧光磁悬液，在环境光不大于 20 lx 的暗区内，用辐照度不小于 1 000 $\mu W/cm^2$ 的黑光激发荧光磁粉，至少应显示 5 个孔。

②将 E 型标准试块穿在铜棒上，通以有效值为 700 A 的交流电，然后施加合格的荧光磁悬液，在环境光不大于 20 lx 的暗区内，用辐照度不小于 1 000 $\mu W/cm^2$ 的黑光激发荧光磁粉，至少应显示 1 个孔。

③衬度试验：取一个含有日常检验中能够发现已知缺陷的工件，表面粗糙度与产品基本一致，将合格的荧光磁悬液施加在磁化过的工件上，在符合规定的暗区和黑光下观察，磁痕显示应明显、清晰，在缺陷周围的本底荧光应既不遮蔽缺陷显示，又不给检测缺陷带来困难。

（5）悬浮性　用酒精沉淀法测定磁粉悬浮性，用以反映磁粉的粒度，酒精和磁粉明显分界处的磁粉柱高度应不低于 180 mm。

该方法是将一根长 400 mm、内径为（10±1）mm 的玻璃管垂直固定在支座上，用夹子夹紧。从玻璃管底部为零的水平线到 300 mm 高度进行刻度，其试验装置如图 4—2 所示，试验程序如下：

1）用工业天平称出 3 g 未经磁化的磁粉试样。

2）往玻璃管内注入酒精到 150 mm 高度处。

3）将称出的 3 g 磁粉试样倒入玻璃管内酒精中，并使其均匀混合。

4）再往玻璃管内注入酒精至 300 mm 高度处。

5）堵上塞子，反复倒置玻璃管，使磁粉与酒精均匀混合。

6）停止倒置，将玻璃管垂直固定在支座上，静置 3 min，读出明显分界处的磁粉柱高度。

7）按上述步骤试验 3 次，每次都要更换新磁粉。最后，取 3 次试验的平均值作为最终的磁粉柱高度。酒精沉淀法磁粉的悬浮情况如图 4—3 所示。

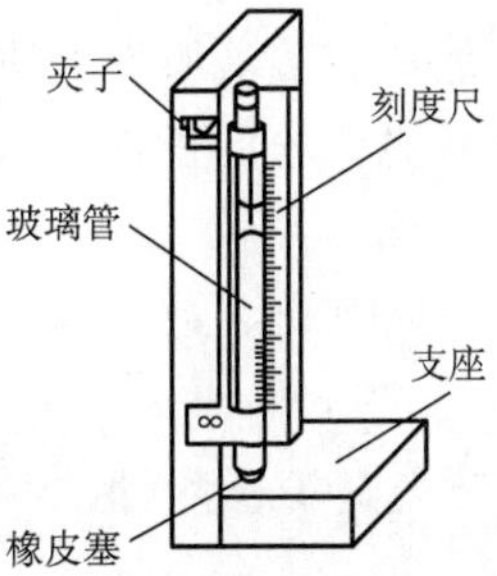

图 4—2　酒精沉淀法的试验装置

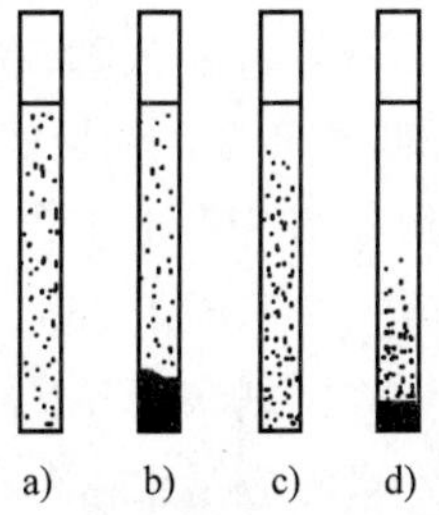

图 4—3　酒精沉淀法磁粉的悬浮情况

a）悬浮于酒精中的磁粉　b）粒度不均匀的磁粉沉淀

c）粒度均匀而细的磁粉沉淀　d）均匀粗大的磁粉沉淀

（6）耐用性　将浓度和综合性能试验合格的荧光磁悬液至少 400 mL 注入 1 000 mL 的恒速搅拌器内，以大约 10 000～12 000 r/min 的速度转动 10 min，每次搅拌 2 min，并停 5 min，重复此操作 5 次，按要求再进行综合性能试验，荧光磁粉应能保持原始的检测灵敏度、颜色和亮度方为耐用性合格。

4.2　载液

对于湿法磁粉检测，用来悬浮磁粉的液体称为载液或载体，磁粉检测常用油基载液和水载液，磁粉探伤-橡胶铸型法则使用乙醇载液。

1. 油基载液

(1) 磁粉检测用油基载液是具有高闪点、低黏度、无荧光和无臭味等特点的煤油。

闪点是指易燃物质挥发在空气中产生的蒸气能够燃烧时的最低温度。若油的闪点低，磁悬液易被点燃，会造成探伤机、被检工件和人员的烧伤。

黏度是液体流动时内摩擦力的量度。黏度值随温度的升高而降低。油的黏度分动力黏度和运动黏度两种。

动力黏度是表示液体在一定剪切应力下流动时内摩擦力的量度，其值为作用于流动液体的剪切应力和剪切速率之比，在国际单位制（SI）中以帕秒（Pa·s）表示。习惯用厘帕（cPa）为单位，1 cPa=10^{-3} Pa·s=1 mPa·s。

运动黏度是表示液体在重力作用下流动时摩擦力的量度，其值为相同温度下液体的动力黏度与其密度之比，在国际单位制（SI）中以 m^2/s 表示。习惯用厘斯（cSt）为单位，1 cSt=10^{-6} m^2/s=1 mm^2/s。

在一定的使用温度范围内，尤其在较低的温度下，若油的黏度小，磁悬液的流动性就好，检测灵敏度高。

常见的 LPW-3 号油基载液的主要技术指标是：

1) 闪点　按 GB/T 261—1983 测定时应不低于 94℃。

2) 运动黏度　按 GB/T 265—1988 测定，在 38℃时应不大于 3.0 mm^2/s（3 cSt），在最低使用温度下应不大于 5.0 mm^2/s（5 cSt）。

3) 荧光　不应超过 0.1 mol/L 硫酸中含 2×10^{-7} 二水硫酸奎宁溶液所发出的荧光，即油基载液含有较低的荧光，使用荧光磁粉检测时，不至于干扰荧光磁粉的正常显示。

4) 颗粒物　按 SH/T 0093 测定，应不大于 1.0 mg/L。

5) 总酸值　按 GB/T 258—1977 测定，应不大于 0.15 mgKOH/L。

6) 气味　应无刺激性和让使用者厌恶的气味。

7) 颜色　目测应是水白色油基载液，荧光很低。使用荧光磁粉检测时，不至于干扰荧光磁粉的正常显示。

8) 毒性　无毒性。

(2) 磁粉检测油基载液验收试验：要求测定闪点、运动黏度、荧光和气味。

(3) 磁粉检测油基载液绝对不允许使用低闪点的煤油载液。

(4) 油基载液优先用于如下场合：

1) 对腐蚀应严加防止的某些铁基合金（如精加工的某些轴承和轴承套）。

2) 水可能会引起电击的地方。

3) 在水中浸泡可引起氢脆或腐蚀的某些高强度钢和金属材料。

2. 水载液

水不能单独作为载液使用，因为磁粉检测水载液必须在水中添加润湿剂、防锈剂，必要时还要添加消泡剂，以保证水载液具有合适的润湿性、分散性、防腐蚀性、消泡性和稳定性。

(1) 润湿性　水磁悬液应能迅速地润湿工件表面，合适的润湿性能可用“水断试验”

（见第 9.1.3 节）来确定，pH 值应控制在 8～10。

（2）分散性　磁粉能均匀地分散在水载液中，在有效使用期内，磁粉不结团。

（3）防腐蚀性　对工件、设备及磁粉本身无腐蚀性。

（4）消泡性　能在较短时间内自动消除水载液中的泡沫，以保证检测灵敏度。

（5）稳定性　在规定的储存期间，水载液的使用性能不发生变化。

用水作载液的优点是水不易燃、黏度小、来源广、价格低廉。但不适用于在水中浸泡可引起氢脆或腐蚀的某些高强度合金钢和金属材料。

4.3 磁悬液

磁粉和载液按一定比例混合而成的悬浮液体称为磁悬液。

1. 磁悬液浓度

每升磁悬液中所含磁粉的重量（g/L）或每 100 mL 磁悬液沉淀出磁粉的体积（mL/100 mL）称为磁悬液浓度。前者称为磁悬液配制浓度，后者称为磁悬液沉淀浓度。

磁悬液浓度（也叫磁悬液质量浓度），对显示缺陷的灵敏度影响很大，浓度不同，检测灵敏度也不同。浓度太低，影响漏磁场对磁粉的吸附量，磁痕不清晰，会使缺陷漏检；浓度太高，会在工件表面滞留很多磁粉，形成过度背景，甚至会掩盖相关显示。所以国内、外标准都对磁悬液浓度范围进行了严格限制。

磁悬液浓度大小的选用与磁粉的种类、粒度、施加方式和工件表面状态等因素有关，JB/T 4730.4—2005 中对磁悬液浓度的要求见表 4—1。

表 4—1　　磁悬液浓度

磁粉类型	配制浓度（g/L）	沉淀浓度（含固体量：mL/100 mL）
非荧光磁粉	10～25	1.2～2.4
荧光磁粉	0.5～3.0	0.1～0.4

用配制浓度和沉淀浓度来规定磁悬液浓度，是考虑到特种设备行业的特点，绝大多数的磁悬液是一次性使用，采用配制浓度（g/L），方法简单实用，磁粉用量明确。同时又考虑到一些工件在固定式探伤机上检测时，磁悬液可循环使用，因而还规定了沉淀浓度，较为方便、简捷可行。

磁粉探伤-橡胶铸型法，非荧光磁悬液的配制浓度推荐为 4 ～10 g/L。

对光亮的工件，应采用黏度和浓度都大一些的磁悬液进行检测。对表面粗糙的工件，应采用黏度和浓度小的磁悬液进行检测。对细牙螺纹根部缺陷的检测，应采用荧光磁粉，磁悬液配制浓度用 0.5 g/L，使用剩磁法检验，检验时应多浇几遍磁悬液，以获得最佳的检测效果。

2. 磁悬液配制

（1）油磁悬液配制　先取少量的油基载液与磁粉混合，让磁粉全部润湿，搅拌成均匀的糊状，再按表 4—1 所示比例加入余下的油基载液，搅拌均匀即可。

国外有浓缩磁粉，外表面包有一层润湿剂，能迅速地与油基载液结合，可直接加入磁悬液槽内进行使用。

（2）水磁悬液配制　推荐的非荧光磁粉水磁悬液配方见表4—2。

表4—2　非荧光磁粉水磁悬液配方

水	100＃浓乳	三乙醇胺	亚硝酸钠	28＃消泡剂	HK-1黑磁粉
1 L	10 g	5 g	10 g	0.5～1 g	10～25 g

配制方法：按表4—2所示比例将100＃浓乳加入到50℃温水中，搅拌至完全溶解，然后再加入三乙醇胺、亚硝酸钠和消泡剂，每加入一种成分后都要搅拌均匀，最后加入磁粉并搅拌均匀。

推荐采用的荧光磁粉水磁悬液配方见表4—3。

表4—3　荧光磁粉水磁悬液配方

水	JFC乳化剂	亚硝酸钠	28＃消泡剂	YC2荧光磁粉
1 L	5 g	10 g	0.5～1 g	0.5～2 g

配制方法：将润湿剂（JFC乳化剂）与消泡剂加入水中搅拌均匀，并按比例加足水，制成水载液，取少量水载液与磁粉和匀，然后加入余量的水载液，最后再加入亚硝酸钠。

荧光磁粉磁悬液的水载液应进行严格的选择和试验，不应使荧光磁粉结团、剥离或变质。

（3）磁膏水磁悬液的配制　在特种设备检验检测行业，一般多采用磁膏配制水磁悬液，常用的有HR-1和HB-1，易溶于水。由于磁膏中含有磁粉、润湿剂和防腐蚀剂等，所以可与水直接配制。

配制方法：先取少量的水，在水中挤入磁膏后搅拌成稀糊状，再按比例加入水后搅拌均匀即可。

使用时，除应进行综合性能试验外，还必须测量磁悬液的浓度和进行水断试验。

（4）磁悬液喷罐　生产厂家将配制浓度合格的磁悬液装进喷罐中，这些磁悬液的载液多为油基载液和水载液。常用的如HD-RO和HD-BO黑油及黑水磁悬液喷罐，使用时只需轻轻摇动喷罐，将磁悬液搅拌均匀，即可直接喷洒。检测前先用标准试片进行综合性能试验，合格后即可检测，无需测量浓度。使用喷罐，方便快捷，特别适合高空、野外和仰视检测，应用较广泛。

4.4　反差增强剂

1. 应用

在表面粗糙的工件上进行磁粉检测时，由于工件表面凹凸不平，或者由于磁粉颜色与工件表面颜色的对比度很低，会使磁痕显示难以识别，容易造成漏检。为了提高缺陷磁痕与工件表面颜色的对比度，检测前，可先在工件表面上涂一层白色薄膜，厚度约为25～45 μm，干燥后再磁化工件，喷洒黑磁粉磁悬液，其磁痕就会清晰可见。这一层白色薄膜就叫做反差增强剂。

2. 配方、施加及清除

反差增强剂可按表 4—4 推荐的配方自行配制，搅拌均匀即可使用。市售产品也有配制好的反差增强剂喷罐。常见的有 FC-5 反差增强剂喷罐

表 4—4　　反差增强剂配方

成分 含量	工业丙酮	稀释剂 x-1	火棉胶	氧化锌粉
每 100 mL 含量	65 mL	20 mL	15 mL	10 g

施加反差增强剂的方法：整个工件检查可用浸涂法，局部检查可用喷涂或刷涂法。

清除反差增强剂的方法：可用工业丙酮与稀释剂 x-1 按 3∶2 配制的混合液浸过的棉纱擦洗，或将整个工件浸入该混合液中清洗。

3. 反差增强剂喷罐

反差增强剂喷罐具有使用方便、涂层成膜迅速均匀、附着力强、颜色洁白、无强刺激性气味等优点，检测时要使用经过质量认证的、性能好的反差增强剂喷罐。

4.5 标准试片和标准试块

磁粉检测标准试件（试片和试块）是检测时的必备器材，常见的标准试件分为人工缺陷标准试片和试块及自然缺陷试块。

4.5.1 标准试片

1. 用途

标准试片，以下简称试片，是磁粉检测必备的器材之一，具有以下用途：

（1）用于检验磁粉检测设备、磁粉和磁悬液的综合性能（系统灵敏度）。

（2）用于了解被检工件表面大致的有效磁场强度和方向以及有效检测区。

（3）用于考察所用的检测工艺规程和操作方法是否妥当。

（4）几何形状复杂的工件磁化时，各部位的磁场强度分布不均匀，无法用经验公式计算磁化规范，磁场方向也难以估计。这时，将小而柔软的试片贴在复杂工件的不同部位，可大致确定较理想的磁化规范。

2. 分类

在日本使用 A 型和 C 型试片，在美国使用的试片称为 QQI 质量定量指示器，在我国使用的有 A 型、C 型、D 型和 M_1 型四种试片。

试片为 DT4A 超高纯低碳纯铁经轧制而成的薄片。加工试片的材料，包括经退火处理和未经退火处理两种。试片分类符号用大写英文字母表示，热处理状态由下标的阿拉伯数字表示，经退火处理的为 1 或空缺，未经退火处理的为 2。型号名称中的分数中，分子表示试片人工缺陷槽的深度，分母表示试片的厚度，单位为 μm。常见的标准试片类型、规格和图

形见表4—5。

JB/T 6065—2004中规定了A型、C型、D型试片。这三种试片按不同依据分类如下：

（1）按热处理状态可分为：经退火处理的试片和未经退火处理的试片。

（2）按灵敏度等级可分为：高灵敏度试片、中灵敏度试片和低灵敏度试片。

注1：按灵敏度等级进行分类，仅适宜于相同热处理状态的试片。

注2：同一类型和灵敏度等级的试片，未经退火处理的比经退火处理的灵敏度约高1倍。

M_1型多功能试片，是将三个槽深各异而间隔相等的人工刻槽，以同心圆样式做在同一试片上。其三种槽深分别与A_1型试片的三种型号的槽深相同，这种试片可一片多用，观察磁痕显示差异直观，能更准确地推断出被检工件表面的磁化状态。

表4—5　标准试片类型、规格和图形

类型	规格：缺陷槽深/试片厚度（μm）		图形和尺寸（mm）
A_1型	A_1-7/50	A_2-7/50	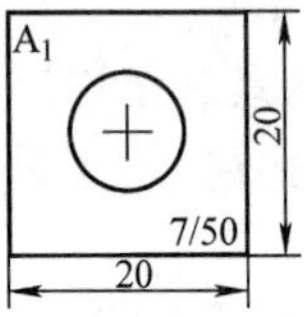
	A_1-15/50	A_2-15/50	
	A_1-30/50	A_2-30/50	
	A_1-15/100	A_2-15/100	
	A_1-30/100	A_2-30/100	
	A_1-60/100	A_2-60/100	
C型	C_1-8/50	C_2-8/50	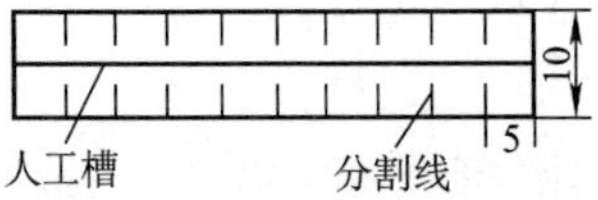
	C_1-15/50	C_2-8/50	
	C_1-30/50	C_2-8/50	
D型	D_1-7/50	D_2-7/50	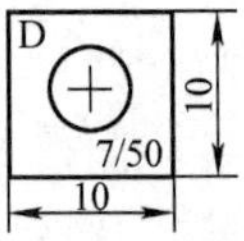
	D_1-15/50	D_2-7/50	
	D_1-30/50	D_2-7/50	
M_1型	$\phi 12$	7/50	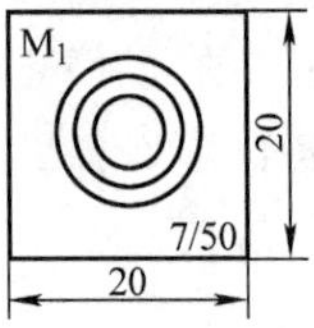
	$\phi 9$	15/50	
	$\phi 6$	30/50	

注：C型标准试片可剪成10个小试片分别使用。

特种设备磁粉检测采用的标准试片有A_1型、M_1型以及C型和D型的高、中灵敏度标准试片。

3. 使用

（1）标准试片只适用于连续法检测，用连续法检测时，检测灵敏度几乎不受被检工件材质的影响，仅与被检工件表面的磁场强度有关。应注意：标准试片不适用于剩磁法检测。

（2）根据工件检测面的大小和形状，选取合适的标准试片类型。特种设备磁粉检测一般应选用 A_1-30/100 型试片，但是当检测焊缝坡口等狭小部位时，由于尺寸关系，A_1 型试片使用不便，一般可选用 C_1-15/50 型试片。为了更准确地推断出被检工件表面的磁化状态，当用户需要或技术文件有规定时，可选用 D 型或 M_1 型试片。

（3）根据工件检测所需的有效磁场强度，选取不同灵敏度的试片。需要有效磁场强度较小时，选用分数值较大的低灵敏度试片；需要有效磁场强度较大时，应选用分数值较小的高灵敏度试片。

（4）试片表面锈蚀或有褶纹时，不得继续使用。

（5）使用试片前，应用溶剂清洗防锈油。如果工件表面贴试片处凹凸不平，应打磨平，并除去油污。

（6）使用时，应将试片无人工缺陷的面朝外。为使试片与工件被检面接触良好，可用透明胶带靠试片边缘贴成“#”字形，并贴紧（间隙应小于 0.1 mm），注意透明胶纸不得盖住有槽的部位。

（7）也可选用多个试片，分别贴在工件的不同部位，可看出工件磁化后，被检表面不同部位的磁化状态或灵敏度的差异，如图 4—4 所示。

（8）用完试片后，可用溶剂清洗并擦干。干燥后涂上防锈油，放回原装片袋内保存。

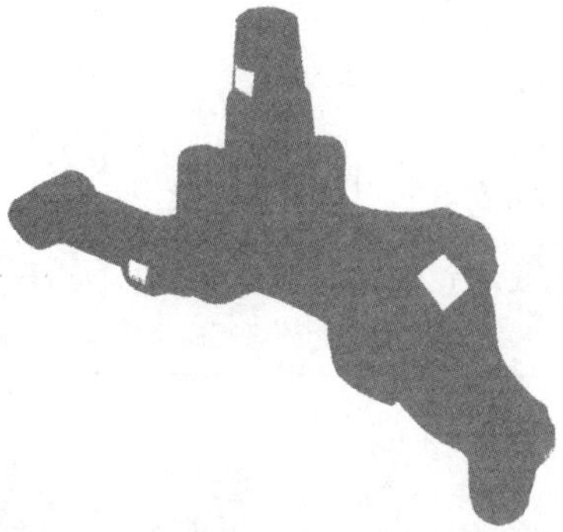

图 4—4 将试片贴在工件的不同部位

4.5.2 标准试块

1. 用途

标准试块也是磁粉检测必备的器材之一，以下简称试块。

试块主要适用于检验磁粉检测设备、磁粉和磁悬液的综合性能（系统灵敏度），也用于考察磁粉检测的试验条件和操作方法是否恰当，还可用于检测各种磁化电流及磁化电流大小不同时产生的磁场在标准试块上大致的渗入深度。

试块不适用于确定被检工件的磁化规范，也不能用于考察被检工件表面的磁场方向和有效磁化区。

2. 分类

我国目前使用的直流试块，又叫 B 型标准试块，与美国的 Betz 环等效。使用的交流试块，又叫 E 型标准试块，与日本和英国的同类试块接近。使用的磁场指示器，又称八角形试块，与美国同类试块接近。

（1）B 型标准试块　国家标准样品 B 型标准试块的形状和尺寸如图 4—5 所示。材料为经退火处理的 9CrWMn 钢锻件，其硬度为 90～95HRB。国家标准样品 B 型标准试块外形如图 4—6 所示。国家标准样品 B 型标准试块的使用方法见 9.1.4 的综合性能试验。

（2）E 型标准试块　国家标准样品 E 型标准试块的形状和尺寸如图 4—7 所示。材料为经退火处理的 10 钢锻制而成。国家标准样品 E 型标准试块的使用方法见 9.1.4 的综合性能试验。

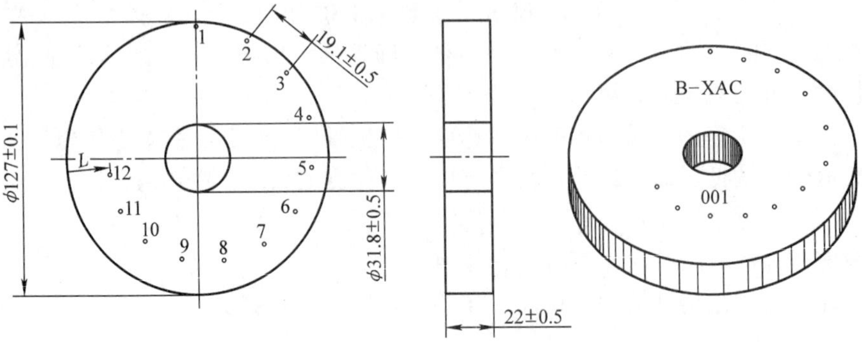

孔号	1	2	3	4	5	6	7	8	9	10	11	12
通孔中心距外缘距离 L(mm)	1.78	3.56	5.33	7.11	8.89	10.67	12.45	14.22	16.00	17.78	19.56	21.34

注：(1) 12 个通孔的直径 D 为 ϕ1.78 mm±0.08 mm。

(2) 通孔中心距外缘距离 L 的尺寸公差为±0.08 mm。

图 4—5　国家标准样品 B 型标准试块的形状和尺寸

图 4—6　国家标准样品 B 型标准试块外形

（3）磁场指示器　磁场指示器是用电炉铜焊将 8 块低碳钢与铜板焊在一起构成的，有一个非铁磁性手柄，所以又叫八角试块，如图 4—8 所示。由于这种试块刚性较大，不可能与工件表面（尤其曲面）很好贴合，难以模拟出真实的工件表面状况，所以磁场指示器只能作为表示被检工件表面的磁场方向、有效检测区以及磁化方法是否正确的一种粗略的校验工具，而不能作为磁场强度和磁场分布的定量测试，但它比标准试片经久耐用，操作简便。

使用时，将磁场指示器铜面朝上，八块低碳钢面朝下，紧贴被检工件表面，用连续法检验，给磁场指示器施加磁粉，观察磁痕显示。

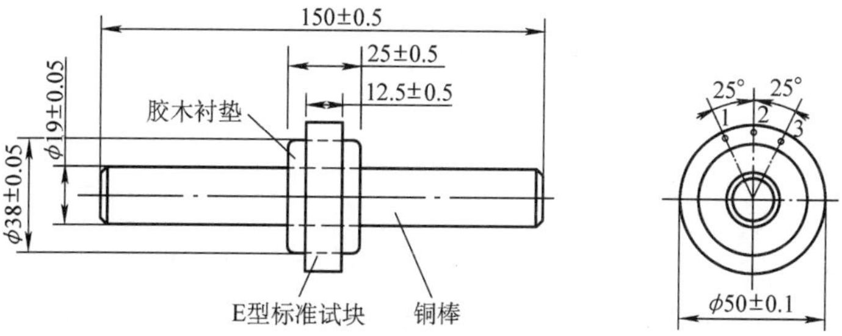

孔 号	1	2	3
通孔中心距外缘距离（mm）	1.5	2.0	2.5
通孔直径（mm）	$\phi 1$		

注：（1）3 个通孔的直径为 $\phi 1.0^{+0.08}_{-0.05}$ mm

（2）通孔中心距外缘距离的尺寸公差为±0.05 mm

图 4—7 国家标准样品 E 型标准试块图形和尺寸

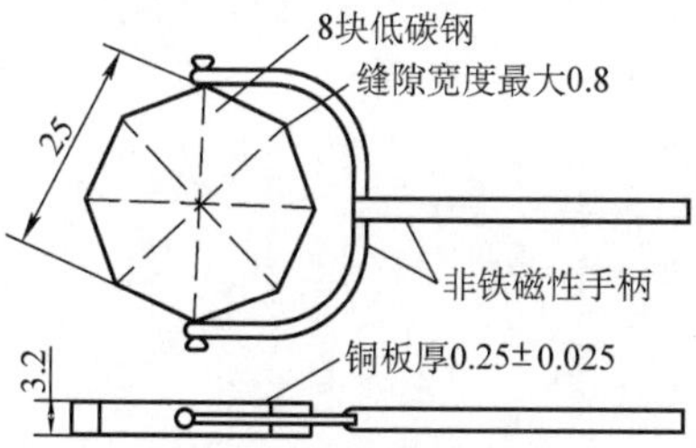

图 4—8 磁场指示器

4.5.3 自然缺陷试块

为了弄清某磁粉检测系统是否能按照所期望的方式和所需要的灵敏度工作，最直接的途径就是考核该系统检测出一个或多个已知缺陷的能力，最理想的方法是选用带有自然缺陷的工件作为试块。该样件是在已往的磁粉检测中发现的，材料、状态和外形具有代表性，并具有最小临界尺寸的常见缺陷（如发纹和磨削裂纹）。对带有自然缺陷的试件按规定的磁化方法和磁场强度进行检验，若全部应该显示的缺陷都能清晰显示，则说明系统综合性能符合要求，否则应检查原因，并调整相关因素。

自然缺陷试块应标记，以免混入被检工件中。自然缺陷样件的使用应经过磁粉检测Ⅲ级人员的批准，仅对专门产品有效。在特种设备行业，由于制作统一的自然缺陷试块极其困难，各单位自制的试块又可能会因为相互的差异从而导致相应的质量异议，因而应慎重采用自然缺陷试块。

复习思考题

1. 磁粉检测中对磁粉的性能有哪些要求？
2. 什么是载液，磁悬液和磁悬液浓度？
3. JB/T 6063—1992 新版对磁粉尺寸的定义和要求是什么？
4. JB/T 4730.4—2005 对磁悬液浓度的规定是多少？
5. 什么是反差增强剂，有什么用途？
6. 标准试片的用途和使用注意事项有哪些？
7. 特种设备行业一般怎样选用标准试片？
8. 标准试块适用和不适用的范围有哪些？
9. 什么是闪点？和磁粉检测有什么关系？
*10. 什么是油的黏度、运动黏度和动力黏度？磁粉检测为什么要用运动黏度？
11. 油磁悬液和磁膏水磁悬液是如何配制的？
12. 特种设备行业要求，什么情况下应采用荧光磁粉检测？
13. 特种设备行业要求，在哪些场合应优先使用油基载液？

第 5 章　磁粉检测设备

磁粉检测设备是产生磁场，对工件实施磁化并完成检测工作的专用装置。

5.1　磁粉检测设备的命名方法

根据 JB/T 10059—1999 的规定，磁粉探伤机按以下方式命名：

C　X　X　-　X
↓　↓　↓　　↓
1　2　3　　4

第 1 部分——C，代表磁粉探伤机；
第 2 部分——字母，代表磁粉探伤机的磁化方式；
第 3 部分——字母，代表磁粉探伤机的结构形式；
第 4 部分——数字或字母，代表磁粉探伤机的最大磁化电流或探头形式。
常用的磁粉探伤机命名的参数见表 5—1。

表 5—1　　磁粉探伤机命名的参数

第 1 个字母	第 2 个字母	第 3 个字母	第 4 个字母	代表含义
C				磁粉探伤机
	J			交流
	D			多功能
	E			交直流
	Z			直流
	X			旋转磁场
	B			半波脉冲直流
	Q			全波脉冲直流
		X		携带式
		D		移动式
		W		固定式
		E		磁轭式
		G		荧光磁粉探伤
		Q		超低频退磁
			如 2 000	周向磁化电流 2 000 A

如 CJW-4000 型，为交流固定式磁粉探伤机，最大磁化电流为 4 000 A；CZQ-6000 型，为超低频退磁直流磁粉探伤机，最大磁化电流为 6 000 A；CEE-Ⅰ型，为交直流磁轭磁粉探伤仪，型式为Ⅰ型。

5.2 磁粉检测设备的分类

磁粉检测设备按设备的组合方式分为一体型和分立型两种；按设备的重量和可移动性分为固定式、移动式和携带式三种。一体型磁粉探伤机，是将磁化电源、螺管线圈、工件夹持装置、磁悬液喷洒装置、照明装置和退磁装置等部分组成一体的探伤机；分立型磁粉探伤机，是将各部分按功能制成单独分立的装置，在检测时组合成系统使用的探伤机。固定式探伤机属于一体型的，使用操作方便。移动式和携带式探伤机属于分立型的，便于移动和在现场组合使用。

1. 固定式探伤机

固定式探伤机的体积和重量都比较大，额定磁化电流一般为 1 000～10 000 A。这类探伤机能进行通电法、中心导体法、感应电流法、线圈法、磁轭法整体磁化或复合磁化等，并带有照明装置、退磁装置、磁悬液搅拌和喷洒装置以及夹持工件的磁化夹头和放置工件的工作台及格栅，适用于中小型工件的检测。此外，固定式探伤机还常常备有触头和电缆，以便对搬上工作台有困难的大型工件进行检测。

2. 移动式探伤机

移动式探伤机的额定磁化电流一般为 500～8 000 A。主体是磁化电源，可提供交流和单相半波整流电的磁化电流。配合使用的附件有触头、夹钳、开合和闭合式磁化线圈及软电缆等，能进行触头法、夹钳通电法和线圈法磁化。这类设备是一种分立式的探伤装置，体积和重量较固定式小，一般装有滚轮，可推动或吊装在车上拉到检验现场，对大型工件进行检测。

3. 携带式探伤机

携带式探伤机具有体积小、重量轻和携带方便等特点，额定磁化电流一般为 500～2 000 A。这类探伤机适用于现场、高空和野外检测，多用于特种设备的焊缝检测，以及飞机、火车、轮船的现场检测或大型工件的局部检测。常用的仪器有带电极触头的小型磁粉探伤机、电磁轭、交叉磁轭或永久磁铁等。仪器手柄上装有微型电流开关，控制通、断电和自动衰减退磁。

5.3 磁粉检测设备的组成部分

无论是一体型，还是分立型磁粉探伤机，它们一般都包括以下几个主要部分：磁化电源、工件夹持装置、指示与控制装置、磁粉或磁悬液施加装置、照明装置和退磁装置等。

1. 磁化电源

磁化电源是磁粉探伤机的核心部分，它的作用是产生磁场，磁化工件。

固定式磁粉探伤机中，一般是通过调压器将不同大小的电压输送给主变压器，由主变压器提供一个低电压大电流输出，输出的交流电或整流电可直接通过工件，或穿入工件内孔的中心导体，或通入线圈，对工件进行磁化。

调压器通常采用两种结构：

(1) 自耦变压器　通过改变自耦变压器的匝数来改变降压变压器的一次电压，达到调节磁化电流大小的目的，这种调节方式在工件上的磁化电流仍是正弦交流电流。自耦变压器调压探伤装置如图5—1所示。其分压方式有触头式和电动机带动式两种。触头式的每个触头都可以作为输入端，用手动调节；电动机带动式的磁化电流连续可调，但不允许在带电的情况下调节，否则容易将调压器损坏。

(2) 晶闸管调压　将反并联的两只晶闸管（或一只双向晶闸管）与降压变压器的一次线圈连接，利用调整晶闸管的导通角来改变降压变压器的一次电压，起到调节磁化电流大小的作用，这种调节方式在工件上的磁化电流是非正弦交流电流。晶闸管调压探伤装置如图5—2所示。晶闸管有单向导电性，触发电压使晶闸管轮流导通，交流电的上、下半周各通过一个晶闸管，使磁化电流无触点式连续可调，以实现用小电流触发和调节大电流。

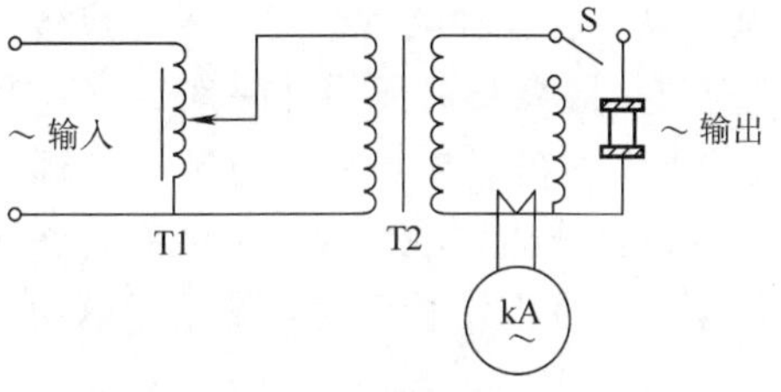

图5—1　自耦变压器调压探伤装置

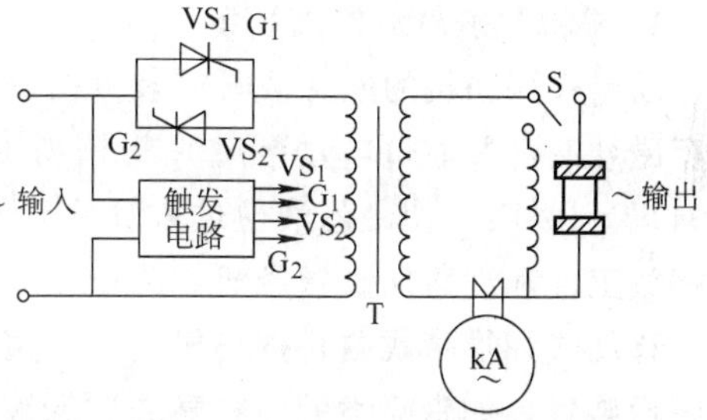

图5—2　晶闸管调压探伤装置

固定式探伤机上一般配有螺管线圈，对工件进行纵向磁化，也可用于对工件退磁。适合交流电剩磁检测的探伤机配有断电相位控制器，通常加在交流探伤机大电流产生装置上或作为分立元件。断电相位控制器主要是一个晶闸管控制装置，利用逻辑电路控制触发器，保证交流电一定在π或2π相位处断电，从而使剩磁稳定。在使用三相全波整流电线圈磁化工件时配备快速断电，能迅速切断施加于线圈的直流电，从而在工件中产生低频涡流，克服线圈纵向磁化时的端部效应。

携带式探伤机中多采用磁轭式、线圈式磁化装置或交叉磁轭旋转磁场式磁化电路，产生的磁场为纵向磁场或按设定规律变化的多向磁场。

2. 工件夹持装置

固定式探伤机都有夹持工件的磁化夹头或触头。为了适应不同规格的工件，夹头的间距是可调的，并可用电动、手动或气动等多种形式进行调节。电动调节是利用行程电动机和传动机构使夹头在导轨上来回移动，由弹簧配合夹紧工件，限位开关会使可动磁化夹头停止移动。手动调节是利用齿轮与导轨上的齿条啮合传动，使磁化夹头沿导轨移动，或用手推动磁化夹头在导轨上移动，夹紧工件后自锁。气动夹持是将压缩空气通入汽缸中，推动活塞带动夹紧工件。有些探伤机的磁化夹头可沿轴旋转360°，磁化夹头夹紧工件后一起旋转，保证工件周向各部位有相同的检测灵敏度。在磁化夹头上应包上铅垫或铜编织网，以利于接触，防止打火和烧伤工件。

携带式探伤仪直接在工件局部部位进行磁化，一般不需要夹持装置。

3. 指示和控制装置

磁粉探伤机的指示装置是指示磁化电流大小的仪表和有关工作状态的指示灯。主要包括电流表、电压表、ϕ表和 H 表。

电流表又称安培表，分为直流电流表和交流电流表。交流电流表与互感器连接，测量交流磁化电流的有效值。直流电流表与分流器连接，测量直流磁化电流的平均值。

一般对于额定周向磁化电流大于 2 000 A 的电流表，为了准确反映低安培电流值，刻度应分为 0～1 000 A 低量程和 1 000 A 至额定周向磁化电流（如 10 000 A）高量程两挡读数。数字电流表不需分挡。

有些设备上装有表示晶闸管导通角（移相角）的ϕ表，表示大致的磁化电流值。还有一些老设备上装有表示螺管线圈空载时中心磁场强度（以奥斯特 Oe 为单位）的 H 表。

磁粉探伤机的控制装置是控制磁化电流产生和使用过程的电器装置的组合。随着机电一体化技术的发展和普及，已经可以实现磁粉探伤机的半自动或自动检测了。

4. 磁粉和磁悬液施加装置

固定式探伤机的磁悬液喷洒装置由磁悬液槽、电动泵、软管和喷嘴组成。磁悬液槽用于储存磁悬液，并通过电动泵叶片将槽内磁悬液搅拌均匀，依靠泵的压力［一般为（1.96～2.94）$\times 10^4$ Pa］使磁悬液通过软管从喷嘴喷洒到工件上。在磁悬液槽的上方装有格栅，用于摆放工件和滴落回收磁悬液。为防止铁屑杂物进入磁悬液槽内，在回流口上装有过滤网。

移动式和携带式磁粉探伤机上无固定的搅拌喷洒装置，在湿法检测时，常采用电动或手动喷洒装置，如带喷嘴的塑料壶或磁悬液喷罐。

5. 照明装置

磁粉检测照明装置主要有日光灯和黑光灯。固定式磁粉探伤机一般已配置相应设备，其他探伤机应另外携带。

使用非荧光磁粉检测时，被检工件表面应有充足的自然光或日光灯照明。被检工件表面可见光照度应不小于 1 000 lx，并应避免强光和阴影。当现场检测采用便携式设备检测时，被检工件表面可见光照度应不低于 500 lx。

使用荧光磁粉检测时使用黑光灯照明，被检工件表面的黑光辐照度应大于或等于 1 000 μW/cm^2，同时环境可见光照度应不大于 20 lx。

6. 退磁装置

退磁装置应保证被磁化工件上的剩磁减小到不妨碍工件使用的程度。有的退磁装置作分立件单独设置，有的则直接装在探伤机上。详见 6.4 节。

5.4 常用典型设备

特种设备磁粉检测最常用的有带触头的小型磁粉探伤仪、电磁轭、交叉磁轭或永久磁铁等，如图 5—3 所示。这些设备具有重量轻、体积小、携带方便、结构简单和探伤效果好等特点。

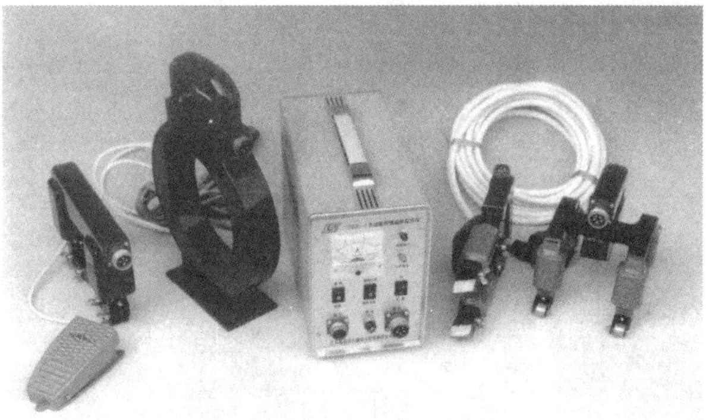

图 5—3　特种设备磁粉检测常用设备

1. CJE 交流电磁轭探伤仪、CEE 交直流电磁轭探伤仪

CJE 交流电磁轭探伤仪和 CEE 交直流电磁轭探伤仪都是通过改变磁轭方向来检查焊缝的纵向和横向缺陷，此外，电磁轭探伤仪还可以用于退磁。

锅炉压力容器的焊缝磁粉检测，最好选用交流电磁轭；但管壁厚度小于 6 mm 的压力管道的焊缝磁粉检测，最好选用直流电磁轭。

2. CXE 系列交叉磁轭施转磁场探伤仪

交叉磁轭是由两个轭状的电磁铁以一定夹角进行空间交叉或平面交叉组合而成，并由两组不同相位的交流电激磁的磁化装置。常用的有十字交叉磁轭探伤仪和平面交叉磁轭探伤仪，如图 5—4 和图 5—5 所示。

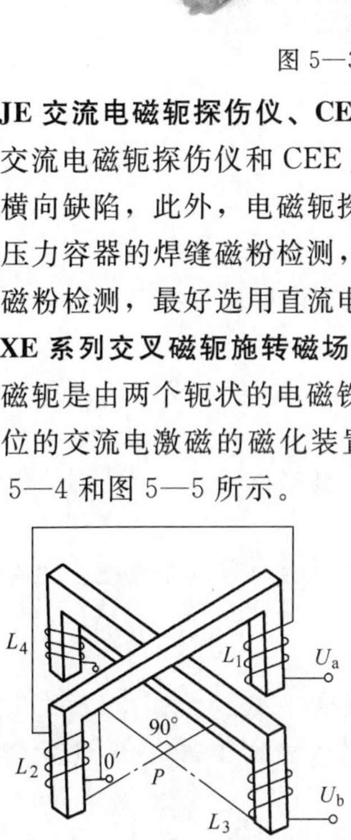

图 5—4　十字交叉磁轭探伤仪

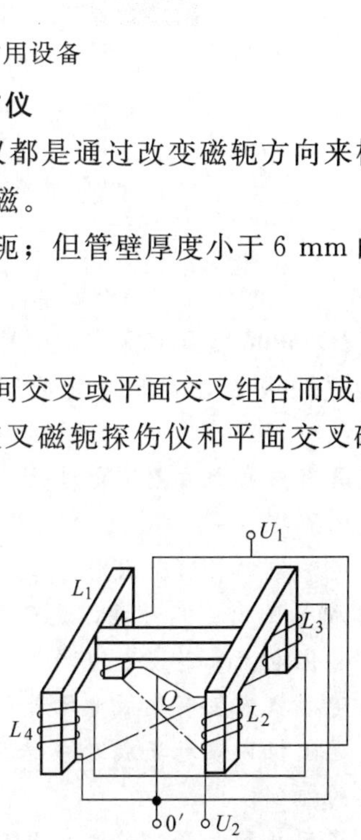

图 5—5　平面交叉磁轭探伤仪

(1) 十字交叉磁轭探伤仪　十字交叉磁轭探伤仪是由两个交叉的 π 形电磁轭构成，三相交流电经降压后由任意两相供电给电磁轭，一路 U_a 供激磁线圈 L_1 和 L_2，另一路 U_b 供激磁线圈 L_3 和 L_4，U_a 和 U_b 有 120°的相位差，由这两个电磁轭分别产生的正弦交变磁场叠加后，产生一个方向随时间变化的椭圆形旋转磁场。

(2) 平面交叉磁轭探伤仪　这种设备是由两个 π 形铁心和一公用铁心组合而成，常采用三相交流电中的任意两相作激磁电源供电，相位差为 120°时，可以使交叉磁轭的公用铁心的横截面积与两相磁路相等，这样的设计简单，并且减轻了磁轭的重量。

3. CJX-500 型、CJX-1000 型和 CJX-2000 型交流磁粉探伤仪

CJX-500 型、CJX-1000 型和 CJX-2000 型交流磁粉探伤仪都采用两电极触头通交流电的方法，进行周向磁化，带有开合及闭合线圈或者用绕电缆法进行纵向磁化和退磁。根据检测所需的磁化电流大小，可选用 CJX-500 型（即周向磁化电流最大为 500 A）、CJX-1000 型和 CJX-2000 型交流磁粉探伤仪。

4. CJD 和 CED 系列移动式磁粉探伤仪

CED-3000 型探伤仪是移动式磁粉探伤仪，其主电路原理图如图 5—6 所示。主电路采用晶闸管交流调压，主变压器降压输出。晶闸管接在主变压器电源一侧，只要用移相控制的触发电路，使控制角随触发脉冲的移相而改变，就可连续调节或自动调节磁化或退磁电流，而且晶闸管是无触点开关，噪声小、寿命长，由逻辑电路控制的触发脉冲触发晶闸管即可使断电相位得到控制，用剩磁法检验不会造成漏检。

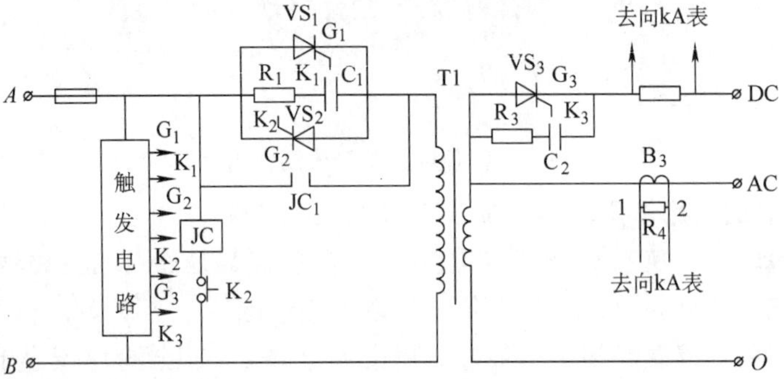

图 5—6　CED-3000 型探伤仪主电路原理图

5. CZQ-6000 型直流探伤超低频退磁机

CZQ 系列固定式探伤机具有三相全波直流探伤和超低频退磁功能，该系列设备的特点是：

（1）具有三相全波整流电波形，输出平滑的大电流，能检测工件表面和近表面较深的缺陷，磁化电流在 0～6 000 A 的范围内连续可调。

（2）退磁机内装有集成时序逻辑电路控制的衰减式超低频自动退磁装置，退磁大电流在 0～6 000 A 范围内连续可调，退磁效果好。

（3）磁化电流和退磁电流均可预选，并用数字式电表显示。

（4）退磁机内装有集成电路能使电流自动调节，保持电流大小基本不变。

（5）退磁机内装有集成时序电路构成的时间控制电路，可对 2 500 A 以上电流进行不同工作周期的控制。

（6）采用晶闸管带平稳电抗器的双星形整流和退磁主电路，工作噪声很小。

（7）退磁电流频率分为三挡：0.39 Hz，1.56 Hz 和 3.12 Hz。退磁一次的时间分为三挡：0～15 s，0～30 s 和 0～60 s。

6. SQT-Ⅰ型旋转磁场多功能曲轴探伤机

随着传动自动化的发展，机械传动零部件的形状日趋复杂，如：曲轴、凸轮轴、万向轴、凸轮、齿轮、叉形零件等，若采用常规复合磁化法进行检测，就较为困难。为此，国内已研制成功 SQT-Ⅰ型旋转磁场多功能曲轴探伤机，并成功用于铁路等系统。SQT-Ⅰ型旋转磁场多功能曲轴探伤机外形如图 5—7 所示，原理示意图如图 5—8 所示。

图 5—7　SQT-Ⅰ型旋转磁场多功能曲轴探伤机外形

该设备将曲轴置于三组以一定角度互相交叉的磁化线圈中，三组线圈产生的磁场按矢量叠加，在 360°的空间范围内形成方向随时间周期性变化的旋转磁场。此时，曲轴被旋转磁场磁化，保证曲轴表面上任一方向上的缺陷在某一时刻总有磁场与其垂直，形成漏磁场，从而获得较高的探伤灵敏度。在曲轴任何部位的表面上，均能清晰地全方位显示 A_1-15/50 试片的人工槽图形。测试结果证明三维旋转磁场磁化试件，检测灵敏度高，能满足形状复杂的零部件的探伤要求。

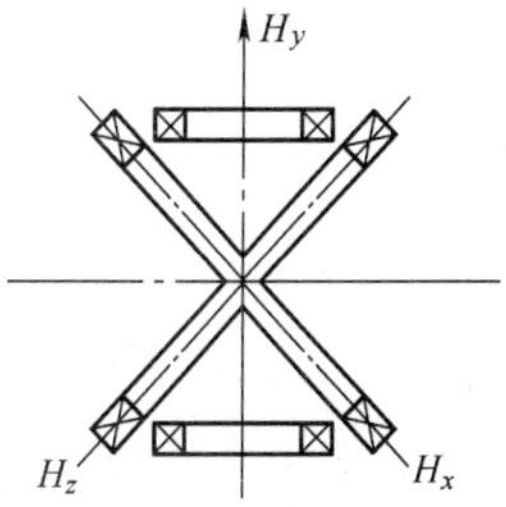

图 5—8　SQT-Ⅰ型旋转磁场多功能曲轴探伤机原理示意图

SQT-Ⅰ型旋转磁场多功能曲轴探伤机采用通道式旋转磁场磁化装置，零件磁化过程是非电接触式的，这样既可以避免灼伤试件，又可以方便地组成检测流水线，对各种铁磁性零件、长大管棒材料进行连续检测、连续退磁，大幅度提高检测效率。

该探伤机采用晶闸管模块调节磁化电流，以适应不同零部件的磁化需要，同时采用 PLC 进行探伤程序控制，可实现自动化探伤。

7. 图像显示自动荧光磁粉探伤设备

图像显示自动荧光磁粉探伤设备是由多向复合磁化技术、CCD 光学检测技术与计算机图像处理技术相互组合而成的集成检测设备，是我国目前技术最先进、自动化水平最高的磁粉探伤设备，已成功地用于军工、石化及汽车行业。检测抽油杆工艺主机图如图 5—9 所示，设备工艺流程图如图 5—10 所示。

图 5—9　检测抽油杆工艺主机图

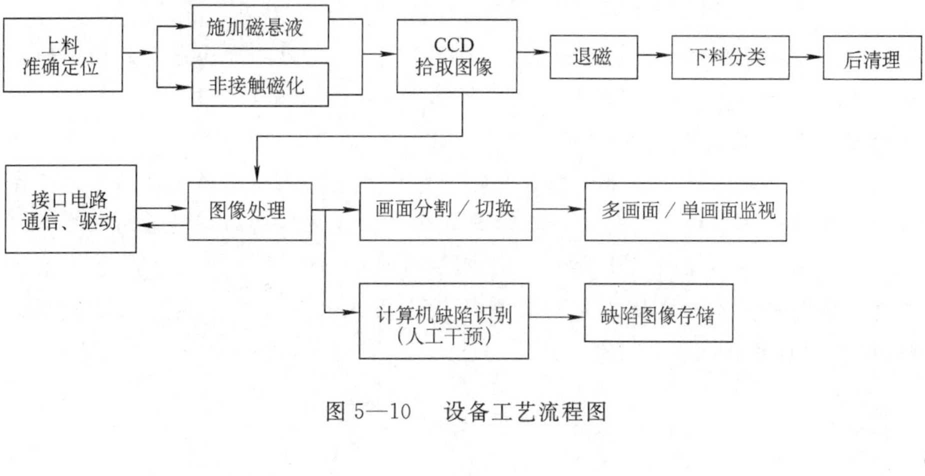

图 5—10　设备工艺流程图

该检测系统特点是：

(1) 采用 PLC（自动-手动）探伤机实现工序联动或单工序控制。系统检测的工艺流程为：

上料→预喷→交叉线圈磁化→CCD 检测（附有人工干预功能）→退磁→下料

(2) 计算机图像处理可增强图像质量（有降噪、平滑、锐化、拉伸、动静态采集等处理功能），实现图像的放大、缩小、裂纹测长、记录、打印、存档等功能，检测结果具有可追溯性。

(3) 检测显示图像可在 100 m 内监控。

(4) 操作人员只需在可见光操作室内操作计算机终端及面板按钮就可以实现工件的荧光磁粉检测。从而改善了劳动条件和工作环境，提高了检测灵敏度和检测质量。

检测效果：

A_1-15/50 标准试片的清晰显示如图 5—11 所示，检出的折叠缺陷磁痕显示如图 5—12 所示，检出的疲劳裂纹缺陷磁痕显示如图 5—13 所示。

图 5—11　A_1-15/50 标准试片的清晰显示

图 5—12　折叠缺陷磁痕显示

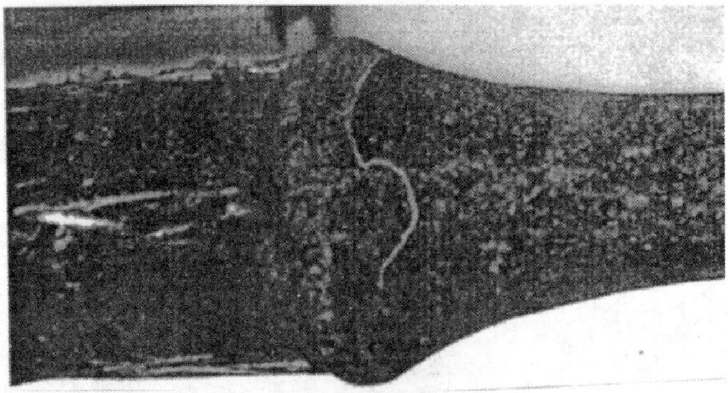

图 5—13　疲劳裂纹缺陷磁痕显示

5.5　测量仪器

磁粉检测中涉及磁场强度、剩磁大小、白光照度、黑光辐照度和通电时间等的测量，因而还应有一些测量设备。

1. 毫特斯拉计（高斯计）

当电流垂直于外加磁场方向通过半导体时，在垂直于电流和磁场方向的物体两侧产生电势差，这种现象称为霍尔效应。毫特斯拉计是利用霍尔效应制造的测量磁场强度的仪器。它的探头是一只霍尔元件，当与被测磁场中磁感应强度的方向垂直时，霍尔电势差最大，因此，在测量时要转动探头，读表头指针的指示值达到最大时读数。国产仪器有 GD-3 型和 CT-3 型毫特斯拉计等。

2. 袖珍式磁强计

袖珍式磁强计是利用力矩原理做成的简易测磁仪，它有两个永磁体，一个是固定的，用于调零；另一个是活动的，用于测量。活动永磁体在外磁场和回零永磁体的双重磁场力作用下将发生偏转，带动指针停留在一定位置，指针偏转角度的大小表示了外磁场的大小。

袖珍式磁强计主要用于工件退磁后剩磁大小的快速直接测量，也可用于铁磁性材料工件在探伤、加工和使用过程中剩磁的快速测量。使用时，为消除地磁场的影响，工件应沿东西方向放置，将磁强计上有箭头指向的一侧紧靠工件被测部位，指针偏转角度的大小代表剩磁大小。

常见的 XCJ 型袖珍式磁强计有三种规格：XCJ-A，XCJ-B 和 XCJ-C。XCJ-A 有 0～±10 小格（0～±1 mT），XCJ-B 有 0～±20 小格（0～±2 mT），XCJ-C 有 0～±5 小格（0～±0.25 mT）。还有 JCZ 型袖珍式磁强计，如图 5—14 所示，其尺寸为 ϕ60 mm×20 mm。

注意：袖珍式磁强计不能用于测量强磁场，也不准放入强磁场影响区，以防精度受到影响。

图 5—14　JCZ 型袖珍式磁强计

3. 照度计

照度计是用于测量被检工件表面的可见光照度的仪器，常见的有 ST-85 型自动量程照度计和 ST-80C 型照度计，量程是 0～199 900 lx，分辨力为 0.1 lx。

4. 黑光辐照计

UV-A 型黑光辐照计用于测量波长范围为 320～400 nm，峰值波长约为 365 nm 的黑光的辐照度。单位是：瓦［特］每平方米（W/m^2）或微瓦每平方厘米（$\mu W/cm^2$），1 W/m^2 = 100 $\mu W/cm^2$。

黑光辐照计由测光探头和读数单元两部分组成。探头的传感器是硅光电池器件，具有性能稳定的特点。探头的滤光片是特殊研制的优质紫外滤光片，能理想地屏蔽黑光以外的杂光。读数用数字表显示。

5. 通电时间测量器

通电时间测量器（如袖珍式电秒表），用于测量通电磁化时间。

6. 弱磁场测量仪

弱磁场测量仪的基本原理基于磁通门探头，它具有两种探头，均匀磁场探头和梯度探头。均匀磁场探头励磁绕组为两个完全相同的绕组反向串联。感应绕组为两个相同绕组正向串联，用于测量直流磁场。梯度探头的一次绕组正向串联，二次绕组反向串联，专用于测量磁场梯度，而与周围均匀磁场无关。

这是一种高精度仪器，测量精度可达 8×10^{-4} A/m（10^{-5} Oe）。对于磁粉检测来说，仅用于要求工件退磁后的剩磁极小的场合。国产有 RC-1 型弱磁场测量仪。

7. 快速断电试验器

为了检测三相全波整流电磁化线圈有无快速断电效应，可采用快速断电试验器进行测试，如图 5—15 所示。

8. 磁粉吸附仪

用于检定和测试磁粉的磁吸附性能，来表征磁粉的磁特性和磁导率大小，常用的CXY磁粉吸附仪如图5—16所示。

图5—15　快速断电试验器

图5—16　CXY磁粉吸附仪

复习思考题

1. 磁粉检测设备如何分类?
2. 固定式设备由哪几部分组成？简述各部分主要作用是什么。
3. 如何选用磁粉检测设备?

*4. 磁粉检测测量仪器有哪几种?

第 6 章 磁粉检测工艺

磁粉检测工艺，是指包含磁粉检测的预处理、磁化（选择磁化方法和磁化规范）、施加磁粉或磁悬液、磁痕的观察与记录、缺陷评级、退磁和后处理七个程序的全过程。

磁粉检测方法，一般根据磁粉检测所用的载液或载体不同，分为湿法检测和干法检测：湿法检测是将磁粉悬浮在载液中进行检测的方法，干法检测是以空气为载体将干磁粉施加在工件表面进行检测的方法。根据磁化工件和施加磁粉或磁悬液的时机不同，分为连续法检测和剩磁法检测：连续法检测是在外加磁场磁化的同时，将磁粉或磁悬液施加到工件上进行检测的方法；剩磁法检测是在停止磁化后，再将磁悬液施加到工件上，利用工件上的剩磁进行检测的方法。根据磁化方法的不同，分为轴向通电法、触头法、线圈法、磁轭法、中心导体法、交叉磁轭法等。根据不同分类条件，磁粉检测方法的分类见表 6—1。

表 6—1　　磁粉检测方法分类

分类条件	磁粉检测方法
施加磁粉的载体	湿法（荧光磁粉、非荧光磁粉），干法（非荧光磁粉）
施加磁粉的时机	连续法检测，剩磁法检测
磁化方法	轴向通电法、触头法、线圈法、磁轭法、中心导体法、交叉磁轭法等

磁粉检测方法不同，其检测工艺程序也有所不同。磁粉检测的工艺程序与施加磁粉或磁悬液的时机密切相关。连续法中，施加磁粉或磁悬液与外加磁场磁化是同步进行的，表面粗糙度较低的工件在磁化及施加磁粉或磁悬液的同时，完成磁痕观察记录，其检测工艺程序如下：

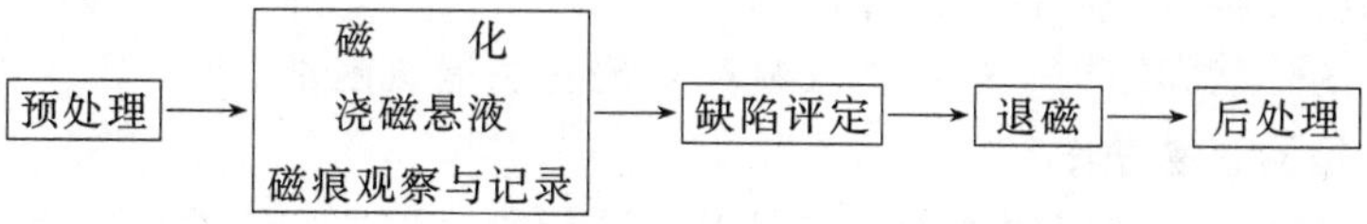

表面粗糙的工件，其磁痕观察记录往往在磁化及施加磁粉或磁悬液之后进行，其检测工艺程序如下：

剩磁法是在外加磁场磁化完成以后，再将磁悬液施加到工件上，其检测工艺程序如下：

磁粉检测时机应安排在容易产生缺陷的各道工序（如焊接、热处理、机加工、磨削、锻造、铸造、矫正和加载试验）之后进行，在喷漆、发蓝、磷化、氧化、阳极化、电镀或其他

表面处理工序前进行。表面处理后还需进行局部机加工的，对该局部机加工表面需再次进行磁粉检测。工件要求腐蚀检验时，磁粉检测应在腐蚀工序后进行。

焊接接头的磁粉检测应安排在焊接工序完成之后进行。对于有延迟裂纹倾向的材料，磁粉检测应根据要求至少在焊接完成 24 h 后进行。有再热裂纹倾向的材料应在热处理后再增加一次磁粉检测。除另有要求，对于紧固件和锻件的磁粉检测应安排在最终热处理之后进行。

6.1 预处理

因为磁粉检测用于对工件的表面缺陷和近表面缺陷进行检测，所以工件的表面状态对于磁粉检测的操作和检测灵敏度均有很大的影响。故磁粉检测前，对工件应做好以下预处理工作：

1. 清除

清除工件表面的油污、灰尘、铁锈、毛刺、氧化皮、金属屑、焊渣、加工标记、厚的或松动的油漆等保护涂层，以及一些外来的会影响灵敏度的物质。使用水磁悬液时，工件表面要严格除油；使用油磁悬液时，工件表面不应有水分。干法检验时，工件表面应干净和干燥。清除工件表面的油污和润滑脂，可采用蒸汽除油或溶剂清洗，但不允许用硬金属丝刷清除。使用过的零件应去除表面积碳层及涂层后再进行磁粉检测。

2. 打磨

有非导电覆盖层的工件用轴向通电法和触头法磁化时，为防止电弧烧伤工件表面和提高导电性，必须将工件与电极接触部位的非导电覆盖层打磨掉。

另外，实际检测过程中被检工件表面的不规则状态不得影响检测结果的正确性和完整性，否则应做适当的修理，且打磨后被检工件的表面粗糙度 R_a 应小于等于 25 μm。如果被检工件表面残留有涂层，当涂层厚度均匀且不超过 0.05 mm，不影响检测结果时，经合同各方同意，可以带涂层进行磁粉检测。

3. 分解

装配件一般应分解后再进行检测。因为：

（1）装配件的形状和结构一般都比较复杂，磁化和退磁困难。

（2）分解后检测容易操作。

（3）装配件动作面（如滚珠轴承）流进磁悬液后难以清洗，会造成磨损。

（4）分解后能观察到所有检测面。

（5）交界处可能产生漏磁场形成磁痕显示，容易与缺陷的磁痕显示相混淆。

4. 封堵

若工件有盲孔和内腔，磁悬液流进后难以清洗时，检测前应将孔洞用非研磨性材料封堵上。但检验使用过的工件时，应确保封堵物不掩盖疲劳裂纹。

5. 涂敷

如果磁粉与工件表面颜色的对比度小，或工件表面过于粗糙而影响磁痕显示时，为了提高对比度，可以使用反差增强剂。

6.2 磁化、施加磁粉或磁悬液

磁化工件是磁粉检测中较为关键的工序，对检测灵敏度影响很大。磁化不足会导致缺陷的漏检；磁化过度，会产生非相关显示而影响缺陷的正确判别。

磁化工件时，要根据工件的材质、结构尺寸、表面状态和需要发现的不连续性的性质、位置和方向来选择磁粉检测方法和磁化方法、磁化电流、磁化时间等工艺参数，使工件在缺陷处产生足够强度的漏磁场，以便吸附磁粉形成磁痕显示。

施加磁粉或磁悬液要注意掌握施加的方法和施加的时机。连续法和剩磁法、干法和湿法对施加磁粉或磁悬液的要求各不相同。

6.2.1 连续法

1. 应用范围

(1) 适用于所有铁磁性材料和工件的磁粉检测。

(2) 工件形状复杂不易得到所需剩磁时。

(3) 适用于检测表面覆盖层较厚（标准允许范围内）的工件。

(4) 使用剩磁法检验时，设备功率达不到要求时。

2. 操作要点

(1) 湿连续法：先用磁悬液润湿工件表面，在通电磁化的同时浇磁悬液，停止浇磁悬液后再通电数次，通电时间为1～3 s，停止施加磁悬液至少1 s后，待磁痕形成并滞留下来时方可停止通电，再进行磁痕观察和记录。

(2) 干连续法：对工件通电磁化后开始喷撒磁粉，并在通电的同时吹去多余的磁粉，待磁痕形成与磁痕观察和记录完后再停止通电。

3. 优点

(1) 适用于任何铁磁性材料。

(2) 具有最高的检测灵敏度。

(3) 可用于多向磁化。

(4) 交流磁化不受断电相位的影响。

(5) 能发现近表面缺陷。

(6) 可用于湿法检验和干法检验。

4. 局限性

(1) 效率低。

(2) 易产生非相关显示。

(3) 目视可达性差。

6.2.2 剩磁法

1. 应用范围

(1) 凡经过热处理（淬火、回火、渗碳、渗氮及局部正火等）的高碳钢和合金结构钢，矫顽力在 1 kA/m，剩磁在 0.8 T 以上者，才可进行剩磁法检测。

(2) 用于因工件几何形状限制，连续法难以检测的部位，如螺纹根部和筒形件内表面。

(3) 用于评价连续法检测出的磁痕显示是属于表面还是属于近表面缺陷显示。

2. 操作要点

(1) 磁粉应在通电结束后再施加，一般通电时间为 0.25～1 s。

(2) 浇磁悬液 2～3 遍，保证工件各个部位得到充分润湿。

(3) 若浸入搅拌均匀的磁悬液中，一般控制在 10～20 s 后取出进行检验，时间过长会产生过度背景。

(4) 磁化后的工件在检验完毕前，不要与任何铁磁性材料接触，以免产生磁写（见第 7.3 节）。

3. 优点

(1) 效率高。

(2) 具有足够的检测灵敏度。

(3) 缺陷显示重复性好，可靠性高。

(4) 目视可达性好，可用湿剩磁法检测管子内表面的缺陷。

(5) 易实现自动化检测。

(6) 能评价连续法检测出的磁痕显示是属于表面还是属于近表面缺陷显示。

(7) 可避免螺纹根部、凹槽和尖角处磁粉过度堆积。

4. 局限性

(1) 只适用于剩磁和矫顽力达到要求的材料。

(2) 不能用于多向磁化。

(3) 交流剩磁法磁化受断电相位的影响，所以交流探伤设备应配备断电相位控制器，以确保工件磁化效果。

(4) 检测缺陷的深度小，发现近表面缺陷灵敏度低。

(5) 不适用于干法检验。

6.2.3 湿法

1. 应用范围

(1) 适用于特种设备上的焊缝、宇航工件及灵敏度要求较高的工件的检测。

(2) 适用于大批量工件的检测，常与固定式设备配合使用，磁悬液可回收。

(3) 适用于检测表面微小缺陷，如疲劳裂纹、磨削裂纹、焊接裂纹和发纹等。

2. 操作要点

(1) 磁悬液施加可采用浇法、喷法和浸法，但不能采用刷涂法。

(2) 连续法宜用浇法和喷法，液流要微弱，以免冲刷掉缺陷上已形成的磁痕显示。

(3) 剩磁法宜用浇法、喷法和浸法。浇法和喷法灵敏度低于浸法；浸法的浸放时间一般控制在 10～20 s，时间过长会产生过度背景。

(4) 用水磁悬液时，应进行水断试验。

(5) 可根据各种工件表面的不同，选择不同的磁悬液浓度。

(6) 仰视检验和水中检验宜用磁膏。

3. 优点

(1) 用湿法＋交流电，检验工件表面微小缺陷灵敏度高。

(2) 可用于剩磁法检验和连续法检验。

(3) 与固定式设备配合使用，操作方便，检测效率高，磁悬液可回收。

4. 局限性

检验大裂纹和近表面缺陷的灵敏度不如干法。

6.2.4 干法

1. 应用范围

(1) 适用于表面粗糙的大型锻件、铸件、毛坯、结构件和大型焊接件焊缝的局部检查及灵敏度要求不高的工件。

(2) 常与便携式设备配合使用，磁粉不进行回收。

(3) 适用于检测大的缺陷和近表面缺陷。

2. 操作要点

(1) 工件表面要干净和干燥，磁粉也要干燥。

(2) 工件磁化时施加磁粉，并在观察和分析磁痕后再撤去磁场。

(3) 将磁粉吹成云雾状，轻轻地飘落在被磁化工件表面上，形成薄而均匀的一层。

(4) 在磁化时用干燥的压缩空气吹去多余的磁粉，风压、风量和风口距离都要掌握适当，并有顺序地从一个方向吹向另一个方向，注意不要吹掉已经形成的磁痕显示。

3. 优点

(1) 检验大裂纹灵敏度高。

(2) 用干法＋单相半波整流电，检验工件近表面缺陷灵敏度高。

(3) 适用于现场检验。

4. 局限性

(1) 检验微小缺陷的灵敏度不如湿法。

(2) 磁粉不易回收。

(3) 不适用于剩磁法检验。

6.3 磁痕观察、记录与缺陷评级

1. 磁痕观察

磁痕的观察和评定一般应在磁痕形成后立即进行。磁粉检测的结果，完全依赖检测人员的目视观察和评定磁痕显示，所以目视检查时的照明极为重要。

非荧光磁粉检测时，被检工件表面应有充足的自然光或日光灯照明，可见光照度应不小于1 000 lx，并应避免强光和阴影。当现场采用便携式手提灯照明，由于条件所限无法满足时，可见光照度可以适当降低，但不得低于500 lx。

荧光磁粉检测时使用黑光灯照明，并应在暗区内进行，暗区的环境可见光照度应不大于20 lx，被检工件表面的黑光辐照度应大于或等于1 000 $\mu W/cm^2$。检测人员进入暗区后，至少应经过3 min的暗区适应后，才能进行荧光磁粉检测的操作。检测时检验人员不准戴墨镜或光敏镜片的眼镜，但可以戴防紫外光的眼镜。

当辨认细小磁痕时可用2～10倍的放大镜进行观察。

2. 缺陷磁痕显示记录

工件上的缺陷磁痕显示记录有时需要连同检测结果保存下来，作为永久性记录。

缺陷磁痕显示记录的内容是：磁痕显示的位置、形状、尺寸和数量等。

缺陷磁痕显示记录一般采用以下方法：

（1）照相　用照相摄影记录缺陷磁痕显示时，要尽可能拍摄工件的全貌和实际尺寸，也可以拍摄工件的某一特征部位，同时把刻度尺拍摄进去。

如果使用黑色磁粉，最好先在工件表面喷一层很薄的反差增强剂，这样就能拍摄出清晰的缺陷磁痕照片。

如果使用荧光磁粉，不能采用一般照相法，因为观察磁痕是在暗区黑光下进行，如果采用照相法还应采取以下措施：

1）在照相机镜头上加装520＃淡黄色滤光片，以滤去散射的黑光，而使其他可见光进入镜头。

2）在工件下面放一块荧光板（或荧光增感屏），在黑光照射下，工件背衬发光，轮廓清晰可见。

3）最好用两台黑光灯同时照射工件和缺陷磁痕显示。

4）曝光时间用1～3 min，光圈放在8～11之间。具体可根据缺陷大小和缺陷磁痕显示荧光亮度来进行调节，即可拍出理想的荧光磁粉检测缺陷的磁痕显示照片。

（2）贴印　贴印是利用透明胶纸粘贴复印缺陷磁痕显示的方法。将工件表面有缺陷的部位清洗干净，施加用酒精配制的低浓度黑磁粉磁悬液，在磁痕形成后，轻轻漂洗掉多余的磁粉，待磁痕晾干后用透明胶纸粘贴复印缺陷磁痕显示，并贴在记录表格上，连同表明缺陷磁痕显示在工件上位置的资料一起保存。

（3）磁粉探伤-橡胶铸型法　用磁粉探伤-橡胶铸型镶嵌复制缺陷磁痕显示，直观、擦不掉并可长期保存。

（4）录像　用录像记录缺陷磁痕显示的形状、大小和位置，同时应把刻度尺录摄进去。

(5) 可剥性涂层　在工件表面有缺陷磁痕显示处喷上一层快干可剥性涂层，待干后揭下即可保存。

(6) 临摹　在记录缺陷的表格上临摹缺陷磁痕显示的位置、形状、尺寸和数量。例如焊缝试板的缺陷磁痕显示参量示意图，如图 6—1 所示。

图中：

S_1——第一组缺陷磁痕显示中最左端缺陷到试板左边线的距离，mm；

S_2——第一组缺陷磁痕显示中最右端缺陷到试板左边线的距离，mm；

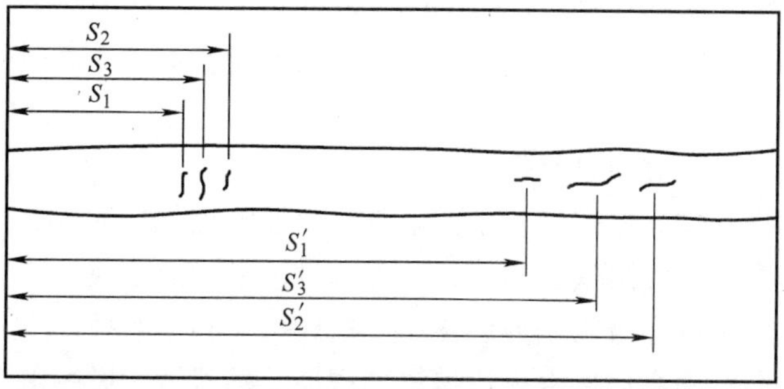

图 6—1　焊缝试板的缺陷磁痕显示参量示意图

S_3——第一组缺陷磁痕显示中最长缺陷到试板左边线的距离，mm；

S_1'——第二组缺陷磁痕显示中最左端缺陷中间到试板左边线的距离，mm；

S_2'——第二组缺陷磁痕显示中最右端缺陷中间到试板左边线的距离，mm；

S_3'——第二组缺陷磁痕显示中最长缺陷中间到试板左边线的距离，mm；

3. 缺陷评级

磁粉检测出来的磁痕显示，首先要鉴别出是相关显示还是非相关显示或是伪显示，因为只有相关显示是由缺陷引起的，影响工件的使用性能。如果是相关显示还要进一步确定缺陷的性质是裂纹、白点还是非金属夹杂物等。再细区分磁痕属于条状磁痕还是圆形磁痕，按磁痕方向确定属于纵向缺陷还是横向缺陷。磁粉检测不仅要检测出最小缺陷，并应对检测出的最小缺陷进行完整的描述，因为 JB/T 4730.4 — 2005 中规定“长度小于 0.5 mm 的磁痕不计”。再根据 JB/T 4730.4 — 2005 的内容进行磁粉检测质量的分级或按某具体产品的磁粉检测质量进行缺陷的评定，以决定产品的合格与否。

6.4　退磁

6.4.1　剩磁的产生与影响

磁产生的原因有：磁粉检测时对工件的磁化；工件被磨削、电弧焊接、低频加热、与强磁体（如机床的磁铁吸盘）接触或滞留在强磁场附近，以及当工件长轴与地磁场方向一致并受到冲击或振动被地磁场磁化等。铁磁性材料和工件一旦被磁化，即使除去外加磁场后，某些磁畴仍会保持新的取向而不会回复到原来的随机取向状态，于是该材料就保留了剩磁。剩磁的大小与材料的磁特性、材料的最近磁化史、施加的磁场强度、磁化方向和工件的几何形状等因素有关。

在不退磁时，纵向磁化会在工件的两端产生磁极，所以纵向磁化较周向磁化产生的剩磁有更大的危害性。而周向磁化（如对圆钢棒磁化）的磁路完全封闭在工件中，不产生漏磁场，但是在工件内部的剩磁周向磁化要比纵向磁化大。这可以通过在周向磁化过的工件上开的纵向深槽中测量剩磁来证实，但用测剩磁仪器测出的工件表面的剩磁很小。

工件上保留剩磁，会对工件进一步的加工和使用造成很大的影响，例如：

(1) 工件上的剩磁会影响装在工件附近的磁罗盘和仪表的精度和正常使用。

(2) 工件上的剩磁会吸附铁屑和磁粉，在继续加工时影响工件表面的粗糙度和刀具使用寿命。

(3) 工件上的剩磁会给清除磁粉带来困难。

(4) 工件上的剩磁会使电弧焊过程中的电弧产生偏吹现象，导致焊位偏离。

(5) 油路系统的剩磁会吸附铁屑和磁粉，影响供油系统的畅通。

(6) 滚珠轴承上的剩磁会吸附铁屑和磁粉，造成滚珠轴承磨损。

(7) 电镀钢件上的剩磁会使电镀电流偏离期望流通的区域，影响电镀质量。

(8) 对多次磁化的工件，上一次磁化的剩磁会给下一次磁化带来不良影响。

由于上述影响，故应对工件进行退磁。退磁就是将工件内的剩磁减小到不影响使用程度的工序。但有些工件上虽然有剩磁，却并不影响进一步加工和使用，此时可以不退磁，例如：

(1) 工件磁粉检测后若下道工序是热处理，还要将工件加热至700℃以上时（即被加热到居里点温度以上）。

(2) 工件是低剩磁高磁导率材料，如用低碳钢焊接的特种设备工件和机车的汽缸体。

(3) 工件有剩磁不影响使用。

(4) 工件将处于强磁场附近。

(5) 工件将受电磁铁夹持。

(6) 交流电两次磁化工序之间。

(7) 直流电两次磁化，后道磁化用更大的磁场强度。

6.4.2 退磁的原理

退磁是将工件置于交变磁场中，利用磁滞回线递减进行退磁。随着交变磁场的幅值逐渐衰减，磁滞回线的轨迹也越来越小。当磁场逐渐衰减到零时，会使工件中残留的剩磁 B_r 接近于零，退磁原理如图6—2所示。由此可看出，退磁时电流与磁场的方向和大小的变化必须“换向和衰减同时进行”。

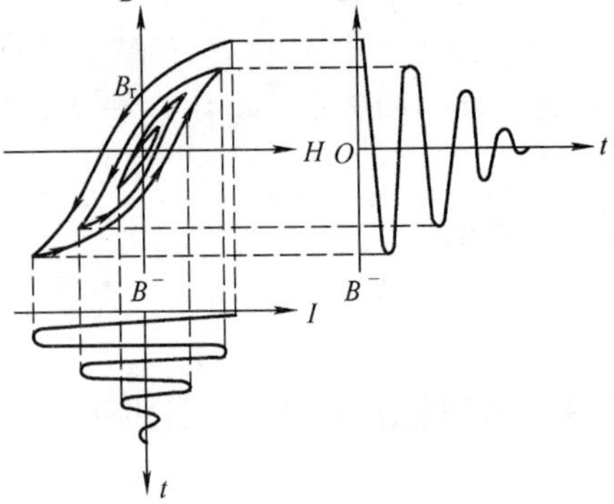

图6—2　退磁原理

6.4.3 退磁方法和退磁设备

1. 交流电退磁

交流电(50 Hz)磁化过的工件用交流电(50 Hz)退磁，可采用通过法或衰减法，并可组合成以下几种方式：

通过法
- (线圈法) 线圈不动工件动，磁场逐渐衰减到零。
- (线圈法) 工件不动线圈动，磁场逐渐衰减到零。

衰减法
- (线圈法) 线圈、工件都不动，电流逐渐衰减到零。
- (通电法) 两磁化夹头夹持工件，电流逐渐衰减到零。
- (触头法) 两触头接触工件，电流逐渐衰减到零。
- (交流磁轭法) 交流电磁轭通电时离开工件，磁场逐渐衰减到零。
- 扁平线圈通电时离开工件，磁场逐渐衰减到零。

(1) 通过法　对于中小型工件的批量退磁，最好把工件放在装有轨道和拖板的退磁机上进行退磁。交流磁化线圈对工件退磁的示意图如图6—3所示，退磁时，将工件放在拖板上置于线圈前30 cm处，线圈通电时，将工件沿着轨道缓慢地从线圈中通过并远离线圈。在工件远离线圈至少1 m以外后方可断电。

对于不能放在退磁机上退磁的重型或大型工件，也可以将线圈套在工件上，通电时缓慢地将线圈通过并远离工件，最后在远离工件至少1 m以外处断电。

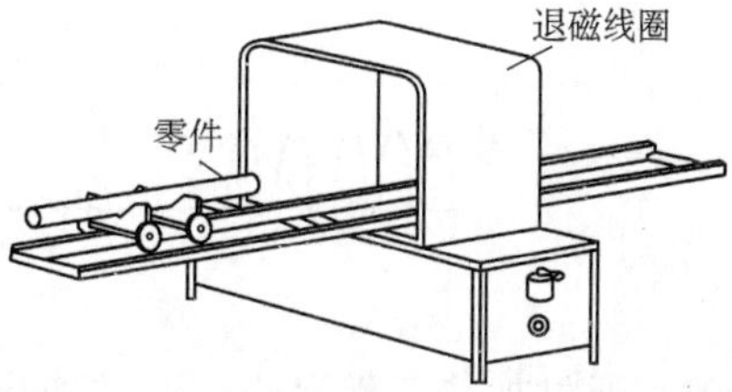

图6—3　交流磁化线圈对工件退磁的示意图

(2) 衰减法　由于交流电的方向不断地换向，故可用自动衰减退磁器或调压器将电流逐渐衰减到零进行退磁。如将工件放在线圈内、夹在探伤机的两磁化夹头之间或用支杆触头接触工件后将电流递减到零进行退磁。交流电退磁电流波形如图6—4所示。

对于大型特种设备的焊缝，也可用交流电磁轭退磁。将电磁轭两极跨接在焊缝两侧，接通电源，让电磁轭沿焊缝缓慢移动，当远离焊缝1 m以外后再断电，完成退磁。

对于大面积工件的退磁，可采用扁平线圈退磁器，如图6—5所示。退磁器内装有U形交流电磁铁，铁心两极上串绕退磁线圈，通以低电压大电流，外壳用非磁性材料制成。退磁时，退磁器像电熨斗一样在工件表面来回移动，最后在远离工件1 m以外处断电，使磁场衰减到零退磁。

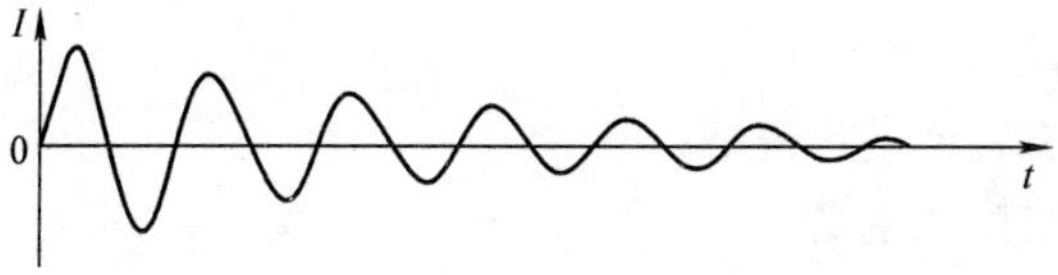

图6—4　交流电退磁电流波形

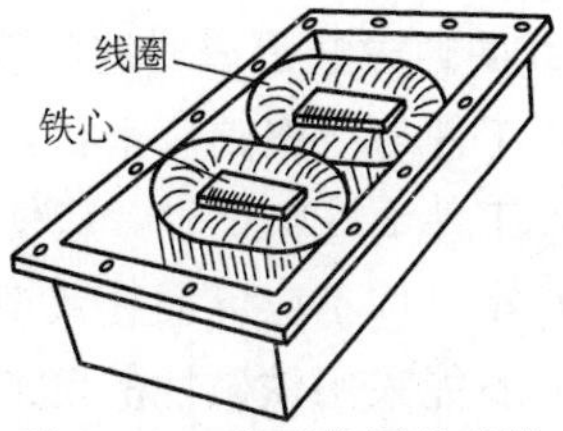

图6—5　扁平线圈退磁器

2. 直流电退磁

直流电磁化过的工件用直流电退磁，可采用直流换向衰减或超低频电流自动退磁。

(1) 直流换向衰减退磁　通过不断改变直流电（包括三相全波整流电）的方向，同时使通过工件的电流递减到零进行退磁，直流电退磁电流波形如图 6—6 所示。

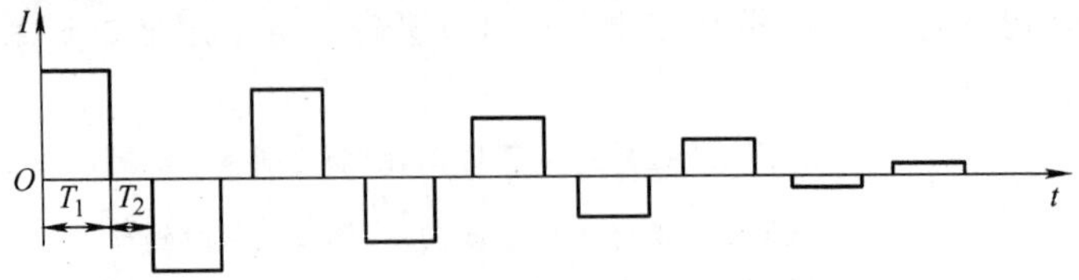

图 6—6　直流电退磁电流波形

图中 T_1 为电流导通时间间隔，T_2 为电流断电时间间隔，要保证在断电时电流换向。电流衰减的次数应尽可能多（一般要求 30 次以上），每次衰减的电流幅度应尽可能小，如果衰减的幅度太大，则达不到退磁的目的。

(2) 超低频电流自动退磁　超低频通常指频率为 0.5～10 Hz，可用于对三相全波整流电磁化的工件进行退磁。如 CZQ-6000 型超低频退磁电流频率分为 3 挡：0.39 Hz，1.56 Hz 和 3.12 Hz；退磁一次的时间也分为三挡：0～15 s，0～30 s 和 0～60 s。5 Hz 超低频退磁电流波形如图 6—7 所示。

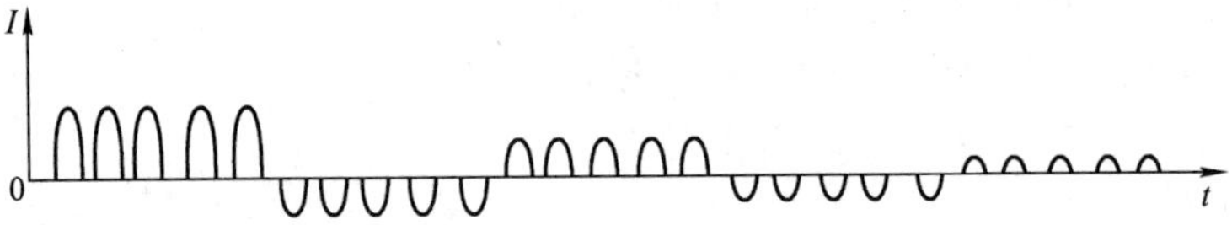

图 6—7　5 Hz 超低频退磁电流波形

(3) 通过加热工件退磁　通过加热提高工件温度至居里点以上，是最有效的退磁方法，但这种方法通常不经济，所以不实用。

6.4.4　退磁注意事项

1. 退磁用的磁场强度，应大于（至少要等于）磁化时用的最大磁场强度。

2. 对周向磁化过的工件退磁时，应将工件纵向磁化后再纵向退磁，以便能检出退磁后存在的剩磁大小。

3. 交流电磁化，用交流电退磁；直流电磁化，用直流电退磁。直流退磁后若再用交流电退磁一次，可获得最佳效果。

4. 线圈通过法退磁时应注意：

(1) 工件与线圈轴应平行，并靠内壁放置。

(2) 工件 $L/D \leqslant 2$ 时，应使用延长块加长后再进行退磁。

(3) 小工件不应以捆扎或堆叠的方式放在筐里退磁。

(4) 不能采用铁磁性的筐或盘摆放工件退磁。

(5) 环形工件或复杂工件应一边旋转一边通过线圈进行退磁。

(6) 工件应缓慢通过并远离线圈 1 m 后方可断电。

(7) 退磁机应东西方向放置，退磁的工件也应东西方向放置，与地磁场垂直可有效退磁。

(8) 已退磁的工件不要放在退磁机或磁化装置附近。

6.4.5 剩磁测量

即使使用同样的退磁设备，不同材料、形状和尺寸的工件，其退磁效果仍不相同。因此应对工件退磁后的剩磁进行测量（尤其对剩磁有严格要求和外形复杂的工件）。

剩磁测量可采用剩磁测量仪，也可采用 XCJ 型或 JCZ 型袖珍式磁强计测量。剩磁应不大于 0.3 mT（相当于 240 A/m），或按产品技术条件规定。

6.5 后处理与合格工件的标记

6.5.1 后处理

磁粉检测以后，为不影响工件的后续加工和使用，往往在检验后需要对工件进行后处理。后处理内容包括：

(1) 清洗工件表面包括孔中、裂缝和通路中的磁粉。

(2) 使用水磁悬液检验，为防止工件生锈，可用脱水防锈油处理。

(3) 如果使用过封堵，应取出。

(4) 如果涂覆了反差增强剂，应清洗掉。

(5) 被拒收的工件应隔离。

6.5.2 合格工件的标记

1. 标记注意事项

(1) 检测内容作为产品验收项目者，应在合格工件或材料上做永久性或半永久性的醒目标记。

(2) 标记方法和部位应经委托或设计单位同意。

(3) 标记方法应不影响工件的使用和后续的检验工作。

(4) 标记应防止擦掉或污染。

(5) 标记应经得起运输和装卸的影响。

2. 合格工件标记方法

(1) 打钢印　钢印应打在产品的工件号附近。

(2) 刻印　用电笔或风动笔刻上标记。

(3) 电化学腐蚀　不允许打印记的工件可用电化学腐蚀的方法进行标记，标记所用的腐蚀介质应对产品无害。

（4）挂标签　对粗糙度低的产品，或不允许用上述方法标记时，可以挂标签或装纸袋，用文字说明，表明该批工件合格。

6.6　超标缺陷磁痕显示的处理和复验

6.6.1　超标缺陷磁痕显示的处理

当发现超标缺陷磁痕显示时，如果允许打磨清除，应打磨清除至肉眼不可见。打磨圆滑过渡后，再采用磁粉检测进行复查，直至确认缺陷完全清除为止。若打磨深度超过规定的要求应采用其他方法进行处理，包括补焊方法修补、力学方法计算等方式。

6.6.2　复验

出现以下情况时，应对工件进行复验。

（1）检测结束后，用标准试片验证检测灵敏度不符合要求时。

（2）发现检测过程中操作方法有误或技术条件改变时。

（3）合同各方有争议或认为有必要时。

复验应按照规定的步骤进行。

6.7　检测记录和检测报告

由于磁粉检测所用的方法、设备和材料不同，因此得出的检测结果也不完全相同。检测记录是全部检测工作的原始资料和见证，因此具有重要的作用，检测结束后一定要及时、认真、准确地填写记录。记录和报告应能追踪到被检测的具体工件和部位，至少应包括以下内容：

（1）委托单位、被检工件名称和编号。

（2）被检工件材质、坡口型式、焊接方法热处理状态及表面状态。

（3）检测装置的名称和型号。

（4）磁粉种类及磁悬液浓度和施加磁粉的方法。

（5）磁化方法及磁化规范。

（6）检测灵敏度检验及标准试片、标准试块。

（7）磁痕记录及工件草图（或示意图）。

（8）检测结果及质量等级评定、检测标准名称和验收等级。

（9）检测人员和责任人签字及其技术资格。

（10）检测日期。

6.8 影响磁粉检测灵敏度的主要因素

磁粉检测灵敏度，从定量方面来说，是指有效地检出工件表面或近表面某一规定尺寸大小缺陷的能力。从定性方面来说，是指检测最小缺陷的能力，可检出的缺陷越小，检测灵敏度就越高。所以磁粉检测灵敏度是指绝对灵敏度，认真分析影响磁粉检测灵敏度的主要因素，对于防止缺陷的漏检或误判，提高检测灵敏度具有重要意义。

影响磁粉检测灵敏度的因素有：外加磁场强度；磁化方法；磁化电流类型；磁粉性能；磁悬液的类型和浓度；设备性能；工件材质、形状尺寸和表面状态；缺陷的方向、性质、形状和埋藏深度；工艺操作；检测人员素质；检测环境的条件等。

6.8.1 外加磁场强度

采用磁粉检测方法时，检出缺陷必不可少的条件是磁化的工件表面应具有适当的有效磁场强度，使缺陷处能够产生足够的漏磁场吸附磁粉从而产生磁痕显示。磁粉检测灵敏度与工件的磁化程度密切相关。从铁磁性材料的磁化曲线得知，外加磁场大小和方向直接影响磁感应强度的变化，一般说来，外加磁场强度一定要大于 H_{μ_m}，即选择在产生最大磁导率 μ_m 对应的 H_{μ_m} 点右侧的磁场强度值，此时磁导率减小，磁阻增大，漏磁场增大。当铁磁性材料的磁感应强度达到饱和值的80%左右时，漏磁场便会迅速增大。因此，磁粉检测应使用既能检测出所有的有害缺陷，又能区分磁痕显示的最小磁场强度进行检验。因为磁场强度过大易产生过度背景，掩盖相关显示；磁场强度过小，缺陷产生的漏磁场强度就小，磁痕显示不清晰，难以发现缺陷。所以JB/T 4730.4—2000 规定："连续法检测时应达到2.4～4.8 kA/m，剩磁法检测时应达到14.4 kA/m。"

6.8.2 磁化方法

为了能检出各个方向的缺陷，通常对同一部位需要进行互相垂直的两个方向的磁化。不同的磁化方法对不同方向缺陷的检出能力有所不同，周向磁化对纵向缺陷的检测灵敏度较高，纵向磁化对横向缺陷的检测灵敏度较高。同一种磁化方法，对不同部位缺陷的检测灵敏度也不一致。如用中心导体法采用交流电磁化，由于涡电流的影响，其对工件内表面缺陷的检测灵敏度要比外表面高得多；另外，对于厚壁工件，由于内表面比外表面具有更大的磁场强度，因此其内表面缺陷的检测灵敏度也比外表面要高。线圈法纵向磁化时，长度 L 和直径 D 之比（L/D）不同的工件产生的退磁场不一样，对检测灵敏度的影响也不同。L/D 越小越难磁化，$L/D<2$ 的工件应采用与工件外径相似的铁磁性延长块将工件接长才能保证检测灵敏度。交叉磁轭检测时，磁轭的移动速度、磁极与工件间隙的大小、工件表面的平整度、缺陷相对磁极的位置都会对检测灵敏度造成不同程度的影响。

6.8.3 磁化电流类型

磁化电流类型对磁粉检测灵敏度的影响，主要是因为不同的磁化电流具有不同的渗入性和脉动性。交流电具有集肤效应，其渗入性很小，因此，对表面缺陷有较高的灵敏度，但对近表面的检测灵敏度大大降低；另外，由于交流电方向在不断地变化，使交流电产生的磁场方向也不断地变化，这种方向变化可搅动磁粉，具有很好的脉动性，有助于磁粉迁移，从而提高磁粉检测的灵敏度。直流电具有最大的渗入性，产生的磁场能较深地进入工件表面，有利于发现埋藏较深的缺陷，但对表面缺陷的检测灵敏度不如交流电；另外，直流电由于电流强度和方向始终恒定，没有脉动性，在干法检验时灵敏度很低，因此干法检验不宜采用直流电；当采用直流电磁轭检测厚壁工件时，由于直流电渗入深度较大，在同样的磁通量时，渗入深度越大，磁通密度就越低，尽管电磁轭的提升力满足标准要求，但工件表面的检测灵敏度达不到标准的要求，因此对厚壁工件检测不宜采用直流电磁轭。单相半波整流电兼有直流的渗入性和交流的脉动性，对工件近表面缺陷和表面缺陷具有一定的检测灵敏度。三相全波整流电具有很大的渗入性和较小的脉动性，对近表面检测灵敏度较高。冲击电流输出的磁化电流很大，但通电时间很短，只能适用于剩磁法，为保证磁化效果，往往需要反复通电三次，否则会导致检测灵敏度降低。

6.8.4 磁粉性能

磁粉检测是靠磁粉聚集在漏磁场处形成的磁痕显示缺陷的，因此，磁粉检测灵敏度与磁粉本身的性能如磁特性、粒度、形状、流动性、密度和识别度有关。

高磁导率的磁粉容易被缺陷产生的微小漏磁场磁化和吸附，聚集起来便于识别，因此检测灵敏度高。如果磁粉的矫顽力和剩磁大，则磁化后，磁粉会形成磁极，彼此吸引聚集成团不容易分散开，磁粉也会被吸附到工件表面不易去除，形成过度背景，甚至会掩盖相关显示。

粒度的大小对磁粉的悬浮性和漏磁场吸附磁粉的能力有很大的影响，从而对检测灵敏度产生影响。粒度细的磁粉，悬浮性好，容易被小缺陷产生的微小漏磁场磁化和吸附，形成的磁痕显示线条清晰，对细小缺陷的检测灵敏度高。粒度较粗的磁粉，在空气中容易分散开，也容易搭接跨过大缺陷，磁导率又较细磁粉的高，因而搭接起来容易磁化和形成磁痕显示，常用于干法检测中，对大裂纹的检测灵敏度高。实际应用中，因要发现大小不同的各种缺陷，故宜选用含有各种粒度的磁粉。

条形磁粉容易磁化并形成磁极，因而较容易被漏磁场吸附，对检测大缺陷和近表面缺陷灵敏度高，但其流动性不好，磁粉严重聚集还会导致灵敏度下降。球形磁粉能提供良好的流动性，但由于退磁场的影响不容易被漏磁场磁化。综合磁吸附性能和流动性两方面的因素，为保证检测灵敏度，理想的磁粉应由一定比例的条形、球形和其他形状的磁粉混合在一起使用。

磁粉的密度对检测灵敏度有一定的影响。在湿法检验中，磁粉的密度大，易沉淀，悬浮性差；在干法检验中，密度大，则要求吸附磁粉的漏磁场要大。但密度大小与材料磁特性也有关，所以应综合考虑磁粉密度对检测灵敏度的影响。

磁粉检测灵敏度与磁粉的识别度密切相关。对于非荧光磁粉，磁粉的颜色与工件表面的颜色形成的对比度大，检测灵敏度高；对于荧光磁粉，在黑光下观察时，工件表面呈紫色，只有微弱的可见光本底，磁痕呈黄绿色，色泽鲜明，能提供最大的对比度和亮度，因此检测灵敏度较非荧光磁粉要高得多。

以上六方面的影响因素是互相关联的，不能片面追求某一方面，最终应以综合性能（系统灵敏度）试验结果来衡量磁粉的性能。

6.8.5 磁悬液的类型和浓度

常用的磁悬液有水磁悬液和油磁悬液两种类型，两种磁悬液的黏度值不同，其流动性也不一致，导致检测灵敏度有所差异。油磁悬液在温度较低时黏度值较高，导致流动性变差和灵敏度下降，因此磁粉检测标准一般都规定某一温度范围内油载液的最大黏度值，以保证油磁悬液的流动性和检测灵敏度。然而磁悬液黏度过小，虽然能使磁悬液的流动性变好，但在施加过程中大部分磁粉会随磁悬液流失，也会引起检测灵敏度的下降，特别是在仰视面和垂直位置进行检测时灵敏度下降尤其严重。此外，检测灵敏度还与磁悬液对工件表面的润湿作用相关，为提高检测灵敏度，要求磁悬液能充分润湿工件表面，水磁悬液要形成无水断表面，以便使磁悬液能均匀分布在工件表面上，防止缺陷漏检。

磁悬液浓度对磁粉检测的灵敏度影响很大。浓度太低，影响漏磁场对磁粉的吸附量，磁痕不清晰，导致缺陷漏检；浓度太高，会在工件表面滞留很多磁粉，形成过度背景，甚至会掩盖相关显示。所以国内、外标准都对磁悬液浓度做了严格的控制。

6.8.6 设备性能

应保证磁粉检测设备在完好状态下使用，如果设备某一方面的功能缺失，不但导致检测灵敏度的降低，严重时会导致整个检测失效。如磁粉探伤机上的电流表精度不够，导致磁化规范的选择产生偏差，过大或过小的磁化规范都会导致检测灵敏度的降低。磁粉检测设备如果出现内部短路，会造成磁粉检测时工件的成批漏检，后果极其严重。电磁轭的提升力不够，会导致工件表面有效磁场强度不足，也会引起检测灵敏度的下降。交叉磁轭设备的相位控制误差，会导致旋转磁场的自身质量下降，使“圆形旋转磁场”变成“椭圆形旋转磁场”，导致各个方向缺陷的检测灵敏度存在差异。因此，设备的性能直接关系到磁粉检测灵敏度。

6.8.7 工件材质、形状尺寸和表面状态

工件材质对检测灵敏度的影响主要表现在工件磁特性对灵敏度的影响上。工件的磁特性包括工件的磁导率 μ，剩磁 B_r 和矫顽力 H_c。工件本身的晶粒大小、含碳量的多少、热处理及冷加工都会对其磁特性产生影响。剩磁法检验时，工件的剩磁 B_r 越大，矫顽力 H_c 越大，缺陷检出的灵敏度就越高。因此，剩磁法检验要求工件具有一定的剩磁 B_r 和矫顽力 H_c，$B_r \leqslant 0.8$ T 和 $H_c \leqslant 1\ 000$ A/m 的工件一般不能采用剩磁法检验。

工件的形状尺寸影响到磁化方法的选择和检测灵敏度。一般来说，形状复杂的工件，磁化规范的选择、磁化操作、施加磁粉和磁悬液都比较困难，从而对检测灵敏度造成一定的影响。线圈法纵向磁化时，退磁场的大小与工件的长度 L 和直径 D 之比（L/D）有密切关系，L/D 越小越难磁化。磁轭法检验时工件的曲率大小影响磁极与工件表面的接触状况，从而对检测灵敏度产生影响。

工件表面粗糙度、氧化皮、油污、铁锈等对磁粉检测灵敏度都有一定影响。工件表面较粗糙或存在氧化皮、铁锈时，会增加磁粉的流动阻力，影响缺陷处漏磁场对磁粉的吸附，使检测灵敏度下降。工件表面的凹坑和油污处会出现磁粉聚集，引起非相关显示。工件表面的油漆和镀层会削弱缺陷漏磁场对磁粉的吸附作用，使检测灵敏度降低。当相应的涂层较厚时，甚至可能会引起缺陷的漏检。因此，为了提高磁粉检测灵敏度，磁粉检测前必须清除工件表面的油污、水滴、氧化皮、铁锈，提高工件表面的粗糙度。对于涂层较厚的工件，应在镀层以前进行检测。

6.8.8 缺陷的方向、性质、形状和埋藏深度

缺陷的检测灵敏度取决于缺陷延伸方向与磁场方向的夹角，当缺陷垂直于磁场方向时，漏磁场最大，吸附的磁粉最多，也最有利于缺陷的检出，灵敏度最高。随着夹角由 90°减小，灵敏度下降；若缺陷与磁场方向平行或夹角小于 30°，则几乎不产生漏磁场，不能检出缺陷。

漏磁场形成的原因，是由于缺陷的磁导率远远低于铁磁性材料的磁导率。如果铁磁性工件表面存在着不同性质的缺陷，则其磁导率不同，检出的效果也就不同。缺陷磁导率越低，越容易检出，例如，裂纹就比金属夹杂容易被发现。

缺陷的形状不同，阻挡磁感应线的程度也不同，例如，面状缺陷比点状缺陷能够阻挡更多的磁感应线，其检测灵敏度相应比点状缺陷要高。另外缺陷的深宽比也是影响磁粉检测灵敏度的一个重要因素。同样宽度的表面缺陷，深度不同，产生的漏磁场也不同，相应地检测灵敏度也随之不同。当缺陷的宽度很小时，检测灵敏度随着宽度的增加而增加；当缺陷的宽度很大时，漏磁场反而下降，如表面划伤又浅又宽，产生的漏磁场很小，导致检测灵敏度降低。

缺陷的埋藏深度对检测灵敏度有很大的影响。同样的缺陷，位于工件表面时，产生的漏磁场大，灵敏度高；位于工件的近表面时，产生的漏磁场将显著减小，检测灵敏度降低；若位于距工件表面很深的位置，则工件表面几乎没有漏磁场存在，缺陷就无法检出。

6.8.9 工艺操作

磁粉检测的工艺操作主要有清理工件表面、磁化工件、施加磁粉或磁悬液、观察分析等，不管是哪一步操作不当，都会影响缺陷的检出。

工件表面清理不干净，不但会增大磁粉的流动阻力，影响缺陷磁痕的形成，而且会产生非相关显示，影响对缺陷的判别。

磁化工件是磁粉检测中关键的工序，对检测灵敏度影响很大。磁化规范的选择、磁化时间、磁化操作与施加磁粉与磁悬液的协调性都会影响到检测灵敏度。

磁化操作首先要选择一个合适的磁化规范，实验证明，只有当工件表面的磁感应强度达到饱和磁感应强度的80%时，才能有效地检出规定大小的缺陷，磁化不足和磁化过剩都会引起检测灵敏度的下降。另外，磁化效果还与磁化时间与磁化次数有关，检测时，为了不致烧伤工件，需要对工件进行多次磁化，多次磁化要持续一定的时间，磁化时间太短或磁化次数太少，会使工件内部的磁畴来不及转向，从而导致磁化效果变差，检测灵敏度降低。

磁化操作时还应注意磁粉与磁悬液施加的协调性。湿连续法要先用磁悬液润湿工件表面，在通电磁化的同时浇磁悬液，停止浇磁悬液后再通电数次，待磁痕形成并滞留下来时方可停止通电。干连续法应在工件通电磁化后开始喷撒磁粉，并在通电的同时吹去多余的磁粉，待磁痕形成和检验完后再停止通电。通电磁化与施加磁粉与磁悬液的时机掌握不好，会造成缺陷磁痕无法形成，或者形成的磁痕被后来施加的磁粉或磁悬液冲刷掉，影响缺陷的检出。

当采用交叉磁轭旋转磁场磁粉探伤仪进行检测时，是边移动磁化边喷洒磁悬液的，所以更应该避免由于磁悬液的流动破坏已经形成的缺陷磁痕。检测时，磁悬液的喷洒应在保证有效磁化场被全部润湿的情况下，与交叉磁轭的移动速度良好地配合，只有这样才能保证检测灵敏度。因此，使用交叉磁轭检测时，其操作手法必须十分严格，否则检测就容易造成漏检。

在磁化工件时，磁化方向的布置也至关重要。触头法和磁轭法磁化时应注意两次磁化时方向应大致垂直，并保证合适的触头或磁极间距。间距太小，触头或磁极附近产生的过度背景有可能影响缺陷检出；间距过大，则会使有效磁场强度减弱，检测灵敏度降低。触头和磁极与工件表面的接触状况、交叉磁轭的移动速度、磁极与工件表面的间隙等操作因素都会影响到检测灵敏度。

在观察分析时，观察环境条件会影响缺陷的检出。磁粉检测人员佩戴眼镜对观察磁痕也有一定的影响，如光敏（光致变色）眼镜在黑光辐射时会变暗，变暗程度与辐射的入射量成正比，影响对荧光磁粉磁痕的观察和辨认。

6.8.10 检测人员素质

由于磁痕显示主要靠目视观察，因此对缺陷的识别与人的视觉特性相关，即与人眼对识别对象的亮度、反差（对比度）、色泽等感觉方式相关，检测人员的视力和辨色能力也直接会影响到缺陷的检出能力。同时，检测人员的实践经验、操作技能和工作责任心都对检测结果有直接的影响。

6.8.11 检测环境的条件

人的视觉灵敏度在不同光线强度下有所不同，在强光下对光强度的微小差别不敏感，而对颜色和对比度的差别的辨别能力很高；而在暗光下，人的眼睛辨别颜色和对比度的本领很差，却能看出微弱的发光物体或光源。因此，采用非荧光磁粉检测时，检测地点应有充足的自然光或白光，如果光照度不足，人眼辨别颜色和对比度的本领就会变差，从而导致检测灵敏度下降。采用荧光磁粉检测时，要有合适的暗区或暗室，如果光照度比较大，影响人眼对缺陷在黑光灯照射下发出的黄绿色荧光的观察，就会导致检测灵敏度的下降；另外，如果到达工件表面的黑光辐照度不足，则会影响缺陷处磁痕发出的黄绿色荧光的强度，从而影响到对缺陷的检出。因此，JB/T 4730.4—2005 对非荧光磁粉检验时被检工件表面的可见光照度以及荧光磁粉检验时工件表面的黑光辐照度、暗区或暗室的环境光照度均有要求。

复习思考题

1. 磁粉检测方法有哪些？根据什么来区分？
2. 装配件为什么一般应分解后探伤？
3. 什么是连续法和剩磁法？适用范围和优、缺点有哪些？
4. 什么是湿法和干法？适用范围和优、缺点有哪些？
5. 什么是磁粉检测灵敏度？影响磁粉检测灵敏度的因素主要有哪些？
6. 磁粉检测时有哪些要求？
7. 退磁的原理是什么？退磁应注意什么？
8. 为什么要退磁？退磁方法有哪些？
9. 线圈通过法退磁应注意什么？
10. 剩磁用什么测量？承压设备对剩磁大小有哪些规定？
11. 合格工件的标记有哪些方法？
12. 在什么情况下应进行复验？
13. 超标缺陷磁痕显示如何处理？
14. 使用非荧光磁粉检测时，对照明有什么要求？
15. 使用荧光磁粉检测时，对照明有哪些要求？
16. 磁痕记录有哪些方法？
17. 磁粉检测预处理和后处理有哪些内容？
18. 磁痕观察的条件有哪些？
19. 记录磁痕显示主要有哪些方法？

第7章　磁痕分析与质量分级

7.1　磁痕分析的意义

磁粉检测是利用磁粉聚集形成的磁痕来显示工件上的不连续性和缺陷的。通常把磁粉检测时磁粉聚集形成的图像称为磁痕，磁痕的宽度一般为不连续性（缺陷）宽度的数倍，说明磁痕对缺陷的宽度具有放大作用。

能够形成磁痕显示的原因有很多，主要分为三类：磁粉检测时由于缺陷（裂纹、未熔合、气孔和夹渣等）产生的漏磁场吸附磁粉形成的磁痕显示称为相关显示，又叫缺陷显示；由于磁路截面突变以及材料磁导率差异等原因产生的漏磁场吸附磁粉形成的磁痕显示称为非相关显示；不是由漏磁场吸附磁粉形成的磁痕显示称为伪显示。这三种磁痕显示的区别是：相关显示与非相关显示是由漏磁场吸附磁粉形成的，而伪显示不是由漏磁场吸附磁粉形成的；而且只有相关显示影响工件的使用性能，而非相关显示和伪显示都不影响工件的使用性能。因此，磁粉检测人员应具有丰富的实践经验，并能结合工件的材料、形状和加工工艺，熟练掌握各种磁痕显示的特征、产生原因及鉴别方法，必要时用其他无损检测方法进行验证，做到去伪存真。磁痕分析的意义十分重大，主要体现在以下几方面：

第一，正确的磁痕分析可以避免误判。如果把相关显示误判为非相关显示或伪显示，则会产生漏检，造成重大的质量隐患；相反，如果把非相关显示和伪显示误判为相关显示，则会把合格的特种设备和工件拒收或报废，造成不必要的经济损失。

第二，由于磁痕显示能反映出不连续性和缺陷的位置、大小、形状和严重程度，并可大致确定缺陷的性质，所以磁痕分析可为产品设计和工艺改进提供较可靠的信息。

第三，对在用特种设备进行磁粉检测，特别是用于发现疲劳裂纹和应力腐蚀裂纹，可以做到及早预防，避免设备和人身事故的发生。

7.2　伪显示

伪显示不是由漏磁场吸附磁粉形成的磁痕显示，也叫假显示。其产生原因、磁痕特征和鉴别方法分别是：

(1) 工件表面粗糙（例如焊缝两侧的凹陷，粗糙的工件表面）使磁粉滞留形成磁痕显示，磁粉堆集松散，磁痕轮廓不清晰，在载液中漂洗磁痕可去掉，如图 7—1 所示。

(2) 工件表面有油污或不清洁，粘附磁粉形成的磁痕显示，尤其在干法中最常见，磁粉堆集松散，当清洗并干燥工件后重新检验时，该显示不再出现。

（3）湿法检验中，磁悬液中的纤维物线头，粘附磁粉滞留在工件表面，容易误认为磁痕显示，仔细观察即可辨认，如图 7—2 所示。

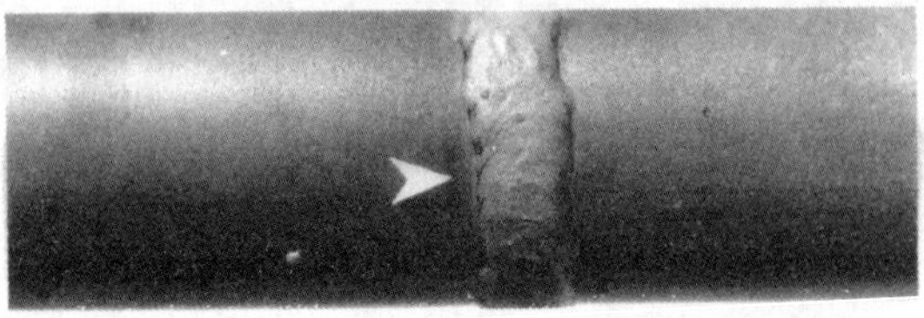

图 7—1　伪显示（凹陷处磁粉沉积引起）

图 7—2　伪显示（纤维物线头引起）

（4）工件表面的氧化皮、油漆斑点的边缘上滞留磁粉形成的磁痕显示，通过仔细观察或漂洗工件即可鉴别。

（5）工件上形成的排液沟外形滞留磁粉形成的磁痕显示，尤其是沟槽底部的磁痕显示有的类似缺陷显示，但漂洗后磁痕不再出现。

（6）磁悬液浓度过大，或施加不当会形成过度背景。磁粉松散，磁痕轮廓不清晰，漂洗后磁痕不再出现。

所谓过度背景，是指妨碍磁痕分析和评定的磁痕背景。过度背景的产生有很多原因，例如：工件表面太粗糙、工件表面被污染、磁场强度过大或磁悬液浓度过大等。磁粉堆集多而松散，容易掩盖相关显示。

7.3　非相关显示

非相关显示不是来源于缺陷，但却是由漏磁场吸附磁粉产生的。其形成原因很复杂，一般与工件本身的材料、工件的外形结构、采用的磁化规范和工件的制造工艺等因素有关。有非相关显示的工件，其强度和使用性能并不受影响，对工件不构成危害，但是它与相关显示容易混淆，也不像伪显示那样容易识别。

非相关显示的产生原因、磁痕特征和鉴别方法如下：

1. 磁极和电极附近

（1）产生原因　采用电磁轭检验时，由于磁极与工件接触处，磁感应线离开工件表面和进入工件表面都产生漏磁场，而且磁极附近磁通密度大；同样采用触头法检验时，由于电极附近电流密度大，产生的磁通密度也大。所以在磁极和电极附近的工件表面上会产生一些磁痕显示。

（2）磁痕特征　磁极和电极附近的磁痕多而松散，与缺陷产生的相关显示磁痕特征不同，但在该处容易形成过度背景，掩盖相关显示。

（3）鉴别方法　退磁后，改变磁极和电极的位置，重新进行检验，该处磁痕显示重复出现者可能是相关显示，不再出现者为非相关显示。

2. 工件截面突变

（1）产生原因　工件内键槽等部位的截面缩小，在这一部分金属截面内所能容纳的磁感应线有限，由于磁饱和，迫使一部分磁感应线离开和进入工件表面，形成漏磁场，吸附磁粉，形成非相关显示，如图 7—3 所示。

图 7—3　工件截面突变处磁痕显示

a）键槽处产生的漏磁场　b）键槽处磁痕显示

（2）磁痕特征　磁痕松散，有一定的宽度。

（3）鉴别方法　这类磁痕显示都是有规律的出现在同类工件的同一部位。根据工件的几何形状，容易找到磁痕显示形成的原因。

3. 磁写

（1）产生原因　当两个已磁化的工件互相接触或用一钢块在一个已磁化的工件上划过时，在接触部位便会产生磁性变化，产生的磁痕显示称为磁写，如图 7—4 所示。

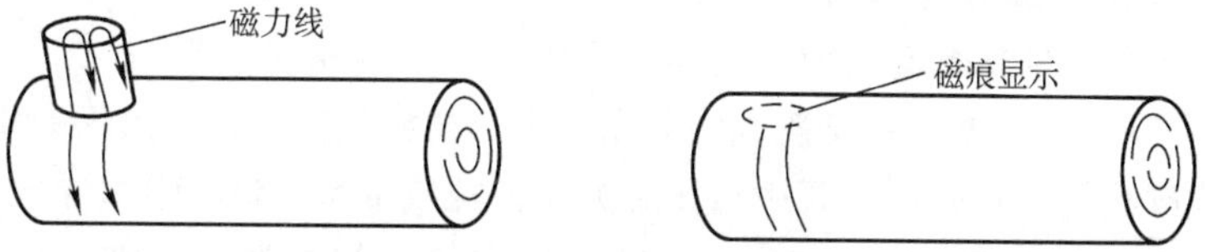

图 7—4　磁写磁痕显示

（2）磁痕特征　磁痕松散，线条不清晰，像乱画的样子。

（3）鉴别方法　将工件退磁后，重新进行磁化和检验，如果磁痕显示不重复出现，则原显示为磁写磁痕显示。但严重者在进行多方向退磁后，磁痕才不再出现。

4. 两种材料交界处

（1）产生原因　在焊接过程中，将两种磁导率不同的材料焊接在一起，或者母材与焊条的磁导率相差很大（如用奥氏体焊条焊接铁磁性材料），在焊缝与母材交界处就会产生磁痕显示。如某加氢反应器的筒体材质为 2.25Cr1Mo，而焊缝采用镍基焊条，在其连接处由于磁导率不同，而产生的磁痕显示如图 7—5 所示。

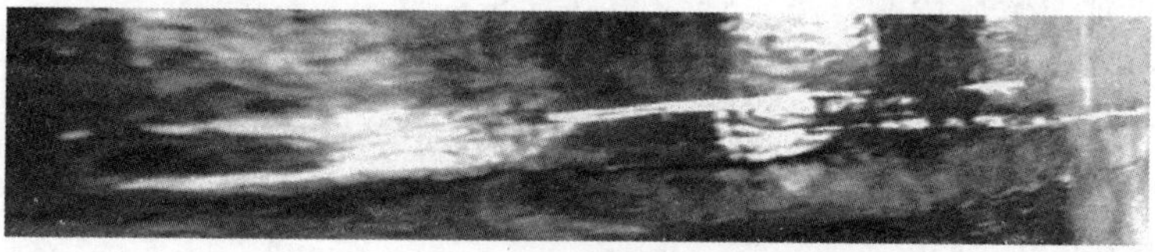

图 7—5　异种焊接材料的焊接接头磁痕显示

（2）磁痕特征　磁痕有的松散，有的浓密清晰，类似裂纹磁痕显示，在整条焊缝都出现同样的磁痕显示。

（3）鉴别方法　结合焊接工艺、母材与焊条材料进行分析。

5. 局部冷作硬化

（1）产生原因　工件的冷加工硬化（如局部锤击和矫正等），会使工件局部硬化，导致磁导率变化，形成漏磁场。如弯曲再拉直的一根铁钉，其弯曲处金属变硬，磁导率发生变化，在原弯曲处就会产生漏磁场，吸附磁粉，形成非相关显示。局部冷作硬化磁痕显示如图7—6所示。

图 7—6　局部冷作硬化磁痕显示

（2）磁痕特征　磁痕显示宽而松散，呈带状。

（3）鉴别方法　一是根据磁痕特征分析，二是将该工件退火消除应力后重新进行磁粉检测，这种磁痕显示不再出现。

6. 金相组织不均匀

（1）产生原因　由于金相组织不均匀而使工件内部的磁导率存在差异，形成磁痕显示。金相组织不均匀的原因有以下几种：

1）工件在淬火时有可能产生组织不均匀，如高频淬火，由于冷却速度不均匀而导致的组织差异，在淬硬层形成有规律的间距。

2）马氏体不锈钢的金相组织为铁素体和马氏体，其金相组织不均匀。

3）高碳钢和高碳合金钢的钢锭凝固时，所产生的树枝状偏析，导致钢的化学成分不均匀，在其间隙中形成碳化物，在轧制过程中沿压延方向被拉成带状，带状组织导致组织不均匀。

（2）磁痕特征　磁痕呈带状，单个磁痕类似发纹，磁痕松散不浓密。

（3）鉴别方法　根据磁痕分布和特征及材料进行分析。

7. 磁化电流过大

（1）产生原因　每一种材料都有一定的磁导率，在单位横截面上容纳的磁感应线是有限的。当磁化电流过大时，在工件截面突变的极端处，磁感应线并不能完全在工件内闭合，在棱角处磁力线容纳不下时会溢出工件表面，产生漏磁场，吸附磁粉形成磁痕，如图7—7所示。此外，过大的磁化电流还会把金属流线显示出来，流线的磁痕特征是成群出现的，而且呈平行状态分布。

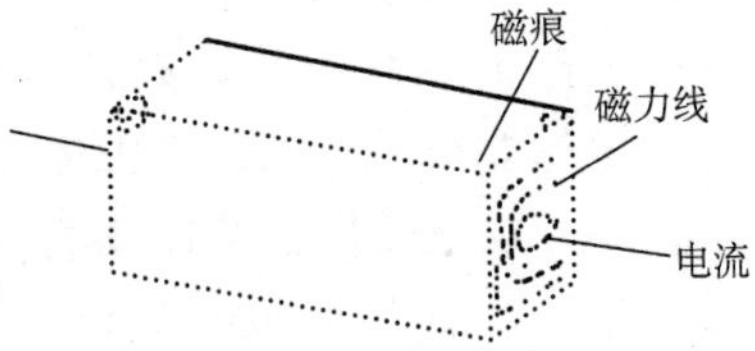

图 7—7　磁化电流过大磁痕显示

（2）磁痕特征　磁痕松散，沿工件棱角处分布，或者沿金属流线分布，形成过度背景。

（3）鉴别方法　退磁后，用合适规范磁化，磁痕不再出现。

7.4　相关显示

相关显示是由缺陷产生的漏磁场吸附磁粉形成的磁痕显示，相关显示影响工件的使用性能。

按缺陷的形成时期，分为原材料缺陷，热加工、冷加工和使用后产生的缺陷以及电镀产生的缺陷。以下介绍磁粉检测常见缺陷产生的主要原因和磁痕特征。

7.4.1 原材料缺陷磁痕显示

原材料缺陷指钢材冶炼在铸锭结晶时产生的缩管、气孔、金属和非金属夹杂物及钢锭上的裂纹等。在热加工处理（如锻造、铸造、焊接、轧制和热处理）和冷加工处理（如磨削、矫正）时，以及在使用后，这些原材料缺陷有可能被扩展或成为疲劳源，并产生新的缺陷，如夹杂物被轧制拉长成为发纹，在钢板中被轧制成为分层等。这些缺陷存在于工件内部，在机械加工后暴露在工件的表面和近表面时，才能被磁粉检测发现。原材料裂纹如图7—8所示。

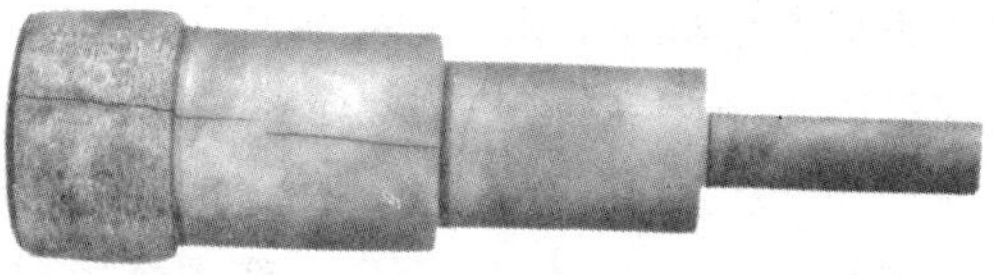

图7—8 原材料裂纹

7.4.2 热加工产生的缺陷磁痕显示

热加工产生的缺陷是指钢材经热加工处理，如锻造、轧制、铸造、焊接和热处理后产生的缺陷，是由于原材料中的缺陷在加热时扩张或新产生的缺陷。

1. 锻钢件缺陷磁痕显示

（1）锻造裂纹　锻造裂纹产生的原因很多，属于锻造本身的原因有加热不当、操作不正确、终锻温度太低、冷却速度太快等。加热速度过快时，因热应力而产生裂纹；锻造温度过低时，因金属塑性变差而导致撕裂。锻造裂纹一般都比较严重，具有尖锐的根部或边缘，磁痕浓密清晰，呈直线或弯曲线状，如图7—9所示。

（2）锻造折叠　锻造折叠是一部分金属被卷折或重叠在另一部分金属上，即金属间被紧紧挤压在一起但仍未熔合的区域，可发生在工件表面的任何部位，并与工件表面呈一定的角度。产生原因如下：

1）由于模具设计不合理，金属流动受阻，被挤压后形成折叠，多发生在倒角部位，磁痕呈纵向直线状。

2）预锻时打击过猛，在滚光过程中嵌入金属，磁痕呈纵向弧形线。形成的锻造折叠如图7—10所示。

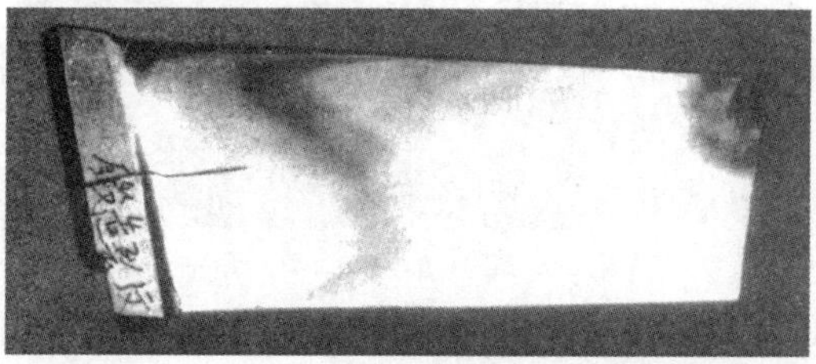

图7—9 锻造裂纹

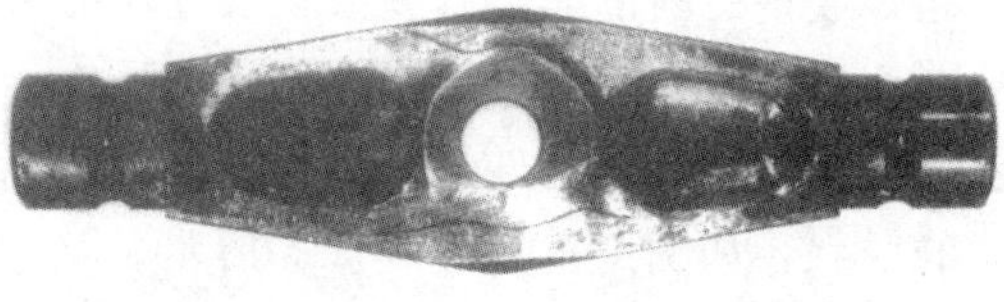

图7—10 锻造折叠

3）锻件拔长过度，入型槽终锻时，两端金属向中间对挤形成横向折叠，多分布在金属流动较差的部位，磁痕不是直线形，多呈圆弧形。锻造折叠缺陷磁痕一般不浓密清晰，但在对表面打磨后，原磁痕处磁痕往往更加清晰。

经金相解剖，折叠两侧有脱碳，与表面成一定角度。

(3) 白点　白点是钢材在锻压或轧制加工时，在冷却过程中未逸出的氢原子聚集在显微空隙中并结合成分子状态，对钢材产生较大的内应力，再加上钢材在热压力加工中产生的变形力和冷却过程相变产生的组织应力的共同作用，导致钢材内部产生的局部撕裂。白点多为穿晶裂纹。在横向断口上表现为由内部向外辐射状不规则分布的小裂纹，在纵向断口上呈弯曲线状裂纹或银白色的圆形或椭圆形斑点，故叫白点。

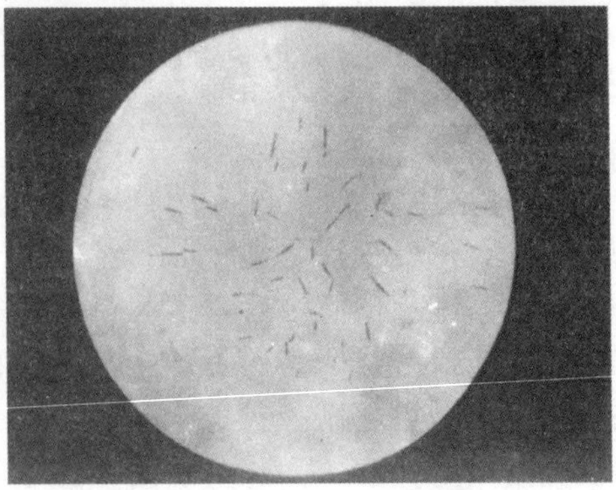

图 7—11　白点（横断面）

白点的磁痕特征是：在横断面上，白点磁痕呈锯齿状或短的曲线状，中部粗，两头尖呈辐射状分布，如图 7—11 所示；在纵向剖面上，磁痕沿轴向分布，呈弯曲状或分叉，磁痕浓密清晰，如图 7—12 所示。

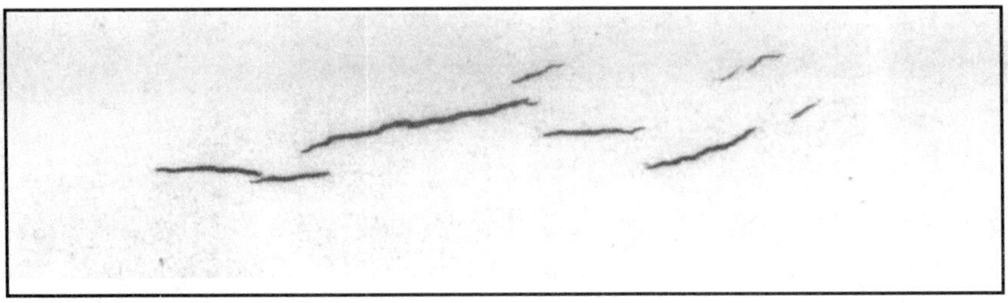

图 7—12　白点（纵向剖面）

2. 轧制件缺陷磁痕显示

(1) 发纹　钢锭中的非金属夹杂物和气孔在轧制拉长时，随着金属变形伸长形成类似头发丝细小的缺陷称为发纹，它是钢中最常见的缺陷。发纹分布在工件截面的不同深度处，呈连续或断续的直线（锻件中的发纹沿金属流动方向分布，有直线和弯曲线状），长短不等，长者可达数十毫米，磁痕清晰而不浓密，两头是圆角，擦掉磁痕，目视发纹不可见，如图 7—13 所示。

(2) 分层　分层是板材中的常见缺陷。如果钢锭中存在缩孔、疏松或密集的气泡，而在轧制时又没有熔合在一起，或钢锭内的非金属夹杂物，轧制时被轧扁，当钢板被剪切后，从侧面可发现金属分为两层，称为分层或夹层。分层的特点是与轧制面平行，磁痕清晰，呈连续或断续的线状，如图 7—14 和 7—15 所示。

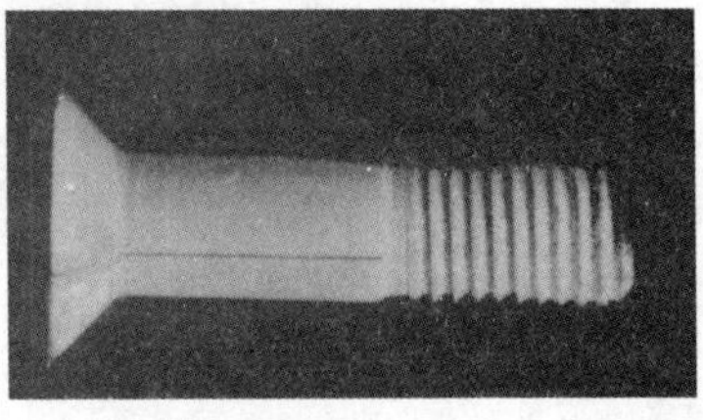

图 7—13　发纹

图 7—14　分层示例一（荧光磁粉）

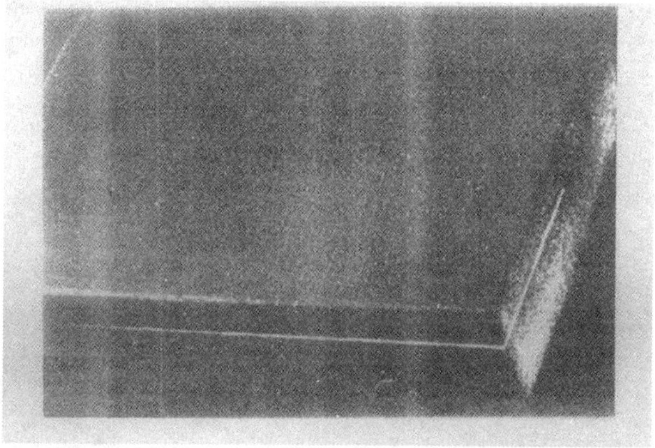

图7—15　分层示例二（荧光磁粉）

（3）拉痕　由于模具表面粗糙度较大、残留有氧化皮或润滑条件不良等原因，在钢材通过轧制设备时，便会产生拉痕，也叫划痕。划痕呈直线沟状，肉眼可见到沟底，分布于钢材的局部或全长。宽而浅的拉痕磁粉检测时不吸附磁粉，但较深者会吸附磁粉。

鉴别时应转动工件观察磁痕，若沟底明亮不吸附磁粉，即为划痕。

3. 铸钢件缺陷磁痕显示

（1）铸造裂纹　金属液在铸型内凝固收缩过程中，表面和内部冷却速度不同会产生很大的铸造应力，当该应力超过金属强度极限时，铸件便产生破裂。根据破裂时温度的高低又分为热裂纹和冷裂纹两种。热裂纹约在1 200～1 400℃高温下产生，并在最后凝固区或应力集中区出现，一般是沿晶扩展，呈很浅的网状裂纹，亦称龟裂。其磁痕细密清晰，稍加打磨裂纹即可排除。铸造冷裂纹约在200～400℃低温下产生。低温时由于铸钢的塑性变坏，在巨大的热应力和组织应力的共同作用下产生冷裂纹，一般分布在铸钢件截面尺寸突变的部位，如夹角、圆角、沟槽、凹角、缺口、孔的周围等部位。这种裂纹一般穿晶扩展，有一定的深度，一般为断续或连续的线条，两端有尖角，磁痕浓密清晰。铸造热裂纹如图7—16所示，铸造冷裂纹如图7—17所示。

图7—16　铸造热裂纹

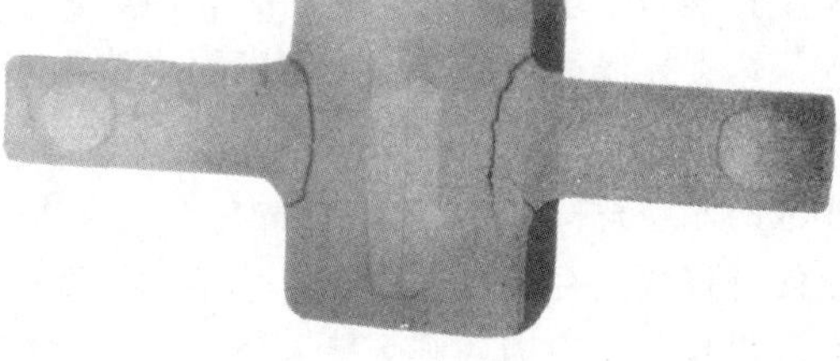

图7—17　铸造冷裂纹

（2）疏松　疏松也是铸钢上的常见缺陷。它是由于金属液在冷却凝固收缩过程中得不到充分补缩，而形成的极细微的、不规则的分散或密集的孔穴。

疏松一般产生在铸钢件最后凝固的部位，例如，冒口附近，局部过热或散热条件差的内壁、内凹角和补缩条件差的均匀壁面上。在加工后的铸钢件表面，才容易发现疏松。磁粉检测时，疏松缺陷磁痕一般涉及范围较大，呈点状或线状分布，两端不出现尖角，有一定深度，磁粉堆集比裂纹稀疏。

当改变磁化方向时，磁痕显示方向也明显改变。剖开铸件，在显微镜下观察可见到不连续的微孔。疏松一般不分布在应力集中区和截面急剧变化处，因该处的疏松在应力作用下易形成裂纹，称为缩裂。疏松磁痕如图 7—18 所示。

(3) 冷隔　铸造时，铸模内流动的两股金属溶液在冷却过程中被氧化皮隔开，不能完全融为一体，形成对接或搭接面上带圆角的缝隙，称为冷隔。该缝隙呈圆角或凹陷状，与裂纹完全不同。磁痕显示稀淡而不清晰，如图 7—19 所示。

图 7—18　疏松磁痕（荧光磁粉）

图 7—19　冷隔磁痕

(4) 夹杂　铸造时由于合金中熔渣未彻底清除干净，浇注工艺或操作不当等原因，在铸件上会出现微小的熔渣或非金属夹杂物（如硫化物、氧化物、硅酸盐等），称为夹杂。夹杂在铸件上的位置不定，易出现在浇注位置上方。磁痕呈分散的点状或弯曲的短线状。

(5) 气孔　铸钢件的气孔，是由于金属液在冷却凝固过程中气体未及时排出形成的孔穴。其磁痕呈圆形或椭圆形，宽而模糊，显示不太清晰，磁痕的浓密程度与气孔的深度有关，表面下气孔一般要使用直流电检测。

4. 焊接件缺陷磁痕显示

(1) 焊接裂纹　焊缝中原子结合遭到破坏，形成新的界面而产生的缝隙称为焊接裂纹。按裂纹的产生温度分为焊接热裂纹和焊接冷裂纹。

1) 焊接热裂纹　焊接热裂纹一般产生在 1 100～1 300℃高温范围内的焊缝熔化金属内，焊接完毕即出现，沿晶扩展，有纵向、横向或弧坑裂纹，露出工件表面的热裂纹断口有氧化色。热裂纹浅而细小，磁痕清晰而不浓密。

2) 焊接冷裂纹　焊接冷裂纹一般产生在 100～300℃低温范围内的热影响区（也有在焊缝区的）。特种设备常用的低合金高强度钢属于易淬火钢一类。在焊接过程中，若因措施不当使得焊缝中存在淬硬组织，或未严格按工艺要求进行焊接，使焊缝中有较高的氢含量或较大的焊接残余应力，则焊缝容易产生冷裂纹，其中延迟裂纹是一种常见形式。它不是焊后立即形成，而是在焊后几小时或十几小时甚至几天后才出现。冷裂纹可能是沿晶开裂、穿晶开裂或两者混合出现，断口无氧化，颜色发亮。冷裂纹多数是纵向的，一般深而粗大，磁痕浓密清晰，容易引起脆断，危害极大。磁粉检测一般应安排在焊后 24 h 或 36 h 后进行。

对焊缝边缘的裂纹，常因与焊缝边缘下凹所聚集的磁粉相混而不易观察，当将凹面打磨平后还有磁粉堆积时，可作裂纹缺陷判断。

特种设备焊接裂纹的典型磁痕照片如图 7—20、图 7—21、图 7—22、图 7—23、图 7—

24 所示。

(2) 未焊透　在焊接过程中，母材金属未熔化，焊缝金属没有进入接头根部的现象称为未焊透。它是由于焊接电流小，母材未充分加热和焊根清理不良等原因产生的。磁粉检测只能发现特种设备上埋藏浅的未焊透，磁痕松散、较宽，如图 7—25 所示。

(3) 气孔　焊缝上的气孔是焊接过程中气体在熔化金属冷却之前来不及逸出而保留在焊缝中的孔穴，多呈圆形或椭圆形。它是由于母材金属含气体过多，焊药潮湿等原因产生的。有的单独出现，有的成群出现，其磁痕显示与铸钢件气孔相同。

图 7—20　焊接裂纹示例一

图 7—21　焊接裂纹示例二

图 7—22　焊接裂纹示例三

图 7—23　弧坑裂纹（旋转磁场，荧光磁粉）

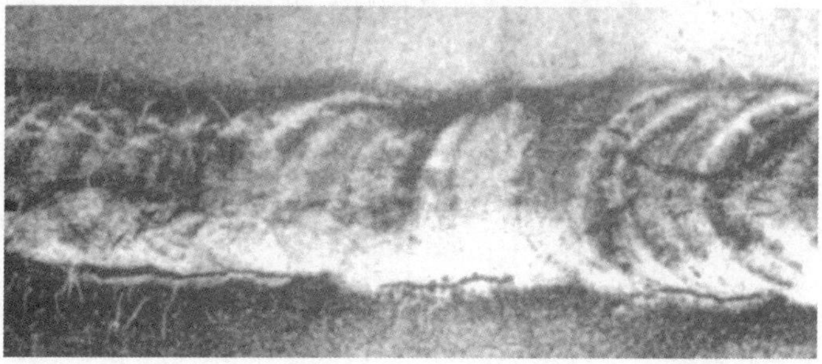

图 7—24　焊接裂纹示例四

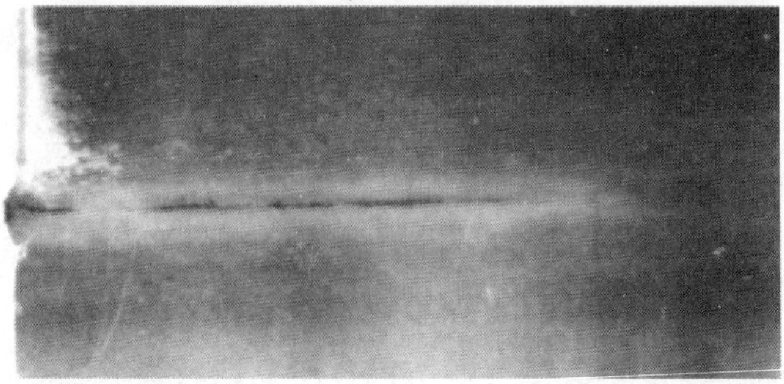

图 7—25　未焊透

（4）夹渣　夹渣是焊接过程中熔池内未来得及浮出而残留在焊接金属内的焊渣。多呈点状（椭圆形）或粗短的条状，磁痕宽而不浓密。

5. 热处理缺陷磁痕显示

（1）淬火裂纹　工件淬火冷却时产生的裂纹称为淬火裂纹，它是由于钢在高温快速冷却时产生的热应力和组织应力超过钢的抗拉强度而引起的开裂，所以一般都产生在工件的应力集中部位，如孔、键槽、尖角及截面突变处。淬火裂纹比较深，尾端尖，呈直线或弯曲线状，磁痕显示浓密清晰，如图 7—26 和图 7—27 所示。

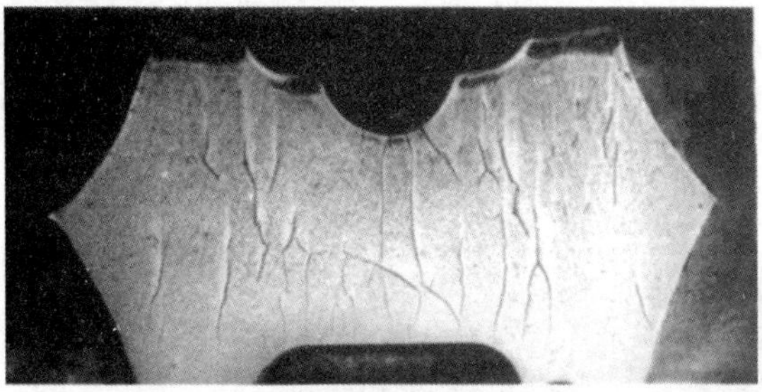

图 7—26　淬火裂纹示例一

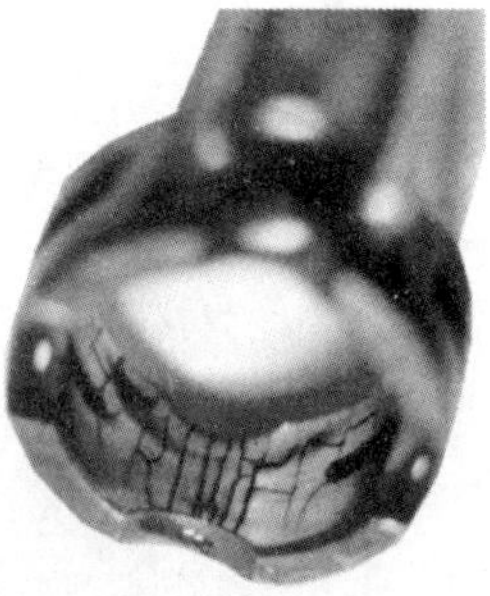

图 7—27　淬火裂纹示例二

（2）渗碳裂纹　结构钢工件渗碳后冷却过快，在热应力和组织应力的作用下形成渗碳裂纹，其深度不超过渗碳层。磁痕呈线状、弧形或龟裂状，严重时造成块状剥落。

（3）表面淬火裂纹　为提高工件表面的耐磨性能，可进行高频、中频、工频电感应加热，使工件表面的很薄一层迅速加热到淬火温度，并立即喷水冷却进行淬火，在此过程中，由于加热冷却不均匀而产生喷水应力裂纹。其磁痕呈网状或平行分布，面积一般较大，也有单个分布的。感应加热还容易在工件的油孔、键槽、凸轮桃尖、齿轮齿部产生热应力裂纹，该裂纹多呈辐射状或弧形，磁痕浓密清晰。

7.4.3　冷加工产生的缺陷磁痕显示

冷加工指在常温下对工件加工，冷加工时可能产生磨削裂纹和矫正裂纹等。

1. 磨削裂纹

工件进行磨削加工时，在工件表面产生的裂纹称为磨削裂纹。它是由于热处理和磨削不当等原因产生的。磨削裂纹方向一般与磨削方向垂直，由热处理不当产生的磨削裂纹有的与磨削方向平行。磨削裂纹磁痕呈网状、鱼鳞状、放射状或平行线状分布，渗碳表面产生的多为龟裂状。磨削裂纹一般比较浅，磁痕轮廓清晰，均匀而不浓密，如图7—28所示。

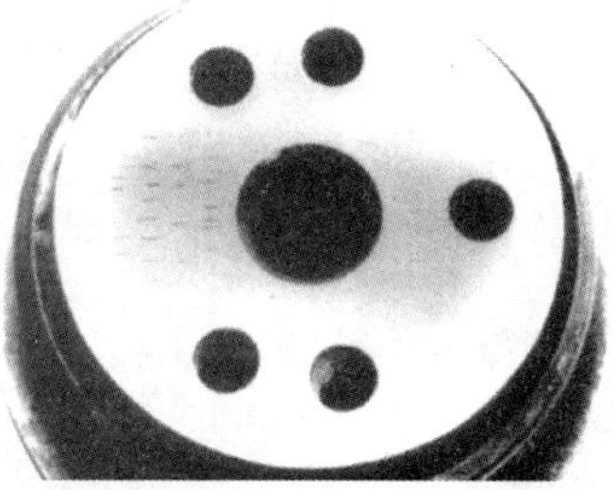
图7—28　磨削裂纹

2. 矫正裂纹

变形工件校直过程中产生的裂纹称为矫正裂纹或校正裂纹。校直过程施加的压力会使工件内部产生塑性变形，在应力集中处产生与受力方向垂直的矫正裂纹，裂纹中间粗，两头尖，呈直线形或微弯曲，一般单个出现，磁痕浓密清晰，如图7—29所示。有的由于组合装配过程中，工件受力太大而产生裂纹。图7—30所示为擦窗机台车行走轮立轴套架内筒的开裂裂纹。

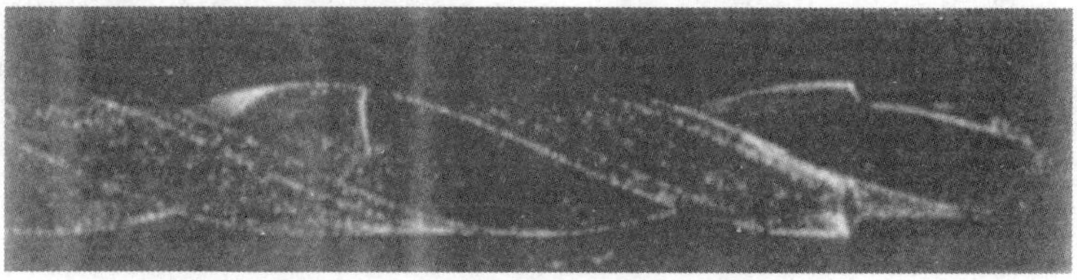
图7—29　矫正裂纹（荧光磁粉）

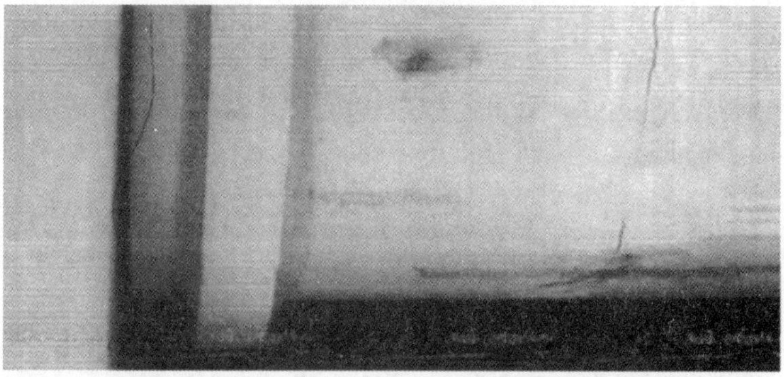
图7—30　擦窗机台车行走轮立轴套架内筒的开裂裂纹

7.4.4　使用后产生的缺陷磁痕显示

1. 疲劳裂纹

工件在使用过程中如果反复受到交变应力的作用，则工件内原有的小缺陷、表面划伤、缺口和内部孔洞等都可能形成疲劳源，产生的疲劳裂缝称为疲劳裂纹。疲劳裂纹一般都出现在应力集中部位，其方向与受力方向垂直，中间粗，两头尖，磁痕浓密清晰，如图7—31所示。

2. 应力腐蚀裂纹

工件材料在特定腐蚀介质和拉应力共同作用下产生的裂纹称为应力腐蚀裂纹。

工件金属材料由于受到外部介质（雨水、酸、碱、盐等）的化学作用而产生的腐蚀坑，起到缺口作用造成应力集中，成为疲劳源。该疲劳源在交变应力作用下不断扩展（期间腐蚀作用也在不断进行），最终导致腐蚀开裂。应力腐蚀裂纹与应力方向垂直。磁粉检测时，对腐蚀表面要清理好，磁痕显示浓密清晰。液化石油气球罐内壁应力腐蚀裂纹如图 7—32 所示。

图 7—31　疲劳裂纹（齿轮）

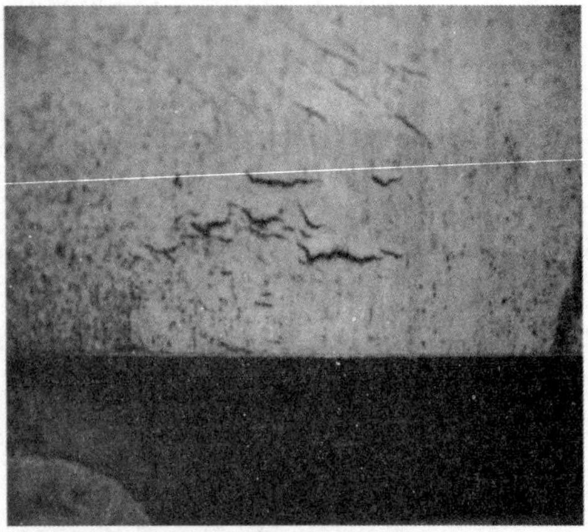

图 7—32　液化石油气球罐内壁应力腐蚀裂纹

7.4.5　电镀产生的缺陷磁痕显示

工件材料在电镀时由于氢脆产生的裂纹称为脆性裂纹。脆性裂纹的磁痕特征是：一般不单个出现，都是大面积出现，呈曲折线状，纵横交错，磁痕浓密清晰。镀铬裂纹如图 7—33 所示。

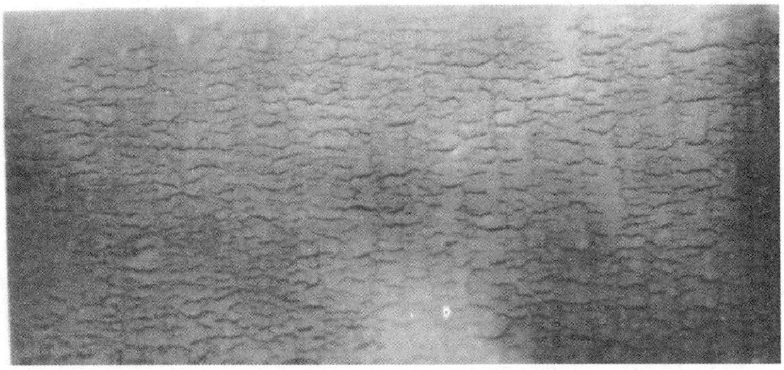

图 7—33　镀铬裂纹

7.4.6　常见缺陷磁痕显示比较

1. 发纹和裂纹缺陷磁痕显示比较

发纹和裂纹缺陷虽然都是磁粉检测中最常见的线性缺陷，但对工件使用性能的影响却完全不同，发纹缺陷对工件使用性能影响较小，而裂纹的危害极大，一般都不允许存在。因此，对它们进行对比分析，提高识别能力十分重要，发纹和裂纹缺陷的对比分析见表 7—1。

表 7—1 发纹和裂纹缺陷的对比分析

产生原因	发纹是由于钢锭中的非金属夹杂物和气孔在轧制拉长时，随着金属变形伸长而形成的类似头发丝的细小缺陷	裂纹是由于工件淬火、锻造或焊接等原因，在工件表面产生的窄而深的V字形破裂或撕裂的缺陷
形状、大小和分布	发纹缺陷都是沿着金属纤维方向，分布在工件纵向截面的不同深度处，呈连续或断续的细直线，很浅，长短不一，长者可达到数十毫米	裂纹缺陷一般都产生在工件的耳、孔边缘和截面突变等应力集中部位的工件表面上，呈窄而深的V字形破裂，长短不一，通常边缘参差不齐，弯弯曲曲或有分岔
磁痕特征	磁痕均匀清晰而不浓密，直线形，两头呈圆角	磁痕浓密清晰，弯弯曲曲或有分岔，两头呈尖角
鉴别方法	(1) 擦掉磁痕，发纹缺陷目视不可见 (2) 在2～10倍放大镜下观察，发纹缺陷目视仍不可见 (3) 用刀刃在工件表面沿垂直磁痕方向来回刮，发纹缺陷不阻挡刀刃	(1) 擦掉磁痕，裂纹缺陷目视可见，或不太清晰 (2) 在2～10倍放大镜下观察，裂纹缺陷呈V字形开口，清晰可见 (3) 用刀刃在工件表面沿垂直磁痕方向来回刮，裂纹缺陷阻断刀刃

2. 表面缺陷和近表面缺陷磁痕显示比较

表面缺陷是指由热加工、冷加工和工件使用后产生的表面缺陷或经过机械加工才暴露在工件表面的缺陷，如裂纹等。表面缺陷有一定的深宽比，磁痕显示浓密清晰、瘦直、轮廓清晰，呈直线状、弯曲线状或网状，磁痕显示重复性好。

近表面缺陷是指工件表面下的气孔、夹杂物、发纹和未焊透等缺陷，因缺陷处于工件近表面，未露出表面，所以磁痕显示宽而模糊，轮廓不清晰。磁痕显示与缺陷性质和埋藏深度有关。

7.5 JB/T 4730.4—2005 磁粉检测质量分级

7.5.1 磁痕分类

1. 磁痕显示分为相关显示、非相关显示和伪显示。

2. 长度与宽度之比大于3的磁痕，按条状磁痕处理；长度与宽度之比不大于3的磁痕，按圆形磁痕处理。

3. 长度小于0.5 mm的磁痕不计。

4. 两条或两条以上缺陷磁痕在同一直线上且间距不大于2 mm时，按一条磁痕处理，其长度为两条磁痕之和加间距。

5. 缺陷磁痕长轴方向与工件（轴类或管类）轴线或母线的夹角大于或等于30°时，按横向缺陷处理，其他按纵向缺陷处理。

7.5.2 磁粉检测质量分级

磁粉检测质量分为 4 级，其中Ⅰ为最高级，Ⅳ为最低级。

1. 不允许存在的缺陷

(1) 不允许存在任何裂纹和白点。

(2) 紧固件和轴类零件不允许存在任何横向缺陷。

2. 焊接接头的磁粉检测质量分级

焊接接头的磁粉检测质量分级见表 7—2。

表 7—2　　焊接接头的磁粉检测质量分级

等级	线性缺陷磁痕	圆形缺陷磁痕（评定框尺寸为 35 mm×100 mm）
Ⅰ	不允许	$d\leqslant1.5$，且在评定框内不大于 1 个
Ⅱ	不允许	$d\leqslant3.0$，且在评定框内不大于 2 个
Ⅲ	$l\leqslant3.0$	$d\leqslant4.5$，且在评定框内不大于 4 个
Ⅳ	大于Ⅲ级	

注：l 表示线性缺陷磁痕长度，mm；d 表示圆形缺陷磁痕长径，mm。

3. 受压加工部件和材料磁粉检测质量分级

受压加工部件和材料磁粉检测质量分级见表 7—3。

表 7—3　　受压加工部件和材料磁粉检测质量分级

等级	线性缺陷磁痕	圆形缺陷磁痕（评定框尺寸为 2 500 mm^2，其中一条矩形边长最大为 150 mm）
Ⅰ	不允许	$d\leqslant2.0$，且在评定框内不大于 1 个
Ⅱ	$l\leqslant4.0$	$d\leqslant4.0$，且在评定框内不大于 2 个
Ⅲ	$l\leqslant6.0$	$d\leqslant6.0$，且在评定框内不大于 4 个
Ⅳ	大于Ⅲ级	

注：l 表示线性缺陷磁痕长度，mm；d 表示圆形缺陷磁痕长径，mm。

4. 综合评级

在圆形缺陷评定区内同时存在多种缺陷时，应进行综合评级。对各类缺陷分别评定级别，取质量级别最低的级别作为综合评级的级别；当各类缺陷的级别相同时，则降低一级作为综合评级的级别。

复习思考题

1. 磁痕分析有什么意义？
2. 什么是相关显示、非相关显示和伪显示？它们的共同点与不同点是什么？
3. 举三个例子说明非相关显示的产生原因，磁痕特征和鉴别方法。
4. 锻钢件和铸钢件的常见缺陷有哪些？

5. 焊接热裂纹和冷裂纹的产生原因，磁痕特征是什么？
6. 磨削裂纹、矫正裂纹和疲劳裂纹磁痕显示有什么不同？
7. 对比发纹与裂纹缺陷的产生原因、磁痕特征和鉴别方法。
8. 表面缺陷与近表面缺陷磁痕显示有什么区别？
9. 过度背景是由什么原因产生的？其磁痕特征是什么？
10. 条状磁痕和圆形磁痕如何区分？
11. JB/T 4730.4—2005 规定哪些缺陷不允许存在？
12. JB/T 4730.4—2005 规定如何综合评级？
13. JB/T 4730.4—2005 规定磁粉检测质量分级内容有哪些？

第8章 磁粉检测应用

磁粉检测可用于检测铁磁性材料和零部件的表面与近表面缺陷，并具有很高的检测灵敏度，是控制产品质量的重要手段之一。本章主要介绍特种设备焊缝磁粉检测常见的典型方法，同时介绍磁粉检测在锻钢件、铸钢件、在用与维修件及一些特殊工件上的应用。此外，还将介绍磁粉探伤-橡胶铸型法及其应用。

8.1 焊接件磁粉检测

焊接是利用加热、加压或加热与加压并用，加或不加填充材料的方式将两种工件连接成一体的加工方法。焊接技术在机械、石油、化工、冶金、铁道、造船和宇航等领域已普遍采用，特种设备更是离不开焊接。随着工业和科学技术的发展，焊接材料和工艺方法也日益增多，对磁粉检测方法和工艺也提出了更高的要求。

焊缝中的缺陷，尤其是焊接裂纹，一般是与表面相通的，在使用中容易形成疲劳源，它对承受疲劳载荷和压力作用的焊接结构，危害极大。为了保证焊接件的质量可靠和安全运行，必须加强对焊接件的无损检测。而对表面缺陷，因磁粉检测灵敏度高、可靠、设备简单，可方便地在现场检测，发现缺陷能够及时排除和修补，能做到防患于未然，因而受到重视。

8.1.1 焊接件检测的内容与范围

从第 7 章已经了解到焊接件在不同的工艺阶段都可能产生缺陷，本节主要介绍检验这些缺陷的内容和范围。

1. 坡口检测

坡口可能出现的缺陷有分层和裂纹。分层是轧制缺陷，它平行于钢板表面，一般分布在板厚中心附近。裂纹有两种，一种是沿分层端部开裂的裂纹，方向大多平行于板面；另一种是火焰切割裂纹。

坡口检测的范围是坡口面和钝边区域。

2. 焊接过程中的检测

（1）层间检测　对于一些焊接性能较差的钢种，如一些高合金钢，在工程中一般要求每焊完一层就进行一次检测，这样便于及时发现裂纹并进行相应的处理，确认无缺陷后则再继续施焊。另外一种情况是对于一些特厚板的焊接，在检测内部缺陷有困难时，可以每焊完一层进行一次磁粉检测。检测范围是焊缝金属及临近坡口的部位。在焊接层间检测过程中，特别需要注意的是试件的温度，一般根据材料以及焊接形状和约束状态等条件来确定。在焊接途中中断焊接时，如果层间焊缝冷却至常温下，可采用常规磁粉检测湿法或干法检测。如果层间焊缝保持在较高温度下，则不能进行磁粉检测，因为湿法检测时将使磁悬液挥发，干法检测时将使磁粉高温氧化。而当层间焊缝在300～400℃时，可以进行磁粉检测，但必须使用高温磁粉干法检测，如用JCM系列的空心球磁粉，它是铁铬铝的复合氧化物，高温不氧化。

(2) 电弧气刨面的检测　该检测的目的是检测电弧气刨造成的表面增碳可能导致产生的裂纹。检测范围应包括电弧气刨面和临近的坡口。

3. 焊缝检测

焊缝检测的目的主要是检测焊接裂纹等焊接缺陷。检测范围应包括焊缝金属及母材的热影响区，热影响区的宽度，在焊缝每边大约为焊缝宽度的一半。因此，要求检测的宽度应为两倍的焊缝宽度。

4. 机械损伤部位的检测

在组装过程中，往往需要在焊接部件的某些位置焊上临时性的吊耳和卡具，施焊完毕后要割掉，在这些部位有可能产生裂纹，需要检测。这种损伤部位的面积不大，一般从几平方厘米到十几平方厘米不等。

8.1.2　检测方法选择

大型焊接结构不同于机械零件，其尺寸、重量都很大，无法用固定式设备，只能用便携式设备分段检测。小型焊接件，例如特种设备零件，可在固定式设备上检测。用于焊缝检测的磁化方法有多种，各有特点，要根据焊接件的结构形状、尺寸、检测的内容和范围等具体情况加以选择。大型焊缝常用磁化方法如下：

1. 磁轭法

磁轭法是特种设备焊缝检测中常用的方法之一。其优点是设备简单、操作方便。但是磁轭只能单方向磁化工件，因此，为了检出各个方向的缺陷，必须在同一部位至少做两次互相垂直的检测。检测焊缝纵向缺陷时，将磁轭垂直跨过焊缝放置；检测焊缝横向缺陷时将磁轭平行焊缝放置。磁轭的磁极间距 L 应控制在75～200 mm之间，但磁极连线间距 L 应不小于75 mm，两次磁化间的两磁轭间距 b 应不大于 $L/2$，提升力要符合标准要求。

2. 触头法

触头法是单方向磁化的方法，也是特种设备焊缝检测中常用的方法之一。其主要优点是电极间距可以调节，可根据检测部位情况及灵敏度要求确定电极间距和电流大小。检测时为避免漏检，同一部位也要进行两次互相垂直的检测。检测焊缝纵向缺陷时，将触头平行焊缝放置；检测焊缝横向缺陷时，将触头垂直跨过焊缝放置。触头法的电极应控制在75～200 mm之间，但两触头连线间距 L 应不小于75 mm，两次磁化间两触头间距 b 应不大于 $L/2$。

3. 绕电缆法

绕电缆法用于检测焊缝的纵向缺陷，通过软电缆缠绕在工件上通电的方法进行磁化，形成纵向磁场，用于发现接管对接焊缝和角焊缝的纵向缺陷。其有效磁化区是从线圈端部向外延伸 150 mm 的范围内。超过 150 mm 以外的区域，磁化强度应采用标准试片确定。绕电缆法具有方法简单、非电接触等优点，但工件的 L/D 值对退磁场和灵敏度有很大的影响，决定安匝数时应加以考虑。

4. 交叉磁轭法

用交叉磁轭旋转磁场磁化的方法检测焊缝表面裂纹可以得到满意的效果。其主要优点是灵敏度高、可靠性好并且检测效率高。目前在焊缝检测中尤其在锅炉压力容器磁粉检测中应用最为广泛。

8.1.3 焊接件检测实例

1. 坡口检测

利用触头法沿坡口纵长方向磁化，是检测坡口表面与电流方向平行的分层和裂纹的最有效方法，操作方便，检测灵敏度高。检测时，在触头上应垫铅垫或包铜编织网，以防打火烧伤坡口表面。也可以用交叉磁轭检测坡口的缺陷，检测时把交叉磁轭置于靠近坡口的钢板表面上，连续行走进行磁化检测，交叉磁轭检测坡口示意图如图 8—1 所示。尽管旋转磁场的外侧磁场较弱，但靠近交叉磁轭很近处的有效磁化区内仍可以检测出缺陷。当利用外侧磁场检测时，必须用 A_1-15/100 试片试验检测灵敏度和有效磁化区。

2. 电弧气刨面的检测

用交叉磁轭检测电弧气刨面时，应把交叉磁轭跨在电弧气刨沟槽两侧，如图 8—2 所示，然后沿沟槽方向连续行走进行磁化检测。并应根据电弧气刨面采用喷洒磁悬液的方法，原则是交叉磁轭通过后不得使磁悬液残留在气刨沟槽内，否则将无法观察磁痕显示。

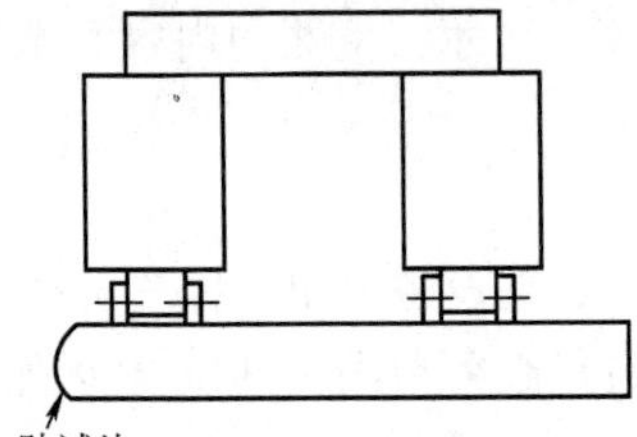

图 8—1　交叉磁轭检测坡口示意图

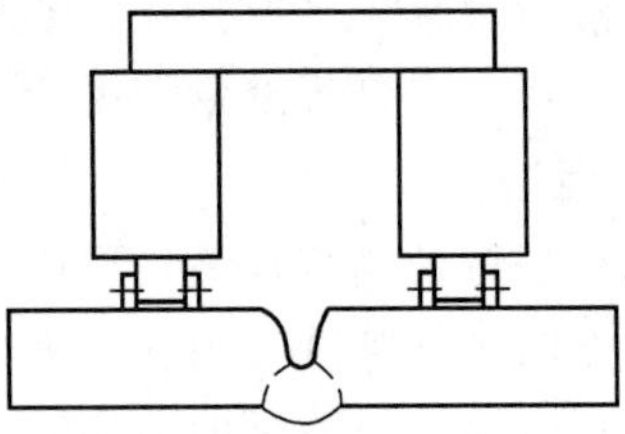

图 8—2　交叉磁轭检测电弧气刨面示意图

3. 对接焊缝的检测

检测锅炉压力容器对接焊缝时，如果工件的曲率半径较大，磁极与工件表面能够保证接触良好，一般选择磁轭法和交叉磁轭法。磁轭法检测平板和大曲率工件对接焊缝时，磁轭的布置方向和要求如图 8—3 和图 8—4 所示。

交叉磁轭法常应用于锅炉压力容器的对接焊缝的磁粉检测。使用交叉磁轭检测焊缝时应当注意以下几个问题：

（1）磁极端面与工件表面的间隙不宜过大　磁极端面与工件表面之间保持一定间隙是为了交叉磁轭能在被检测工件上移动行走。如果间隙过大，将会在间隙处产生较大的漏磁场。

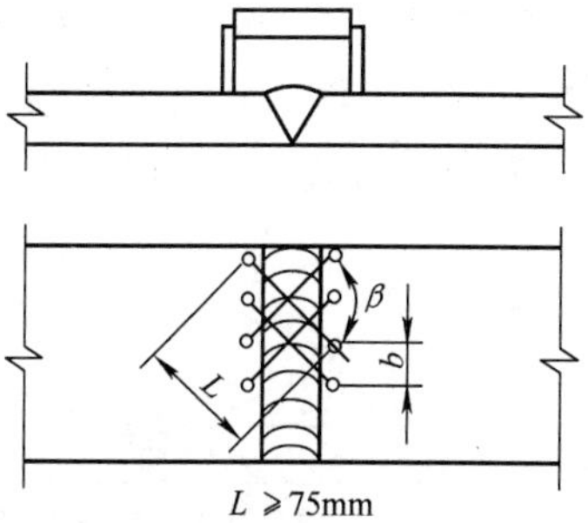

图8—3 检测对接焊缝示例一

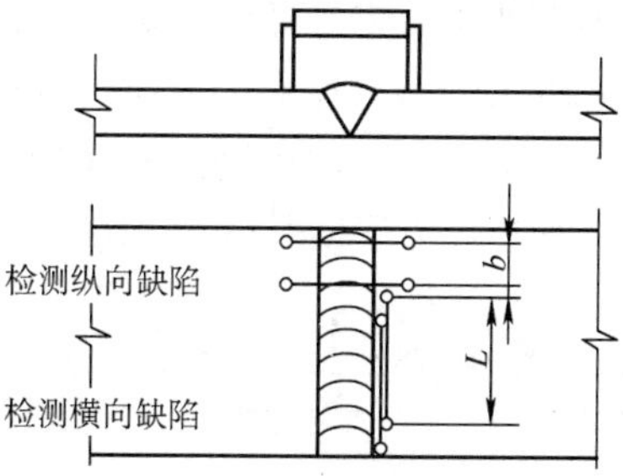

图8—4 检测对接焊缝示例二

这个漏磁场一方面会消耗磁势使线圈发热；另一方面将扩大磁极端面附近产生的检测盲区，从而缩小检测的有效磁化区。因此，在使用交叉磁轭时应当注意这个问题。一般来说，此间隙在保证能行走的情况下越小越好，如 0.5 mm，提升力应大于等于 118 N。

(2) 交叉磁轭的行走速度要适宜　与其他方法不同，使用交叉磁轭时通常是连续行走检测。而且从检测效果来说，连续行走检测比固定不动检测不仅效率高，而且可靠性高。只要操作无误，不会造成漏检。

交叉磁轭相对于工件作相对移动，也就是磁化场随着交叉磁轭在工件表面移动。对于在工件表面有效磁化场内的任意一点来说，始终在一个变化着的旋转磁场作用下，因此，在被检测面上任意方向的裂纹都有与有效磁场最大幅值正交的机会，从而得到最大限度的缺陷漏磁场，这就是使用交叉磁轭旋转磁场检测的独特之处，是其他磁化方法所不及的。

交叉磁轭行走速度最快不超过 4 m/min，灵敏度和行走速度应根据标准试片上的磁痕显示来确定。

(3) 磁悬液的喷洒原则　为了避免磁悬液的流动而冲刷掉缺陷上已经形成的磁痕，并使磁粉有足够时间聚集到缺陷处，规定喷洒磁悬液的原则是：在检测球罐环缝时，磁悬液应喷洒在行走方向的前上方，如图 8—5 所示；在检测球罐的纵缝时，磁悬液应喷洒在行走方向的正前方，如图 8—6 所示。

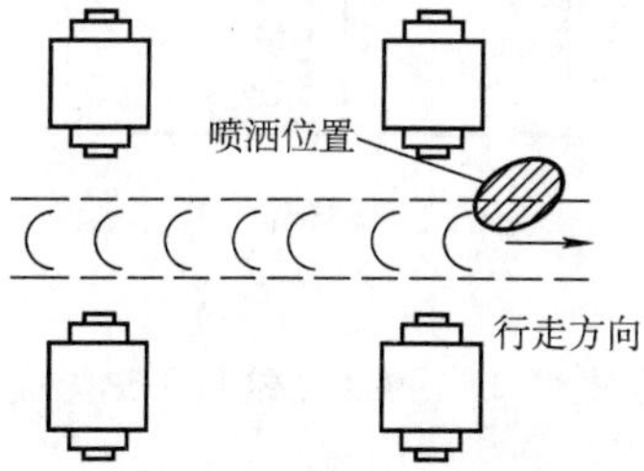

图8—5 检查球罐环缝磁悬液喷洒位置

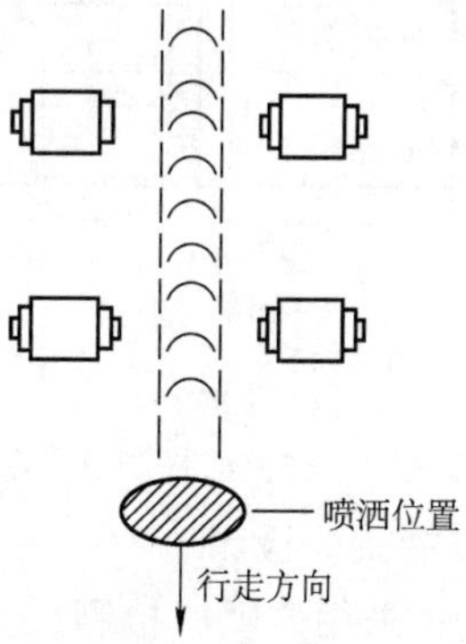

图8—6 检查球罐纵缝磁悬液喷洒位置

(4) 观察磁痕应尽快进行　用交叉磁轭检测时，在交叉磁轭通过检测部位之后，应尽快观察辨认有无缺陷磁痕，以免磁痕显示被破坏而影响检测结果的正确判定。

如果工件的曲率半径太小，采用磁轭法和交叉磁轭法不能保证磁极与工件表面接触良好或磁极间距无法满足标准要求时，例如检测直径较小的管子对接焊缝，则应采用触头法和电缆缠绕线圈法。触头法检测管子对接焊缝时触头布置方向和要求如图 8—7 和图 8—8 所示。电缆缠绕法检测管子对接焊缝如图 8—9 所示。

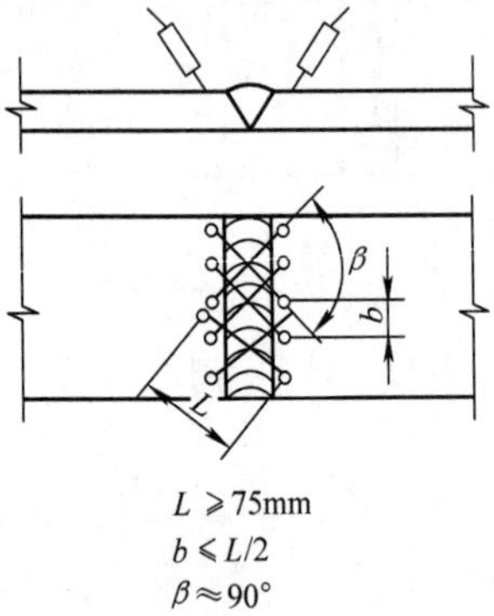

图 8—7　触头法检测管子对接焊缝示例一

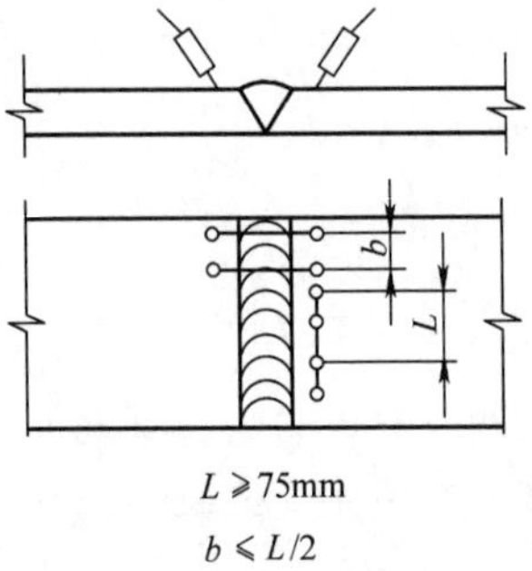

图 8—8　触头法检测管子对接焊缝示例二

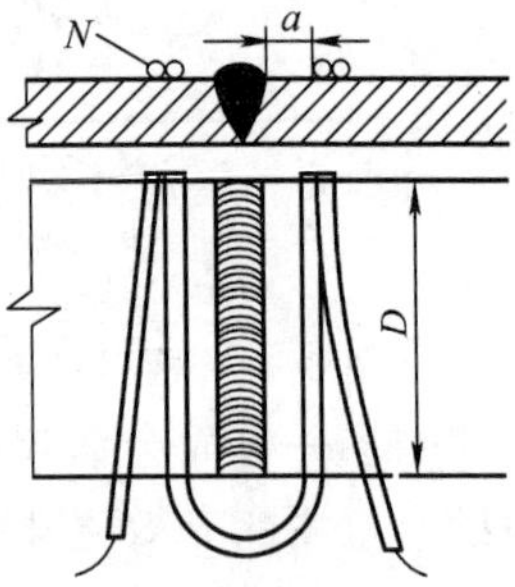

图 8—9　电缆缠绕法检测管子对接焊缝

4. T 形焊接接头的检测

T 形焊接接头由于翼板与腹板相互垂直，采用电磁轭法应选用带活动关节的电磁轭，通过调节活动关节的角度，来保证磁极与工件表面接触良好。磁轭法检测 T 形焊接接头时，磁轭布置方向和要求如图 8—10 所示。另外，采用触头法也可实现对 T 形焊接接头的检测，但采用触头法时通电时间不应太长，电极与工件之间应保持良好的接触，以免烧伤工件。触头法检测 T 形焊接接头时磁轭布置方向和要求如图 8—11 所示。

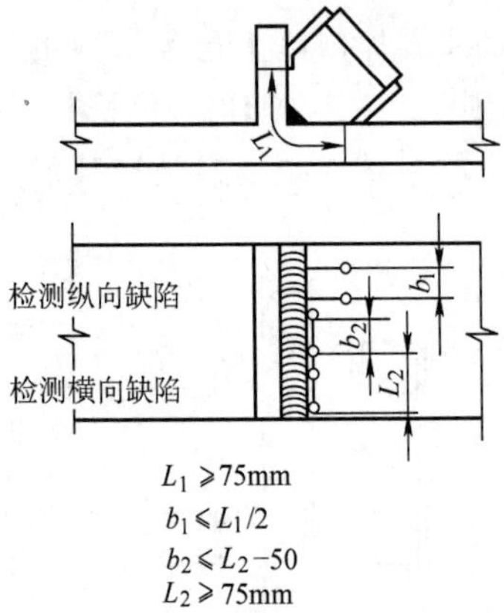

图 8—10　磁轭法检测 T 形焊缝

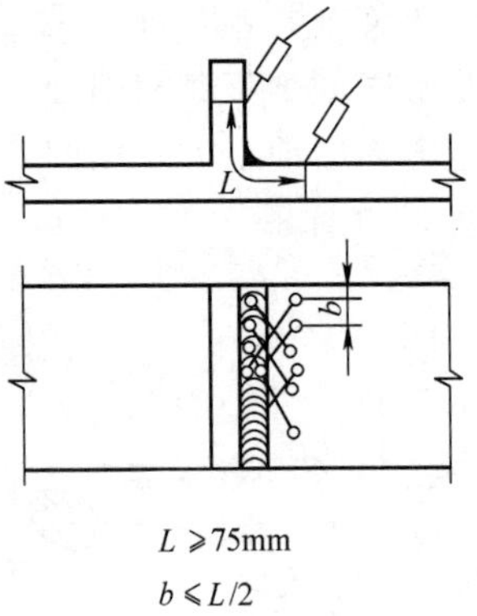

图 8—11　触头法检测 T 形焊缝

5. 角接接头的检测

角接接头采用磁轭法检测最大的困难是难以保证磁极与工件表面可靠的接触，如果工件的曲率半径较大，可选用带活动关节的电磁轭进行检测，通过调节活动关节的角度，来保证磁极与工件表面接触良好。磁轭法检测管-板角焊缝和管-管角焊缝时，磁轭的布置方向和要求分别如图 8—12 和图 8—13 所示。

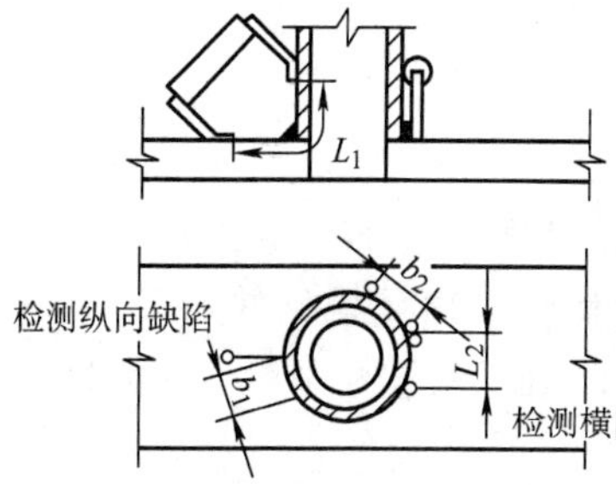

图 8—12　磁轭法检测管-板角焊缝

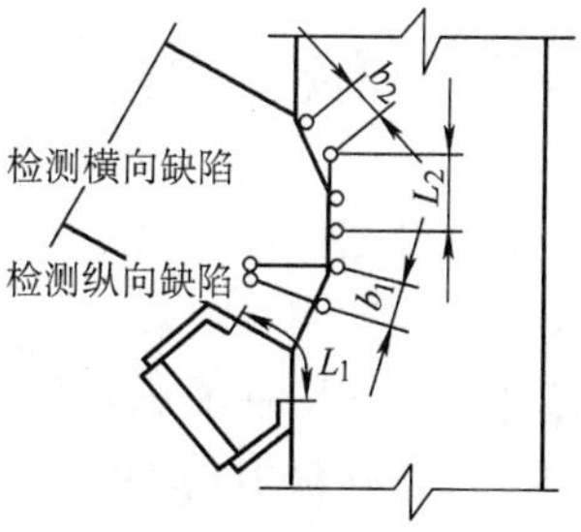

图 8—13　磁轭法检测管-管角焊缝

触头法是检测角接接头常用的方法，与磁轭法相比，采用触头法基本不受工件曲率的影响，可实现触头与工件表面的可靠接触，从而保证有较高的检测灵敏度。但采用触头法应注意工件过热和打火烧伤问题。触头法检测管-板角焊缝和管-管角焊缝时，触头的布置方向和要求分别如图 8—14 和图 8—15 所示。

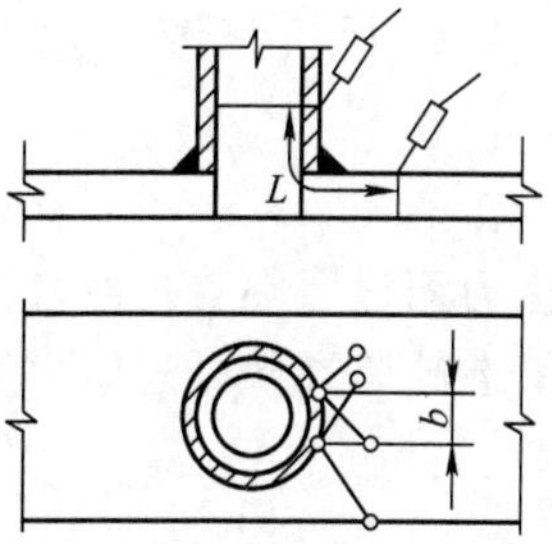

图 8—14　触头法检测管-板角焊缝

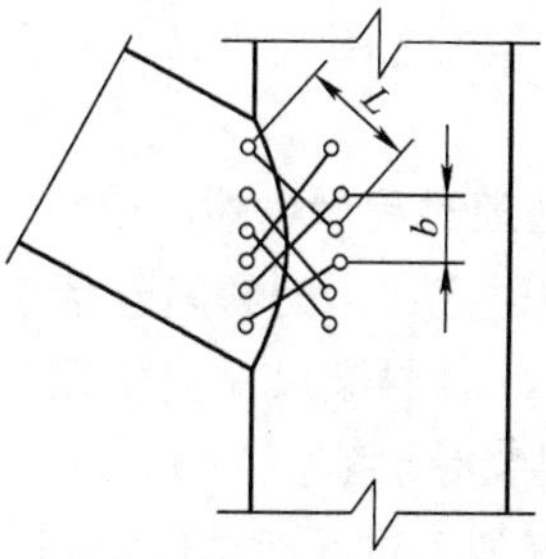

图 8—15　触头法检测管-管角焊缝

对于管-板角焊缝和管-管角焊缝的纵向缺陷，也可用绕电缆法进行检测，绕电缆法一次磁化可以检测所有纵向缺陷，并能实现非电接触，方法简单，检测灵敏度较高。绕电缆法应控制焊缝与电缆之间的间距 a，一般要求 20 mm$\leqslant a \leqslant$50 mm，同时采用标准试片确认磁化规范是否满足要求。绕电缆法检测管-板角焊缝和管-管角焊缝的要求分别如图 8—16 和图 8—17 所示。

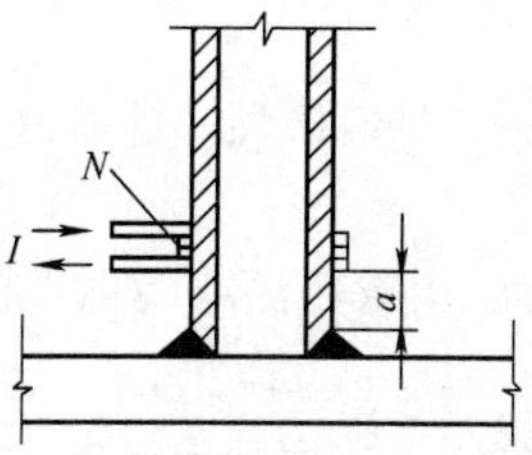

图 8—16　绕电缆法检测管-板角焊缝

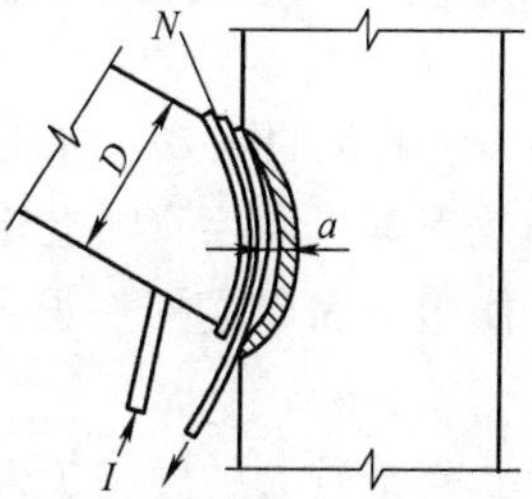

图 8—17　绕电缆法检测管-管角焊缝

8.2 锻钢件磁粉检测

锻钢件是通过把钢加热后锻造或挤压成型的。锻造工艺能够节省钢材，生产效率高，锻钢件材料致密、强度高，所以在机械零件生产中占有一定比例。由于锻钢件加工工序较多，在生产上容易产生不同性质的缺陷，所以只有把锻钢件在制造工艺过程中产生缺陷的不合格品挑选出来，才能确保锻钢件的质量。

8.2.1 锻钢件检测的特点

锻造加工成型方法粗略分为自由锻和模锻两种形式，其工艺过程一般由下列工序组成：

下料—加热—锻造—检测—热处理—检测—机械加工—表面热处理—机械加工—最终检测—成品。

从上面的工艺路线来看，锻钢件缺陷来源大体上可归纳为以下几方面：

1. 锻造过程产生的缺陷

锻造过程产生的缺陷包括原材料不良（有夹渣、气孔、夹杂、疏松、缩孔等）、下料剪切和锻造操作工艺不当以及模具设计不合理等原因产生的锻造裂纹、折叠、白点和发纹等缺陷。

2. 热处理过程产生的缺陷

热处理过程产生的缺陷包括在提高锻件强度消除锻造应力而进行热处理时，由于热处理工艺不当、工件异型尺寸变化大引起热应力集中以及材料锻造缺陷在热处理时扩展等原因产生的淬火裂纹等缺陷。

3. 机械加工过程产生的缺陷

机械加工过程产生的缺陷包括磨削裂纹、矫正裂纹等。

4. 表面热处理过程产生的缺陷

表面热处理过程产生的缺陷包括工艺不当引起的裂纹以及孔槽等部位热应力不均引起的淬火裂纹等。

上面分析了锻钢件的缺陷来源，说明锻件不仅多数形状复杂，而且经历冷、热加工工序，容易产生各种性质的缺陷。

8.2.2 锻钢件检测方法选择

选择锻钢件检测设备和工艺时，应考虑工件的尺寸形状、材料磁性、检验部位、灵敏度要求和生产效率等因素，原则上建议做如下考虑：

（1）不能搬上固定式探伤设备的大型工件，采用触头法、磁轭法或绕电缆法进行局部检测。

（2）形状复杂较大的轴类工件（例如曲轴等）采用连续法，并用轴向通电法和线圈法开路分段磁化，建议不采用剩磁法。

（3）尺寸较小的轴类、销子、转向接臂、齿圈、刀具等可分别选用通电法、中心导体法以及线圈磁化法。至于哪些工件采用剩磁法，可根据工件的形状、材料磁性和热处理状态来确定。对于批量大的工件最好用传送带进行半自动检验，以提高工作效率。

8.2.3 锻钢件检测实例

1. 曲轴磁粉检测

曲轴有模锻和自由锻两种，以模锻居多。

（1）检测方法　曲轴形状复杂且有一定的长度，可采用连续法，并用轴向通电法进行周向磁化，线圈法分段进行纵向磁化，如图 8—18 所示。

（2）缺陷特征　曲轴上的缺陷特征为：

1）剪切裂纹分布于大小头端部，横穿截面明显可见。

2）原材料发纹沿锻造流线分布，长的可贯通整个曲轴，短的为 1～2 mm。出现部位无规律，且与整批钢材质量有关。非金属夹杂严重者在淬火时有的会发展为淬火裂纹，两侧无脱碳，借此可与锻造裂纹相区别。

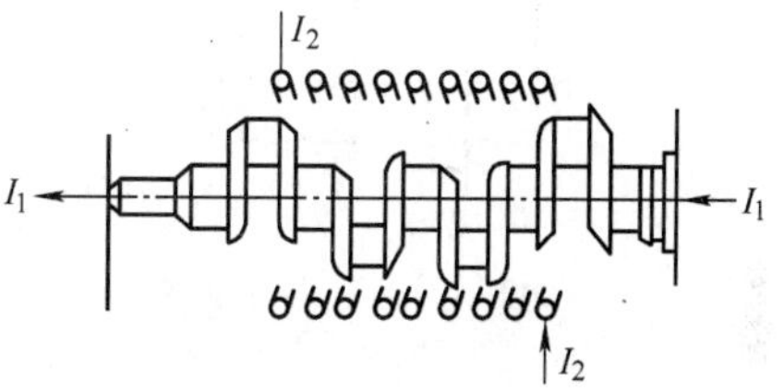

图 8—18　曲轴磁粉检测

3）皮下气孔锻造后呈短而齐头的线状分布。

4）锻造裂纹磁痕曲折粗大、浓密清晰。

5）折叠在锻造滚光和拔长对挤时形成。前者磁痕与纵向成一角度出现，后者在金属流动较差部位呈横向圆弧形分布。

6）感应加热引起的喷水裂纹呈网状，成群分布在圆周过渡区。长度从几毫米开始，深度一般不超过 0.1 mm，磁痕很细，如果检测工艺不当容易漏检。

7）油孔淬裂起因于感应加热时热应力分布不均，深度一般大于 0.5 mm，长度不等，裂纹由孔向外扩展，个别位于油孔附近。可单个存在，或多条呈辐射状分布。裂纹始端在厚薄过渡区，而不是在最薄部位。

8）矫正裂纹多集中在淬硬层过渡带。

9）磨削裂纹是由于曲轴感应加热时已存在一定程度的热应力，在粗磨和精磨过程中又叠加组织应力和热应力，导致开裂。裂纹垂直于磨削方向呈平行分布。

2. 塔形试样磁粉检测

塔形试样是用于抽样检验轧制钢棒和钢管原材料缺陷的试验件，如图 8—19 所示，磁粉检测主要为了检查发纹和非金属夹杂物等缺陷。

检测塔形试样应作如下考虑：

（1）发纹都是沿轴向或与轴向成一夹角，所以只进行轴向通电法检测。

（2）塔形试样都是在热处理前检测，所以采用湿连续法。

（3）磁化电流可按各台阶的直径分别进行计算，磁化和检测的顺序是从最小直径到最大直径，逐阶磁化检测；也可先按最大直径选择电流检测塔形试样的所有表面，若发现缺陷，再按相应直径规定的磁化电流磁化和检测。

(4) 如果磁粉检测不能对缺陷定性，可用酸浸法进行实验验证和定性。

3. 万向接头磁粉检测

万向接头是受力的锻钢件，如图 8—20 所示。由于缺陷方向不能预估，所以至少应在两个以上方向磁化，可在固定式探伤机上用湿法连续法检测。磁化方法如下：

(1) 孔周围是关键的受力部位，应采用中心导体法磁化和检测孔内、外表面及端面的缺陷。

(2) 用轴向通电法进行周向磁化，检测纵向缺陷。

(3) 在线圈内纵向磁化，检测横向缺陷。纵向磁化 $L/D<2$ 时应采用延长块接长。

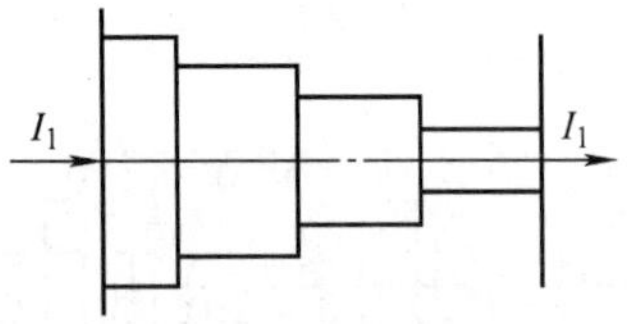

图 8—19　塔形试样

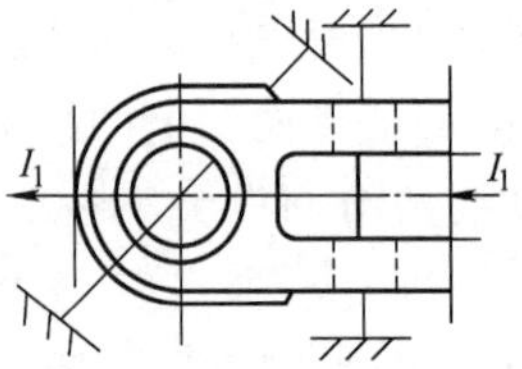

图 8—20　万向接头

8.3　铸钢件磁粉检测

8.3.1　铸钢件检测的特点

铸钢件由于易成型为复杂工件而被广泛利用。铸钢件种类繁多，大的砂型铸钢件，重达数吨，一般表面粗糙，形状复杂；精密铸钢件形状复杂，体积较小，但表面较光。

铸钢件磁粉检测一般可作如下考虑：

(1) 精密铸钢件体积小、重量轻、加工量也小，要求检出表面微小缺陷，所以应在固定式探伤机上至少两个方向磁化，并用湿法检验。

(2) 砂型铸钢件一般体积和重量较大，壁厚较大，要求检出表面和近表面较大的缺陷，所以应采用单相半波整流电磁化，并用干法检验，以检出铸造裂纹和皮下气孔、夹渣等缺陷。磁化方法可选用触头法和磁轭法局部检测。

(3) 铸钢件由于内应力的影响，有些裂纹延迟开裂，所以不应铸造后立即检测，而应等一两天后再进行检测。

(4) 根据热处理状态、B_r 和 H_c 值，决定使用连续法还是剩磁法。

8.3.2　铸钢件检测实例

1. 空心十字铸钢件磁粉检测

空心十字铸钢件如图 8—21 所示。磁化方法：使用两次中心导体法周向磁化，并使用两次绕电缆法纵向磁化。磁化电流可采用交流电或整流电，中心导体法最好用直流电。根据钢材磁特性可采用连续法或剩磁法，用湿法检验。

2. 高压厚壁三通管磁粉检测

高压厚壁三通管裂纹经常产生在三通管分叉处。若按图 8—22 所示用轴向通电法磁化三通管，在三通管上会产生周向磁场，但裂纹与磁感应线之间有一夹角，使检测灵敏度不高而不易被发现；若按图 8—23 所示用绕电缆法磁化三通管，则产生的纵向磁场方向正好与裂纹方向垂直，有利于发现该裂纹，灵敏度高。

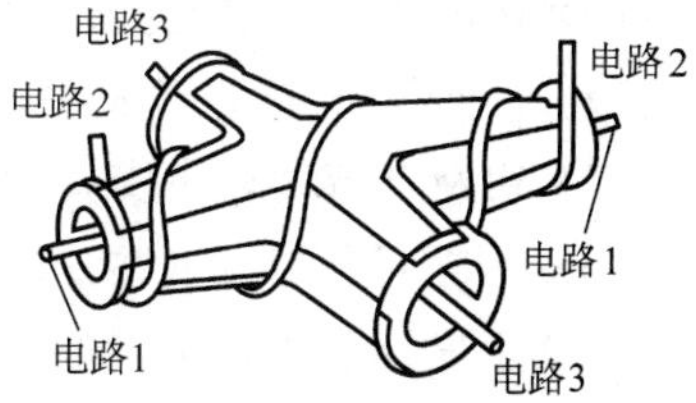

图 8—21　空心十字铸钢件

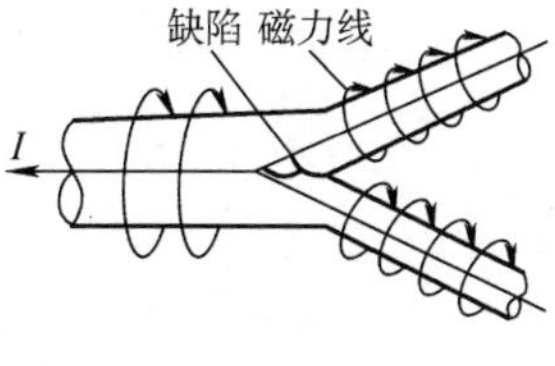

图 8—22　轴向通电法磁化三通管

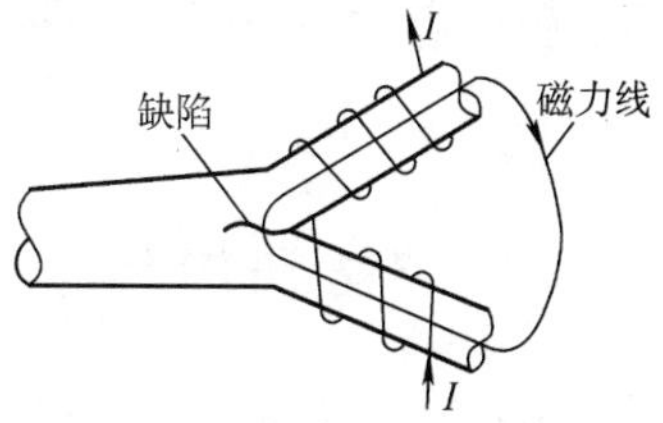

图 8—23　绕电缆法磁化三通管

3. 凸轮磁粉检测

凸轮是受力的精密铸件，如图 8—24 所示。其材料为 ZG35CrMnSi，凸轮需在毛坯件和热处理、机加工后分别进行检测，工件表面要喷砂清理，磁粉检测可作如下考虑：

(1) 毛坯件用湿连续法检测，热处理机加工后用湿式剩磁法检测。

(2) 轮子部位应采用中心导体法磁化，经常发现的缺陷是铸造裂纹和夹杂物。

(3) 对杆部进行轴向通电法磁化，再用线圈法进行纵向磁化，在杆的根部经常发现纵向和横向裂纹。

(4) 对发现的缺陷可以用打磨排除。

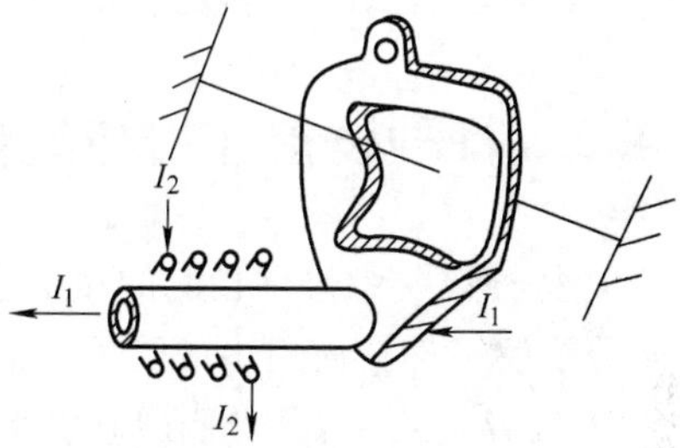

图 8—24　凸轮

4. 铸钢阀体磁粉检测

铸钢阀体如图 8—25 所示。其形状复杂，表面粗糙，检测面积也很大，并且要求检测出近表面一定深度的缺陷。根据这个工件的特点，检测时要作如下考虑：

(1) 阀体的体积很大，不可能放置在固定式探伤机上，所以要用移动式探伤机，到现场进行检测。

(2) 由于要求检查出近表面缺陷，宜采用单相半波整流电。

(3) 工件表面粗糙，而且又是现场检查，宜采用干法检测。

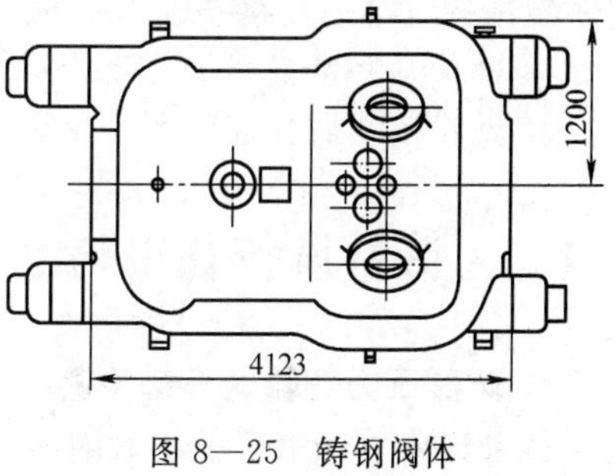

图 8—25　铸钢阀体

具体操作程序如下：

(1) 清理受检表面，将工件表面的砂子、氧化皮、油污等清除，表面要完全干燥。

(2) 用触头法磁化，电流强度为 800 A，支杆间距 200 mm。

（3）在电流接通的情况下，用喷粉器将磁粉均匀喷洒在工件上，随后用压缩空气吹走多余的磁粉，但风量要适当掌握，不要将缺陷上已形成的磁痕吹掉。

（4）切断电流，取下支杆电极。

（5）在适当照明下观察缺陷。

阀体上常出现的缺陷有热裂纹和冷裂纹，表现为锯齿状的线条；缩孔表现为不规则的、面积大小不等的斑点；夹杂表现为羽毛状的条纹。

8.4 特种设备在用与维修件磁粉检测

8.4.1 特种设备在用与维修件磁粉检测的要求

1. 对在用特种设备进行磁粉检测时，如制造时采用高强度钢以及对裂纹（包括冷裂纹、热裂纹、再热裂纹）敏感的材料；或是长期工作在腐蚀介质环境下，有可能发生应力腐蚀裂纹的场合，宜采用荧光磁粉检测方法进行检测。检测现场环境应符合6.3的要求。

2. 对装过易燃易爆材料的容器，绝对不能使用通电法和触头法在容器内对焊缝进行磁粉检测，以防打火引起燃烧或爆炸，内部清理和表面预处理很重要。

8.4.2 特种设备在用与维修件磁粉检测的特点

1. 特种设备维修件检测的目的主要是为了检查疲劳裂纹和应力腐蚀裂纹，所以检测前，要充分了解工件在使用中的受力状态、应力集中部位、易开裂部位以及裂纹的方向。

2. 疲劳裂纹一般出现在应力最大部位，因此，在许多情况下，只需要进行局部检查。特别是不能拆卸的组合件只能局部检测。

3. 常用的磁粉检测方法是触头法、电磁轭法、线圈法（绕电缆法）等，已拆卸的小工件常常利用固定式探伤机进行全面检测。

4. 对于不可接近或视力不可达的部位，可使用内窥镜配合检测。对于危险孔，最好采用磁粉探伤-橡胶铸型法。

5. 许多维修件有镀层或漆层，须采用特殊的检测工艺，必要时要除掉表面覆盖层。

6. 磁粉检测后往往需要记录磁痕，以观察疲劳裂纹的扩展。

8.4.3 特种设备在用与维修件检测实例

1. 球形压力容器的开罐检测

特种设备在用球形储罐如图8—26所示，检测应按在用与维修件磁粉检测的要求进行。磁化规范与新制球形储罐一样。

现以手工电弧焊焊接的球形容器开罐检测为例简述磁粉检测的实施方法。

（1）检测部位　球形容器的内、外侧所有焊缝（包括管板接头及柱腿与球皮连接处的角焊缝）和热影响区以及母材机械损伤部分都需要进行检测。

（2）表面清整　应把焊缝表面的焊接波纹及热影响区表面的飞溅用砂轮进行打磨，不得有凹凸不平的棱角。若做过磁粉检测，且已打磨过，表面只有浮锈时，可用喷砂或钢丝刷除去焊缝及热影响区表面的浮锈。

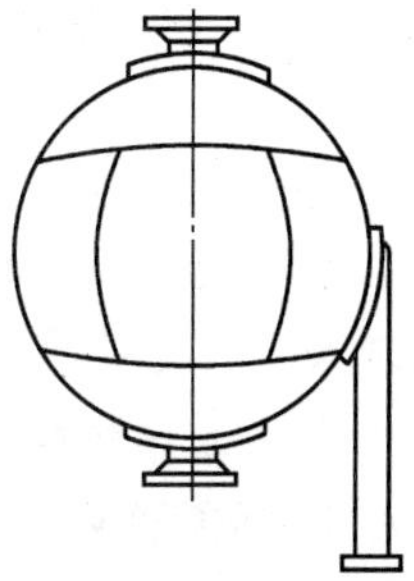

图 8—26　球形储罐

（3）检测操作　检测操作应注意以下几点：

1）检测对接焊缝时，是把交叉磁轭跨在焊缝上连续行走检测。当检测球罐纵缝时，交叉磁轭行走方向要自上而下。

2）进出气孔及排污孔管板接头的角焊缝，用磁轭法或触头法紧靠管子边缘沿圆周方向检测。

3）母材机械损伤部分的面积一般不大，可用磁轭法进行检测。

4）柱腿与球皮连接处的角焊缝，由于位置关系一般无法用交叉磁轭检测，多数用磁轭法检测。

2. 高压螺栓和石油钻管的钻铤磁粉检测

高压螺栓和钻铤都是受力的关键零件。高压螺栓如图 8—27 所示。横向裂纹对螺栓的危害性要比纵向裂纹大很多。所以应选择最佳方案，把高压螺栓表面的微小缺陷检测出来。一般推荐使用：线圈法纵向磁化，采用湿法、剩磁法和低浓度的荧光磁悬液检测，要反复施加磁悬液，既要使螺纹部分缺陷清晰，又要衬度好。它比使用通电法周向磁化（要求检验纵向缺陷除外），采用干法、连续法和高浓度的荧光磁悬液的检测效果好，也更可靠。周向磁化可用轴向通电法、湿法剩磁法检测。

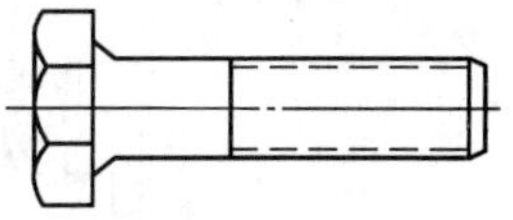

图 8—27　高压螺栓

3. 镀硬铬钢管磁粉检测

使用中的镀硬铬钢管易产生疲劳裂纹，所以要定期检测。最好是带铬层检测（如果铬层厚度小），因为高强度合金退铬后再镀，会影响工件使用寿命，一般只允许再镀几次。由于铬层表面粗糙度低，表面覆盖层对检测灵敏度也有一定的影响。因此，应采用特殊的工艺：

（1）采用严格规范进行周向和纵向磁化。

（2）用连续法检测，每次只检测一小块面积，因工件表面粗糙度低，磁痕容易分散消失。

（3）应将管子沿圆周方向转动 4～6 次，每次转动钢管 60°～90°，检测完一个面再转动。

（4）应采用优质黑色磁粉或荧光磁粉检测，并且磁悬液浓度应大一些，建议荧光磁粉磁悬液浓度为 2 g/L，黑磁粉磁悬液为 20～25 g/L。作为特例，油基载液可选运动黏度在 10 cSt以上的变压器油与黑磁粉配制磁悬液，检测效果更好。

（5）必要时，在铬层表面喷洒一层很薄的反差增强剂，以便磁痕容易形成和观察。

8.5　特殊工件磁粉检测

某些形状、尺寸、重量特殊的工件，常常需采取一些相应的特殊检验工艺或设备，举例如下：

8.5.1 弹簧磁粉检测

弹簧能够发生大量弹性变形，从而吸收冲击能量和缓和冲击与震动，它受交变载荷作用。破坏的主要原因是反复疲劳载荷。弹簧上的缺陷会导致大的机械事故，所以弹簧检验极为重要。

弹簧分压缩弹簧和拉伸弹簧两种。

1. 压缩弹簧

压缩弹簧如图 8—28 所示。对压缩弹簧的磁粉检测应作如下考虑：

（1）为了检测压缩弹簧钢丝上的纵向缺陷，应将弹簧钢丝夹在两磁化夹头之间，如图 8—28a 所示；或将弹簧套在一个长度略短于弹簧的绝缘木棒或胶木棒上，使弹簧钢丝两端被夹在两磁化夹头间，使电流沿弹簧钢丝通过进行磁化，如图 8—28b 所示，这样做的目的是用绝缘棒支撑磁化夹头的距离，使弹簧不致过于压缩。连续法电流用 $I=8D$，剩磁法电流用 $I=25D$，D 是弹簧钢丝直径。

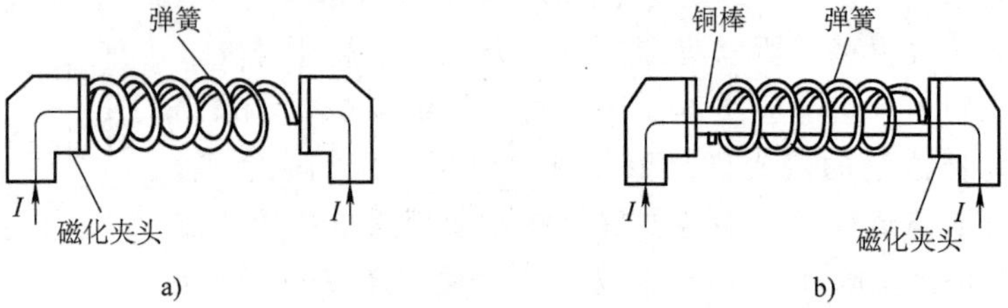

图 8—28 压缩弹簧

a）通电法 b）中心导体法

（2）对弹簧用中心导体法进行周向磁化，以检测与弹簧钢丝成一角度的横向缺陷，灵敏度较低。连续法电流用 $I=8D$，剩磁法电流用 $I=25D$（D 是弹簧的外直径）进行近似计算或用标准试片试验确定磁化规范。

（3）根据材料的热处理状态和磁特性，选用湿连续法或湿式剩磁法检测。

（4）弹簧钢丝上经常出现的纵向缺陷有裂纹、发纹、拉痕等，一般可通过打磨排除。横向缺陷对弹簧的疲劳强度影响较大，处理时应慎重。

（5）弹簧退磁困难，用线圈法退磁时，应边转动边拉出。

CXW-6000 圆柱弹簧自动探伤机可进行复合磁化，检测效果较好。

2. 拉伸弹簧

拉伸弹簧如图 8—29 所示。对拉伸弹簧的磁粉检测应作如下考虑：

图 8—29 拉伸弹簧

（1）为了检测拉伸弹簧钢丝上的纵向缺陷，应首先在拉力机上将弹簧拉开，再将弹簧用绝缘棒支撑，将弹簧两端头夹在探伤机两磁化夹头之间，进行通电法磁化。连续法电流用 $I=8D$，剩磁法电流用 $I=25D$，D 是弹簧钢丝直径。

（2）为了检测拉伸弹簧钢丝上的横向缺陷，应在拉力机上拉开弹簧，在每圈之间夹上绝缘垫片，再采用中心导体法磁化。连续法电流用 $I=8D$，剩磁法电流用 $I=25D$（D 是弹簧的外直径）进行近似计算或用标准试片进行试验来确定磁化规范。拉伸弹簧这样磁化检测存在的缺点是：在弹簧钢丝与绝缘片交界处用连续法检测时，局部观察不到磁痕，所以最好用剩磁法。

（3）常见的缺陷和退磁方法与压缩弹簧相同。

8.5.2 板弯型材磁粉检测

板弯型材是用轧板机将钢板轧成的型材，材料是 Cr17Ni7 沉淀硬化不锈钢，板厚为 0.8 mm。其工艺的优点是：钢板在软化状态下成型，然后回火沉淀硬化。

这种工件磁粉检测时应作如下考虑：

（1）检测工序应安排在回火沉淀硬化以后。

（2）缺陷只存在于轧制线的两条棱上和两端面倒角处。因为棱上在轧制时受的是拉力，当倒角小、塑性变形不良时，原材料上的小缺陷会被扩大，产生纵长裂纹；内倒角受的是压力，不容易产生缺陷；两端面倒角处加工粗糙度高，轧制时又受到内挤外拉的力，容易产生缺陷。

（3）由于工件壁很薄，采用轴向通电法会引起烧伤或变形，触头法磁化同样会引起烧伤。

（4）将工件放在铜棒或铜板上，用平行磁化法磁化，可避免烧伤和变形。板弯型材的平行磁化如图 8—30 所示。

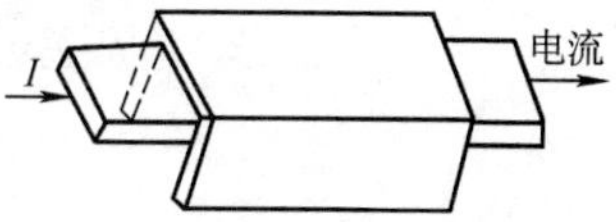

图 8—30　板弯型材的平行磁化

（5）要保证棱上受检部位至少有 2 400 A/m 的磁场强度，即保证标准试片上磁痕显示清晰。

（6）这种钢材磁性较差，又要求检查出微小缺陷，所以应采用湿连续法检测。

8.5.3 滚珠磁粉检测

滚珠表面粗糙度低，不允许用夹持通电的方法。采用感应电流法可实现无电接触。首先把滚珠当作立方体，然后在 X，Y，Z 三个方向分别进行周向磁化和检测。

8.6 磁粉探伤-橡胶铸型法及其应用

1. 磁粉探伤-橡胶铸型法

磁粉检测的结果评定以观察到磁痕显示为前提，而飞机上某些部位因为结构复杂等原因却很难直接观察到磁痕显示。为了解决这类难题，美国 Convair 航空公司在 20 世纪 70 年代初，首创了磁橡胶探伤法（MRI）。该法是将黑磁粉弥散于室温硫化硅橡胶液中，加入固化剂后，倒入经适当围堵的受检部位，磁化工件，在缺陷漏磁场的作用下，磁粉在橡胶液内迁移和排列。取出固化的橡胶铸型，即可获得一个含有缺陷磁痕显示的橡胶铸型，可放在光学显微镜下观察，进行磁痕的分析和评定。

我国航空工业部的郑文仪在MRI法的基础上发明了一种新型的无损检测方法，它是将磁粉检测与橡胶铸型（Rubber Cast）结合使用，采用剩磁法磁粉检测，将检测出来的缺陷磁痕显示“复制”在（镶嵌在）室温硫化硅橡胶加固化剂所形成的固化橡胶铸型表面，再对橡胶铸型上复制的磁痕显示用目视或在光学显微镜下观察，进行磁痕分析和评定。故命名为磁粉探伤-橡胶铸型法，简称MT-RC法，详见HB5370磁粉探伤-橡胶铸型法。

MT-RC法区别于MRI法之处，在于橡胶内并没有混入黑磁粉，橡胶仅用来复制磁粉检测所显示的缺陷磁痕。

MT-RC法克服了MRI法的某些固有的弱点，而显示出更大的优越性，如：理想的对比度、更高的灵敏度、稳定的可靠性和良好的工艺性。

检测出的橡胶铸型上显示的孔壁磨削裂纹如图8—31所示。

图8—31　橡胶铸型上显示的孔壁磨削裂纹

2. 应用范围

（1）可间断监测重要孔洞内疲劳裂纹的起始和发展。

（2）可检测工件上孔径不小于3 mm的内壁和难以观察到的部位的缺陷。

（3）用于缺陷磁痕显示的复制，记录的缺陷磁痕显示，可永久保存。

3. 材料和设备

（1）胶料　MT-RC所用橡胶材料为室温硫化硅橡胶，这种橡胶加入适量的固化剂，在室温条件下能够固化成具有弹性的固态橡胶。

（2）硫化剂。

（3）磁粉　MT-RC所用的磁粉为优质黑色氧化铁粉，应符合JB/T 6063—1992的规定。

（4）磁悬液　用无水乙醇与磁粉配成磁悬液，磁悬液浓度在1～3 g/L左右。

注意：磁悬液必须能够检出标准缺陷样件上的小裂纹方可使用。

（5）设备　推荐采用以下型号的交流便携式磁粉探伤机：

CY-500型，适于12 mm以下的孔径。

CY-1000型，适于25 mm以下的孔径。

4. 检查工艺（以机翼主梁螺栓孔为例）

（1）表面准备

1）将螺栓分解下来，用溶剂除去孔内外油污，再用干净布裹在竹棍或木棍上蘸上乙醇仔细地擦拭孔壁。

2）螺栓孔的粗糙度 R_a 一般要求大于6.3。

（2）磁化

1）用剩磁法进行磁化。

2）检查孔壁轴向裂纹采用中心导体法。即把铜棒插入螺栓孔，使交流电从棒上通过，通电时间为0.2～1 s，电流安培值取 $I=25\sim45D$（D 为孔的直径，单位为mm）。

（3）浇注磁悬液　磁化之后，将配好的磁悬液搅拌均匀吸入洗耳球或滴管中，对竖直的螺栓孔，可用手指（或塑料塞）堵住螺栓孔的底部，摇晃洗耳球，将磁悬液从孔的上方注入孔中，直至注满为止。10 s左右以后松开手指（或取掉堵塞），让磁悬液流掉。

（4）漂洗　根据磁悬液浓度、孔的结构，可酌情使用无水乙醇漂洗孔壁，方法同（3），只是用无水乙醇代替磁悬液。

（5）干燥　孔内表面要充分自然干燥，孔底边缘的磁悬液可用布小心抹干。

（6）堵孔　用医用胶布或胶纸贴在孔的下部。在不会掩盖受检面的情况下，可用塑料塞堵孔。

（7）安放浇口杯，浇注橡胶铸型　浇口杯是一种特制的金属套，它还具有使铸型易于拔出的作用，浇口杯内径应大于螺孔孔径。

将加入了固化剂的橡胶液经过浇口杯以一束细流徐徐流入螺栓孔，直至注满浇口杯为止。待橡胶固化后，撕去胶布或拔出塑料塞，用手指松动两端，然后将橡胶铸型慢慢拔出或用棒轻轻顶出。可用目视或10倍左右放大镜在良好光线下观察橡胶铸型。

5. 优点

（1）检测灵敏度高，可发现长度为0.1～0.5 mm的早期疲劳裂纹。

（2）能较精确测量橡胶铸型上裂纹的长度，能间断跟踪检测疲劳裂纹的产生和扩展速率。

（3）磁痕显示与橡胶铸型的颜色对比度高。

（4）工艺稳定可靠，不受固化时间影响，磁痕显示重复性好。

（5）橡胶铸型可作为永久记录，长期保存。

6. 局限性

（1）可检测的孔深受橡胶扯断强度的限制。

（2）孔壁粗糙、孔形复杂、同心度差的多层结构的孔及其层间间隙均会增加脱膜的难度。

（3）整个检验过程相当慢，对于大面积的检测，成本高，工期长，不适用。

（4）只能用于剩磁法，不能用于连续法。

复习思考题

1. 用交叉磁轭磁化球罐焊缝时，喷洒磁悬液有哪些要求？

2. 检测特种设备，常用哪些磁化方法，有哪些组合使用的磁化方法？

3. 锻钢件磁化方法如何选择？

4. 特种设备在用与维修件磁粉检测的要求特点是什么？

*5. 磁粉探伤-橡胶铸型法的应用范围和优、缺点有哪些？

6. 铸钢件磁化方法如何选择？

7. 检测高压厚壁三通管表面各方向缺陷有几种磁化方法？

8. 高压螺栓及石油钻管的钻铤螺纹根部缺陷如何检测？

9. 检测特种设备的对接焊缝、T 形焊缝、管-板角焊缝和管-管角焊缝常用哪些磁化方法？

第9章 质量控制与安全防护

9.1 磁粉检测质量控制

为了保证磁粉检测的质量，即保证磁粉检测的灵敏度、分辨率和可靠性三个质量判据，必须对影响检测结果的诸因素逐个地加以控制。如检测人员要经过培训和资格鉴定；设备的精度和器材的性能要符合要求；从磁粉检测的预处理到后处理的检测全过程都必须严格按标准和规范进行；检测环境也应满足要求。即必须从人、机、料、法、环五个方面进行全面的控制。

所谓磁粉检测的灵敏度，是指发现最小缺陷磁痕显示的能力。能检测出的缺陷越小，检测灵敏度就越高，所以磁粉检测灵敏度是指绝对灵敏度。在实际应用中，并不是灵敏度越高越好，因为过高的灵敏度会影响缺陷的分辨率和细小缺陷磁痕显示检出的重复性，还将造成产品拒收率增加而导致浪费。

所谓磁粉检测的分辨率，是指可能观察到的最小缺陷磁痕显示和对它的位置、形状及大小的鉴别能力。

所谓磁粉检测的可靠性，是指对细小缺陷磁痕显示检测灵敏度和分辨率的重复性，从而保证磁粉检测结果的可靠性。

9.1.1 人员资格的控制

从事特种设备的原材料、零部件和焊接接头磁粉检测的人员，应按照《特种设备无损检测人员考核和管理规则》的要求取得相应的无损检测资格。

磁粉检测人员按技术等级分为Ⅲ级（高级）、Ⅱ级（中级）和Ⅰ级（初级）。取得不同无损检测方法各技术等级的人员，只能从事与该方法和该等级相应的无损检测工作，并负相应的技术责任。

由于磁痕显示主要靠目视观察，所以要求磁粉检测人员应具有良好的视力。磁粉检测人员未经矫正或经矫正的近（距）视力和远（距）视力应不低于5.0（小数记录值为1.0），并1年检查1次视力，也不得有色盲。

磁粉检测是保证产品质量和安全的一项重要手段，所以检测人员的培训、资格鉴定和人员素质是至关重要的，必须符合《特种设备无损检测人员考核和监督管理规则》的要求。磁粉检测人员除具有一定的磁粉检测基础知识和专业知识外，还应具有无损检测相关知识和特种设备的专门知识，了解特种设备的法规及产品标准中有关无损检测的规定，并掌握JB/T 4730.4—2005标准和无损检测专业知识在特种设备无损检测中的应用。检测人员还应具有丰富的实践经验和熟练的操作技能。

9.1.2 设备的质量控制

1. 电流表精度校验

磁粉探伤机上的电流表可拆下来校验，但最好是在探伤机上与电流互感器或分流器一起校验，至少半年进行一次。当设备进行重要电气修理、周期大修或损坏时，还应进行校验。

（1）交流电流表　使用标准交流电流表（指已校验过的精度高一级的电流表）和标准电流互感器在探伤机上校验交流电流表的电路如图9—1所示。如果探伤机的额定周向磁化电流为9 000 A，则可选用9 000/5的标准电流互感器和5 A的标准交流电流表进行校验。将一长为500 mm，直径至少25 mm的铜棒穿在电流互感器中，夹持在探伤机的两夹头之间通电，至少应在可使用的范围内选三个电流值，比较标准电流表与探伤机上电流表的读数值，误差小于±10%为合格。

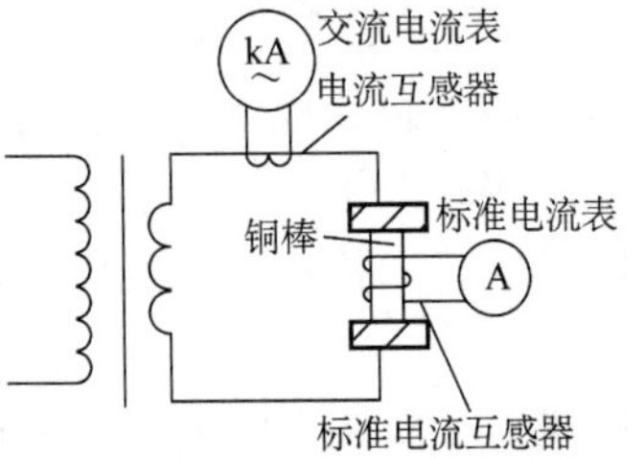

图9—1　校验交流电流表的电路

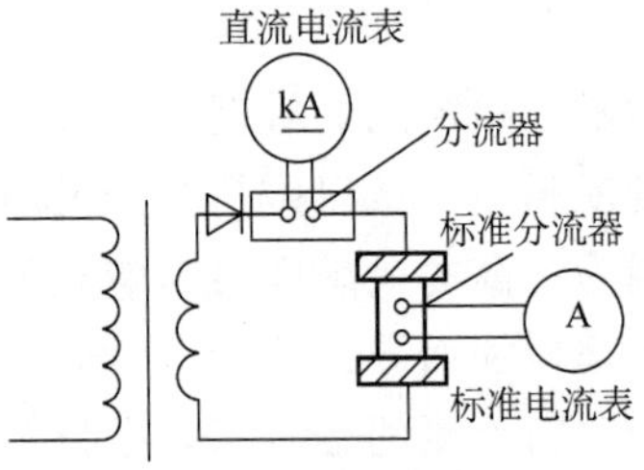

图9—2　校验直流电流表的电路

（2）直流电流表　使用标准直流电流表（指已校验过的精度高一级的电流表）和标准分流器在探伤机上校验直流电流表的电路如图9—2所示。

将标准分流器夹持在探伤机的两夹头之间进行通电，至少应在可使用的范围内选三个电流值，比较标准电流表与探伤机上电流表的读数值，误差小于±10%为合格。

2. 设备内部短路检查

磁粉检测设备如果出现内部短路，会造成磁粉检测时工件的成批缺陷漏检，后果极其严重，所以，设备内部短路检查至少每年检查一次。检查方法是：将磁化电流调节到经常使用范围的最大电流，当探伤机两夹头之间不夹持任何导体时，通电后电流表的指针如果不动，说明无短路。此检查仅适用于磁化夹头通电的固定式探伤机。

3. 电流载荷校验

探伤机的电流载荷，是指探伤机额定输出的周向磁化电流值。至少每年校验一次。校验方法是将一长为400 mm，直径为25～38 mm的铜棒夹持在探伤机的两夹头之间通电，观察电流表指示值。将磁化电流值调节到最小和最大值，检查最小电流值是否是零或足够小，不致于在检验小工件时烧伤工件；检查最大电流值能否达到探伤机的额定输出，如果达不到，应挂标签说明实际可达到的磁化电流值范围。

4. 快速断电校验（JB/T 4730.4—2005 没有要求）

快速断电效应，可使用快速断电测量器（148335 Quick Break Tester）校验。

校验三相全波整流电磁化线圈快速断电功能的方法是：

（1）去掉快速断电测量器上的铜板和托架。

（2）去掉线圈内所有的铁磁性材料。

（3）把快速断电测量器放在线圈内壁底部，与线圈绕组垂直，如图9—3所示。

（4）通以2 000 A的电流，通电时间约0.5 s，观察测量器上红色氖灯的指示情况。连续通电20次，每次红色氖灯都亮说明该设备有快速断电功能。

5. 通电时间校验

在三相全波整流磁粉探伤机上，用时间继电器来控制磁化电流的持续时间，要求通电时间控制在0.5～1 s之内。可使用袖珍式电秒表测量，至少每年校验一次。

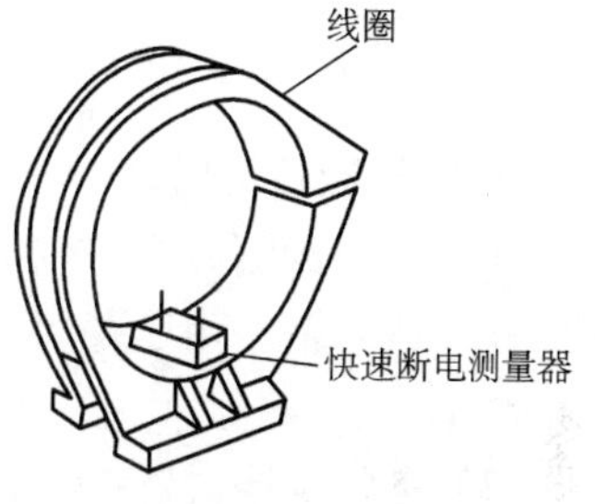

图9—3　快速断电校验

6. 电磁轭提升力校验

电磁轭的提升力至少半年校验一次。在磁轭损伤修复后应重新校验。永久磁轭在第一次使用前应进行提升力检验。当使用磁轭最大间距时，交流电磁轭至少应有45 N的提升力；直流电磁轭至少应有177 N的提升力；交叉磁轭至少应有118 N的提升力（磁极与试件表面间隙为0.5 mm）。

7. 退磁设备校验（JB/T 4730.4—2005 没有要求）

退磁设备应能保证工件退磁后表面的剩磁 $B_r \leqslant 0.3$ mT（相等于240 A/m），退磁效果可用袖珍式磁强计或剩磁测量仪测量。

为了测量和验收各种退磁设备的退磁效果，JB/T 8290—1998《磁粉探伤机》规定使用标准退磁样件进行。标准退磁样件材料用45钢，规格为 ϕ30 mm×300 mm，状态是860℃水淬火，480℃回火，洛氏硬度为38～42HRC。退磁后，剩磁不得大于0.3 mT（240 A/m）。

8. 测量仪器校验

磁粉检测用的测量仪器如照度计、黑光辐照计、袖珍式磁强计、毫特斯拉计（高斯计）和袖珍式电秒表应每年校验一次。这些仪器在大修后还应重新校验。

9.1.3　材料的质量控制

1. 磁悬液浓度测定

对于新配的磁悬液，其浓度应符合表4—1。对于在固定式探伤机上循环使用的磁悬液，沉淀浓度一般采用梨形沉淀管，用测量容积的方法来测定，每天开始检验前进行。

测定方法是：

（1）充分搅拌磁悬液，取100 ml注入沉淀管中。

（2）对沉淀管中磁悬液退磁（新配制的除外）。

（3）水磁悬液静置30 min，油磁悬液静置60 min，变压器油磁悬液静置24 h。

（4）读出沉淀磁粉的体积。磁悬液浓度的测定如图9—4所示，磁悬液浓度应符合表

4—1或合适的书面工艺要求。

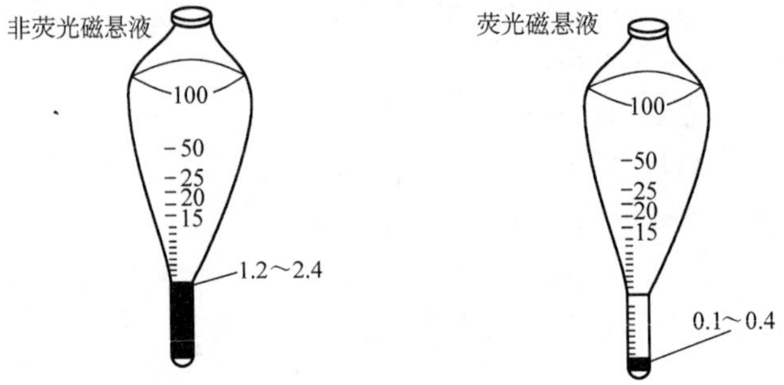

图 9—4 磁悬液浓度的测定

2. 磁悬液污染判定

在每次新配制磁悬液时，将搅拌均匀的磁悬液在玻璃瓶中注满 200 ml，放在阴暗处，作为标准磁悬液。用于每周一次和使用过的磁悬液做对比试验，进行污染判定。

测定方法：

(1) 充分搅拌磁悬液，取 100 ml 注入沉淀管中。

(2) 对沉淀管中磁悬液退磁（新配制的除外)。

(3) 水磁悬液静置 30 min，油磁悬液静置 60 min，变压器油磁悬液静置 24 h。

(4) 在白光和黑光（用于荧光磁悬液）下观察，梨形管沉积物中若明显分成两层，当上层污染物体积超过下层磁粉体积的 30%时为污染。

(5) 用未使用过的标准磁悬液与使用过的磁悬液比较，在黑光下观察，发现荧光磁粉的亮度和颜色明显地降低，或磁悬液沉积物之上的载液发荧光，以及磁悬液变色、结团等都说明磁悬液污染。应更换新磁悬液。

3. 水磁悬液润湿性能试验（水断试验）

应在每次检测前进行，试验方法是将水磁悬液施加在工件表面，停止浇磁悬液后，如果工件表面水磁悬液的薄膜是连续不断的，在整个工件表面连成一片，说明润湿性能良好；如果工件表面的水磁悬液薄膜断开，工件有裸露的表面（即水断表面)，说明水磁悬液的润湿性能不合格。此时应添加润湿剂或清洗工件表面，使之达到完全润湿。

9.1.4 检测工艺的控制

1. 文件的控制

文件的控制是确保磁粉检测结果可靠性的重要手段。磁粉检测技术文件包括产品标准和规范、检测标准、磁粉检测通用工艺规程、专用工艺卡等。对磁粉检测质量进行控制，应按照相关法规、产品标准、有关的技术文件和检测标准的要求，并结合检测机构的特点和检测能力编制磁粉检测通用工艺规程。检测前应根据受检工件的特点和通用工艺规程的要求，编制工件的检测工艺卡。所有技术文件应齐全、正确，并应是现行有效版次。对磁粉检测通用工艺规程和专用工艺卡的编制、审核、更改进行全过程控制，做到“每个过程均在受控状态下进行，每个人都在受控状态下工作”，从而保证检测的工作质量和检测结果的可靠性。

2. 记录的控制

做好磁粉检测原始记录是检测工作极其重要的环节。原始记录不仅能追溯产品的质量状态，也可以证明检测工作的质量。因此，在磁粉检测工作中，应坚持“没有记录，就等于没有进行工作”的原则，对记录工作进行严格的控制。记录填写时应正确、完整、清晰，相关人员签署应齐全。对记录的修改应规范，原始记录要妥善保管，防止变质和丢失。为保证原始记录的唯一性和检测工作的可追溯性，每一个记录表应有唯一的编号。

3. 综合性能试验的控制

磁粉检测综合性能（系统灵敏度）试验，应在初次使用探伤机时及此后每天开始工作前进行。综合性能试验合格后，才能开始进行磁粉检测工作。综合性能试验可采取下述样件之一进行，试验方法如下：

（1）自然缺陷标准样件　按规定的磁粉检测要求，对自然缺陷标准样件进行检验，如果样件上的已知缺陷磁痕能清晰显示，为综合性能试验合格。

（2）E 型标准试块　将 E 型标准试块穿在铜棒上，通以 700A（有效值）的交流电用中心导体法周向磁化，用湿连续法检验时，在 E 型标准试块应能清晰显示出一个人工孔的磁痕，为综合性能试验合格。

（3）B 型标准试块　将 B 型标准试块穿在直径为 25～38 mm 的铜棒上，用中心导体法周向磁化，用湿连续法检验，所用磁化电流与所显示孔的最少数量符合表 9—1 时，为综合性能试验合格。

表 9—1　B 型标准试块要求显示出的孔数

方法	磁化电流（A）	所显示出孔的最少数量
荧光磁粉/非荧光磁法 湿　法	1 400	3
	2 500	5
	3 400	6
非荧光磁粉 干　法	1 400	4
	2 500	6
	3 400	7

注：如果没有获得所要求的孔数，则按下述要求将 B 型标准试块退火。退火要求：加热到 760～790℃，在这个温度下至少保温 1 h，以最大 22℃/h 的速率冷却到 540℃，随炉或空气冷却至室温。

（4）标准试片　将标准试片贴在被检工件表面，进行磁化和湿连续法检验，按所要求的灵敏度等级，如果磁痕能清晰显示，为综合性能试验合格。

9.1.5　检测环境的控制

采用非荧光磁粉检测时，检测地点应有充足的自然光或白光。采用荧光磁粉检验时，要有合适的暗区或暗室。

1. 可见光照度

在磁粉检测场地应有均匀而明亮的照明，要避免强光和阴影。采用非荧光磁粉检验时，被检工件表面的可见光照度应大于或等于 1 000 lx。若在现场由于条件有限，无法满足时，可以适当降低，但不能低于 500 lx。ASME SE-709 建议可见光照度采用照度计测量，每周一次。

2. 黑光辐照度

采用荧光磁粉检测时，应有能产生波长在 320～400 nm 范围内，中心波长约为 365 nm 的黑光灯。在工件表面的黑光辐照度应大于或等于 1 000 $\mu W/cm^2$。黑光灯电源线路电压波动超过±10%时，应装稳压电源。黑光辐照度采用黑光辐照计测量。ASME V 要求“黑光辐照度最少每 8 h 和每当工作场所改变时测量一次。”

3. 环境光照度

采用荧光磁粉检测时，暗区或暗室的环境光照度应不大于 20 lx。所谓环境光，是指来自所有光源，包括从黑光灯发射出的检验区域的可见光。ASME SE-709 要求“环境光照度用照度计测量，最长每周一次”。

磁粉检测校验项目和周期见表 9—2。

表 9—2　磁粉检测校验项目和周期

校验项目	最长校验间隔
综合性能试验	每天
光线：	
可见光照度	JB/T 4730.4—2005 无要求
黑光辐照度	JB/T 4730.4—2005 无要求
环境光照度	JB/T 4730.4—2005 无要求
磁悬液浓度测定（循环使用的磁悬液）	每天检测前
磁悬液污染判定	每周
水磁悬液润湿性能试验（水断试验）	每次检测前
电流表精度校验	半年
电磁轭提升力校验	半年
设备内部短路检查	1 年
电流载荷校验	1 年
通电时间校验	1 年
照度计校验	1 年
黑光辐照计校验	1 年
袖珍式磁强计校验	1 年
毫特斯拉计（高斯计）校验	1 年
袖珍式电秒表校验	1 年

9.2 磁粉检测安全防护

特种设备磁粉检测由于涉及电流、磁场、紫外线、铅蒸气、溶剂和粉尘等，而且有可能在高空、野外、水下或盛装过易燃易爆材料的容器中进行检测，所以磁粉检测工作者必须掌握安全防护知识，既要安全的进行磁粉检测，又要保护自身不受伤害，避免设备和人身事故。

1. 紫外线的危害

(1) 使用黑光灯时，人眼应避免直接注视黑光光源，防止造成眼球损伤。应经常检查滤光板，不准有任何裂纹，因为320 nm以下的短波紫外线若从裂纹穿过，对人的眼睛和皮肤都是有害的。有裂纹的滤光板应即时更换。磁粉检测人员在检测时应戴上相应的防护眼镜。

(2) 大多数黑光灯工作时温度非常高，皮肤与其接触会受到热和辐射烧伤，这种烧伤非常疼痛而且愈合很慢。

但是应该强调，实践证明，使用UV-A黑光灯时，只要认真做好安全防护就可有效避免黑光对人体的伤害。

(3) 检测人员连续工作时，期间应适当休息，避免眼睛疲劳。

2. 电气与机械安全

(1) JB/T 8290—1998规定磁粉探伤机整机绝缘电阻应不小于4 MΩ，以防止电器短路给人员安全带来威胁。尤其使用水磁悬液时，绝缘不良会产生电击伤人。

(2) 使用冲击电流法磁化时，不得用手接触高压电路，以防高压伤人。

(3) 气压和液压部件失效时，也会引起伤害事故。

3. 材料的潜在危险

(1) 磁悬液中的油基载液、荧光磁粉、润湿剂、防锈剂、消泡剂和溶剂等，作为一种组合物，并非是危险的化学品，但长期使用有可能会除去皮肤中的油脂，引起皮肤的干裂，所以磁粉检测人员应戴防护手套，并避免磁悬液进入人的口腔和眼睛。除了水以外，几乎所有化合物都会刺激眼睛，许多材料可能会与口腔、喉和胃的组织起反应，所以应通风良好，避免对溶剂蒸气吸入太多。

(2) 使用干法探伤时，磁粉飘浮在空气中，所以检测区域应保持通风良好，避免人吸入太多。

4. 磁粉检测系统的潜在危险

(1) 使用通电法或触头法时，由于接触不良，与电接触部位有铁锈和氧化皮，或触头带电时接触工件或离开工件，都会产生电弧打火，火星飞溅，有可能烧伤检测人员的眼睛和皮肤，还会烧伤工件，甚至会引起油磁悬液起火。

(2) 为改善电接触，一般在磁化夹头上加装铅皮。如果接触不良或电流过大时，也会产生打火并产生有毒的铅蒸气，铅蒸气轻则使人头昏眼花，重则使人中毒，所以只有在通风良好时才准使用铅皮接触头，并尽量避免产生电弧打火。

(3) 磁化的工件和通电线圈周围都产生磁场，它会影响装在附近的磁罗盘和其他仪表的准确性。

(4) 安装心脏起搏器者，不得从事磁粉检测。

5. 检测场所的潜在危险

特种设备磁粉检测常在高空、野外、水下或容器内部操作，磁粉检测人员必须首先知道这些特殊环境中有哪些特殊的安全防护要求，必须学会在这类场所检测时的安全知识，保护自身不致受到伤害。

6. 磁粉检测系统与检测环境相互作用的潜在危险

(1) 不要使用触头法和通电法检验盛装过易燃易爆材料的容器内壁焊缝。在这种场合，由于产生电弧起火，已发生过多起伤亡事故。

(2) 在附近有易燃易爆材料的场所，禁止使用触头法和通电法进行磁粉检测。

(3) 磁粉检测使用低闪点油基载液时，在检测环境区内也不允许有明火或火源。如某工厂在探伤机附近进行焊接，由于焊接的火星飞落在低闪点煤油磁悬液槽中，引起着火，烧毁了探伤机。

复习思考题

1. 影响磁粉检测质量的因素主要有哪些？
2. 说明磁粉检测的灵敏度、分辨率和可靠性的含义。
3. 磁悬液浓度如何测定？
4. 磁悬液污染如何测定？
5. 什么是水磁悬液润湿性能试验（水断试验）？如何检验？
6. 磁粉检测有哪几方面危险？
7. 磁粉检测对光照度和黑光辐照度有哪些要求？
8. 综合性能可通过哪几种试片（块、样件）来进行？目的是什么？
9. 设备内部短路检查和电流载荷校验有什么意义？

第10章 特种设备磁粉检测通用工艺规程和工艺卡

10.1 特种设备磁粉检测通用工艺规程

特种设备磁粉检测通用工艺规程应根据相关法规、产品标准、有关的技术文件和JB/T 4730.4—2005等相关检测标准要求，并针对检测机构的特点和检测能力进行编制。特种设备磁粉检测通用工艺规程应涵盖本单位（制造、安装或检测单位）产品的检测范围。

特种设备磁粉检测通用工艺规程至少应包括以下内容：适用范围；引用标准、法规；检测人员资格；检测设备、器材和材料；检测表面制备；检测时机；检测工艺和检测技术；检测结果的评定和质量等级分类；检测记录、报告和资料存档；编制（级别）、审核（级别）和批准人；制定日期。

特种设备磁粉检测通用工艺规程的编制、审核及批准应符合相关法规或标准的规定。

10.2 特种设备磁粉检测工艺卡

实施磁粉检测的人员应按检测工艺卡进行操作。特种设备磁粉检测工艺卡应根据磁粉检测通用工艺规程、产品标准、有关的技术文件和JB/T 4730.4—2005等检测标准的要求编制，一般应包括以下内容：

（1）工艺卡编号（一般为流水顺序号）。

（2）产品部分。包括产品名称，产品编号，制造、安装或检验编号，特种设备类别，规格尺寸，材料牌号，热处理状态及表面状态。

（3）检测设备与材料。包括设备种类、型号、检测附件、检测材料。

（4）检测工艺参数。包括检测方法、检测比例、检测部位、标准试块或标准试样(片)。

（5）检测技术要求。包括执行标准、验收级别。

（6）检测程序。

（7）检测部位示意图。包括检测部位、缺陷部位、缺陷分布等。

（8）制定日期。

特种设备磁粉检测工艺卡的编制、审核和审批应符合相关法规或标准的规定。“特种设备磁粉检测工艺卡”的表格格式见表10—1，“特种设备磁粉检测操作要求及主要工艺参数”的表格格式见表10—2。

表 10—1　　特种设备磁粉检测工艺卡　　编号：

产品（或工件）名称		材料牌号		规格尺寸	
热处理状态		检测部位		被检表面要求	
检测时机		检测设备		标准试片（块）	
检测方法		光线及检测环境		缺陷磁痕记录方式	
磁化方法		电流种类磁化规范		磁粉、载液及磁悬液浓度	
磁悬液施加方法		检测方法标准		质量验收等级	
磁粉检测质量评级要求					

磁化方法示意草图：	磁化方法附加说明：

编制	年　月　日	审核	年　月　日	审批	年　月　日

表 10—2　　特种设备磁粉检测操作要求及主要工艺参数　　编号：

工序号	工序名称		操作要求及主要工艺参数
1	预处理		
2	磁化	设备选择	
		磁化方法	
		磁化规范	
		磁化次数	
		试片校核	
3	施加磁悬液方式		
4	磁痕观察与记录	光线	
		检测环境	
		辅助观察器材	
		磁痕记录内容	
		磁痕记录方式	
		超标缺陷处理	
5	缺陷评级		
6	退磁		
7	后处理		
8	复验		
9	检测报告		

编制	年　月　日	审核	年　月　日	审批	年　月　日

1. 特种设备磁粉检测工艺卡的填写内容说明

（1）产品（或工件）名称　如低温储罐、高压螺栓、吊钩。

（2）材料牌号　如 20g，16MnR，09MnNiDR。

（3）规格尺寸　如 ϕ2 800 mm×8 000 mm×18 mm。

（4）热处理状态　如 880℃油淬，220℃回火。

（5）检测部位　具体标出检测部位和检测百分比。

（6）被检表面要求　根据预处理要求进行填写。如果被检工件表面漆层厚，可填写“除去漆层，露出金属光泽”；如果漆层较薄（小于 0.05 mm）不影响检测结果且合同各方同意时，可填写“打磨掉工件表面与电极接触处的非导电覆盖层”；使用干法检测时，可填写“清除油污等，工件表面要干净和干燥”。

（7）检测时机　一般焊缝可填写“焊接完后”；对有延迟裂纹倾向的材料，应填写“焊后至少 24 h 后”；对 GB 12337《钢制球形储罐》的焊缝，应填写“焊后至少 36 h 后”。

（8）检测设备　根据工件尺寸、形状等选择合适的设备，如填写“CXE 交叉磁轭，CJX-2000 型交流探伤仪，CJE 交流电磁轭”。

（9）标准试片(块)　特种设备一般选用“A_1-30/100 试片”；灵敏度要求高时选用

"A_1-15/100试片"；被检工件表面较小或是曲面，A_1 型试片使用不便时可选用"C_1-15/50试片"；为了更准确地推断出被检工件表面的磁化状态，当用户需要或技术文件有规定时，可选用 D 型或 M_1 型标准试片。

当采用固定式探伤机检测时，交流探伤机用"E 型试块"，直流探伤机用"B 型试块"进行综合性能试验。

（10）检测方法　特种设备检测对裂纹敏感材料和可能发生应力腐蚀裂纹时，或重要产品工件时使用荧光磁粉，其余使用黑磁粉或其他非荧光磁粉。因为特种设备磁粉检测对质量要求高，所以一般用"湿法"，特殊情况下用"干法"。只有经过热处理（淬火、回火、渗碳、渗氮及局部正火等）的高碳钢和合金结构钢，矫顽力在 1 kA/m，剩磁在 0.8 T 以上者，才可进行"剩磁法"检测，尤其是高压螺栓螺纹根部检测必须用"剩磁法"，其余用"连续法"检测。

（11）光线及检测环境　使用荧光磁粉检测时，暗区的"环境光照度应小于 20 lx"，"黑光辐照度应不小于 1 000 $\mu W/cm^2$"。使用非荧光磁粉检测时，"可见光照度应大于或等于 1 000 lx"；当现场采用便携式设备检测，由于条件所限无法满足时，可见光照度可适当降低，但"不得低于 500 lx"。

（12）缺陷磁痕记录方式　用"照相"、"贴印"、"录像"或"临摹草图"等任一种。

（13）磁化方法　根据工件尺寸、结构、外形和欲发现缺陷的方向，选择"磁轭法"、"交叉磁轭法"、"轴向通电法"、"触头法"、"线圈法"、"中心导体法"等方法中的一种或几种组合来进行检测。

（14）电流种类　根据产品或工件对发现缺陷的要求以及 3.1.5 节如何选用磁化电流的原则选择"AC"，"DC"，"FWDC"和"HW"等磁化电流中的一种。

（15）磁化规范　电磁轭填写提升力，如交流电磁轭可填写"提升力大于等于 45 N"，交叉磁轭可填写"提升力大于等于 118 N，间隙 0.5 mm"，触头法可填写"$I=5L=1\,000$ A"，轴向通电法(连续法）可填写"$I=15D=1\,500$ A"，线圈法（连续法）可填写"$I=2\,000$ A，($N=5$)"。"磁化规范最终以 A_1-30/100 试片上的磁痕显示确定"。

（16）磁粉、载液及磁悬液浓度

1）磁粉有荧光磁粉和非荧光磁粉。对在用特种设备进行检测时，如果制造时采用高强度钢以及对裂纹（包括冷裂纹、热裂纹和再热裂纹）敏感的材料，或是长期工作在腐蚀介质环境下，有可能发生应力腐蚀裂纹的场合，其内壁宜采用荧光磁粉方法进行检测。可填写"YC2 荧光磁粉"、"HK-1 黑磁粉"或"HD-RO 黑油磁悬液喷罐"等。

2）载液。油基载液优先使用于如下场合：

①对腐蚀应严加防止的某些铁基合金（如经过加工的某些轴承或轴承套）。

②水可能会引起电击的地方。

③在水中浸泡可引起氢脆的某些高强度钢。载液可填写"LPW-3 号油基载液"。

3）磁悬液浓度。现场磁粉检测一般填写"配制浓度"，如非荧光磁悬液填写"10～25 g/L"。在固定式探伤机磁粉检测时，一般填写"沉淀浓度"，如荧光磁悬液填写"0.1～0.4 mL/100 mL"。也可用磁悬液喷罐，如填写"HD-BO 黑水磁悬液喷罐"或"HD-YN 荧光磁悬液喷罐"。

（17）磁悬液施加方法　一般可用“浇法”和“喷洒”，剩磁法用“浸法”灵敏度更高。

（18）检测方法标准　填写“JB/T 4730.4—2005”。

（19）质量验收等级　共分Ⅰ、Ⅱ、Ⅲ、Ⅳ四个级别，根据特种设备产品或工件验收级别内容填写，如“Ⅰ级”。

（20）磁粉检测质量评级要求

1）对于焊接接头可填写“不允许存在任何裂纹”（焊接接头不产生白点）。对于Ⅱ级焊接接头可填写“不允许存在线性缺陷磁痕”“圆形缺陷磁痕（评定框尺寸为35 mm×100 mm），长径$d \leqslant 3.0$ mm，且在评定框内不大于2个”。

2）对于受压加工部件和材料可填写“不允许存在任何裂纹和白点”，紧固件和轴类零件填写“不允许任何横向缺陷显示”。如对于Ⅲ级受压加工部件和材料可填写“线性缺陷磁痕长度$l \leqslant 6.0$ mm”“圆形缺陷磁痕（评定框尺寸为2 500 mm^2，其中一条矩形边长最大为150 mm）长径$d \leqslant 6.0$ mm，且在评定框内不大于4个”。

2. 特种设备磁粉检测操作要求及主要工艺参数的填写内容

特种设备磁粉检测操作要求及主要工艺参数，主要是围绕磁粉检测七个程序进行更详细更具体的阐述，以便指导实际检测操作，详见表10—4的填写内容。

10.3　特种设备磁粉检测工艺卡编制举例

一般每项产品或工件只编写一份“特种设备磁粉检测工艺卡”。必要时，还应再附一份“特种设备磁粉检测操作要求及主要工艺参数”，作为对工艺卡有关项目的补充。

这里仅举几个编制工艺卡的实例，因为有许多磁化方法、检测方法和设备及材料可供选择，可组合编制成各种形式工艺卡，所以这里提供的工艺卡实例，并不是唯一形式，也不一定是最佳的，仅供练习时参考，希望能起到举一反三的作用。

例10—1　低温储罐

有一低温储罐，如图10—1所示。基本情况如下：

（1）设计压力：1.78 MPa。

（2）材质：09MnNiDR。

（3）工件规格：ϕ2 800 mm×8 000 mm×18 mm。

（4）介质：丙烯。

（5）设计温度：－45℃。

（6）焊后要求整体热处理、水压试验和气密试验。

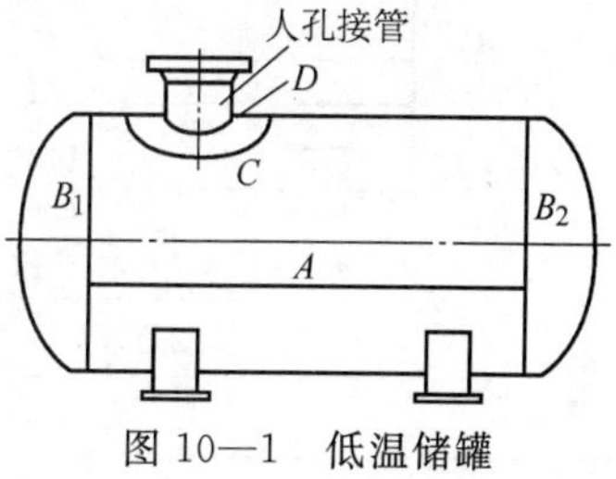

图10—1　低温储罐

按JB/T 4730.4—2005标准，验收级别为Ⅰ级，自选条件优化编制特种设备磁粉检测工艺卡，逐项填写特种设备磁粉检测操作要求及主要工艺参数，见表10—3和表10—4。

例10—2　锅炉接管

有一锅炉接管，如图10—2所示。材料牌号为20 g，两只管子的几何尺寸分别为ϕ273 mm×14 mm和ϕ108 mm×8 mm，要求检测两只管子相交角焊缝处表面的缺陷。按JB/T 4730.4—2005标准，验收级别为Ⅱ级，自选条件优化编制特种设备磁粉检测工艺卡，见表10—5。

表 10—3 **特种设备磁粉检测工艺卡** 编号：

产品（或工件）名称	低温储罐	材料牌号	09MnNiDR	规格尺寸	ϕ2 800 mm×8 000 mm ×18 mm
热处理状态	—	检测部位	*A*，B_1，B_2，*C*，*D* 焊缝及热影响区，100%检测	被检表面要求	清除并打磨焊缝及热影响区表面
检测时机	焊接完 24 h后	检测设备	CJE 交流电磁轭 CXE 交叉磁轭	标准试片（块）	A_1-30/100
检测方法	荧光、湿法连续法	光线及检测环境	黑光辐照度 大于或等于 1 000 $\mu W/cm^2$， 环境光照度小于 20 lx	缺陷磁痕记录方式	照相、贴印或临摹草图
磁化方法	磁轭法 交叉磁场法	电流种类 磁化规范	AC 提升力大于或等于 45 N 提升力大于或等于 118 N （间隙 0.5 mm）	磁粉、载液及磁悬液配制浓度	YC2 荧光磁粉 LPW-3 号煤油 0.5～2 g/L
磁悬液施加方法	浇法	检测方法标准	JB/T 4730.4—2005	质量验收等级	Ⅰ级
磁粉检测质量评级要求	1. 不允许存在任何裂纹 2. 不允许存在任何线性缺陷磁痕 3. 圆形缺陷磁痕（评定框尺寸为 35 mm×100 mm），长径 $d \leqslant 1.5$ mm，且在评定框内不大于 1 个				

磁化方法示意草图：

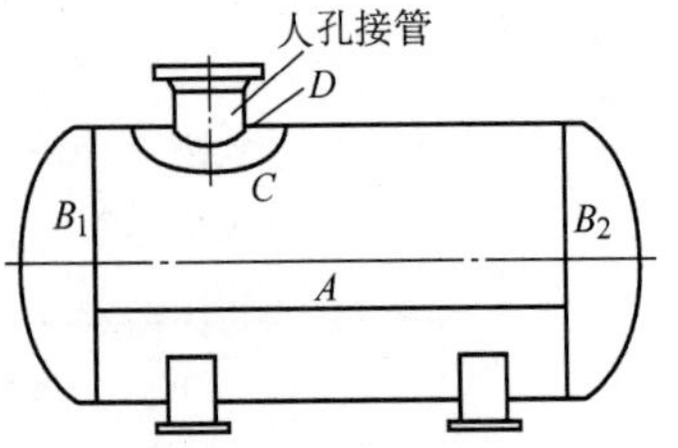

磁化方法附加说明：

（1）*A* 焊缝用交叉磁轭磁化

（2）B_1，B_2 焊缝用交叉磁轭磁化

（3）*C*，*D* 焊缝用可变角度交流电磁轭，在垂直或平行焊缝的两个方向磁化。磁极间距 $L \geqslant 75$ mm，保证有效磁化区重叠，在磁化时施加磁悬液

（4）磁化规范最终以 A_1-30/100 标准试片上磁痕显示确定

编制	MTⅡ级（或Ⅲ级） 年 月 日	审核	NDT 责任工程师 年 月 日	审批	单位技术负责人 年 月 日

例 10—3 在用起重天车吊钩

有一在用起重天车吊钩，如图 10—3 所示。材料为 30CrMnSiA；热处理条件为 880℃油淬，220℃回火，B_r=0.98 T，H_c=2 712 A/m；尺寸为 ϕ80 mm×400 mm，受力区 A 为吊钩弯曲部位，受力区 B 为柄，受力区 C 为螺纹部位，受力区不允许任何缺陷存在。表面涂漆，检测所有表面（不包括端面）疲劳裂纹，按 JB/T 4730.4—2005 标准，Ⅰ级合格，根据现有条件优化，编制特种设备磁粉检测工艺卡，见表 10—6。

表 10—4　　**特种设备磁粉检测操作要求及主要工艺参数**　　编号：

工序号	工序名称		操作要求及主要工艺参数
1	预处理		清除焊缝及热影响区表面的飞溅焊渣，并采用砂轮打磨等方式，保证被检区域光滑
2	磁化	设备选择	CJE 交流电磁轭 CXE 交叉磁轭
		磁化方法	磁轭法 交叉磁轭法
		磁化规范	提升力大于或等于 45 N 提升力大于或等于 118 N（间隙 0.5 mm）
		磁化次数	两种磁化方法，均应考虑有效磁化区及其重叠
		试片校核	磁化规范最终以 A_1-30/100 标准试片磁痕显示确定，放置区域在两磁极连线外侧的 1/4 磁极距离处
3	施加磁悬液方式		*A* 焊缝：磁悬液施加在交叉磁轭行走方向的前上方。 B_1，B_2 焊缝：磁悬液施加在交叉磁轭行走方向的正前方。 *C*，*D* 焊缝：磁悬液喷洒时自上而下、自高而低分两个半圆进行喷洒。
4	磁痕观察与记录	光线	黑光辐照度大于或等于 1 000 $\mu W/cm^2$
		检测环境	在暗区进行，环境光照度小于 20 1x，至少 3 min 暗区适应
		辅助观察器材	必要时可采用 2～10 倍放大镜观察磁痕
		磁痕记录内容	记录缺陷性质、形状、尺寸及部位
		磁痕记录方式	采用照相、贴印或临摹草图等方法
		超标缺陷处理	发现超标缺陷后，清除至肉眼不可见，再采用磁粉检测复验，直至缺陷清除
5	缺陷评级		确认是相关显示，按 JB/T 4730.4—2005 第 9 条进行缺陷评级
6	退磁		可不退磁
7	后处理		清除残余磁粉或磁悬液
8	复验		按 JB/T 4730.4—2005 第 6 条进行复验
9	检测报告		按 JB/T 4730.4—2005 第 10 条签发磁粉检测报告

编制	MTⅡ级（或Ⅲ级）	审核	NDT 责任工程师	审批	单位技术负责人
	年　月　日		年　月　日		年　月　日

现有条件：

（1）CJX-3000 型交流便携式磁粉探伤机和 CEW-6000 型交直流固定式磁粉探伤机，并带有可绕线圈的软电缆。

（2）CT-3 型特斯拉计。

（3）UV-A 型黑光灯。

(4) ST-80 型照度计。

(5) UV-A 型黑光辐照计。

(6) YC2 荧光磁粉、HK-1 黑磁粉、BW-1 黑磁膏、水、LPW-3 号或 TYT-3 型无味煤油。

(7) C_1，D_1 和 M_1 型标准试片。

(8) 磁悬液浓度测定管。

(9) XCJ 型袖珍式磁强计。

(10) 2～10 倍放大镜。

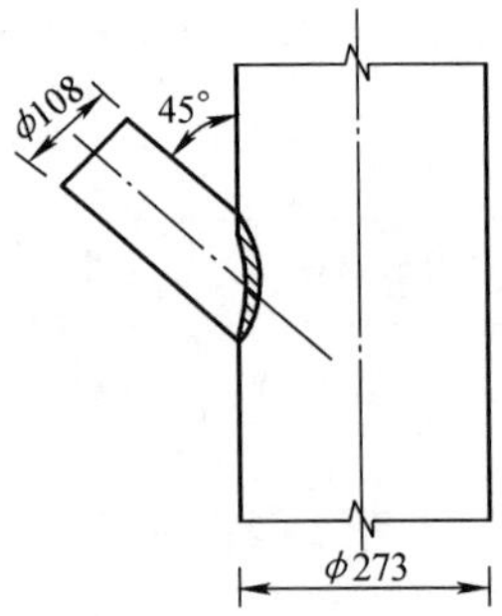

图 10—2 锅炉接管

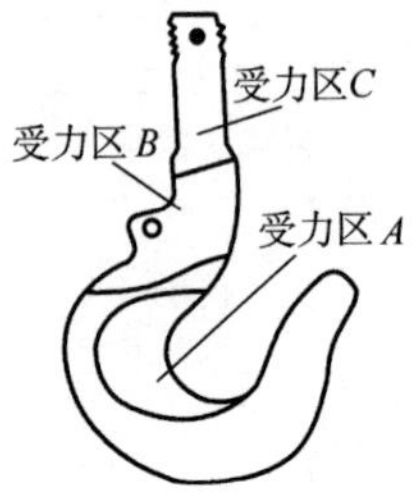

图 10—3 起重天车吊钩

例 10—4 大型游乐设施传动轴

一大型游乐设施传动轴（局部），结构尺寸如图 10—4 所示。材料牌号为 2Cr13，热处理状态为调质处理（1 050℃油淬，550℃回火），齿轮表面为淬火处理（860℃油淬）。工件为机加工表面，该工件经磁粉检测后需精加工。要求检测该轴外表面各方向缺陷（不包括轴端面）。请参照 JB/T 4730.4—2005，采用高等级灵敏度检测。验收级别为Ⅰ级，根据现有条件优化，编制特种设备磁粉检测工艺卡，见表 10—7。

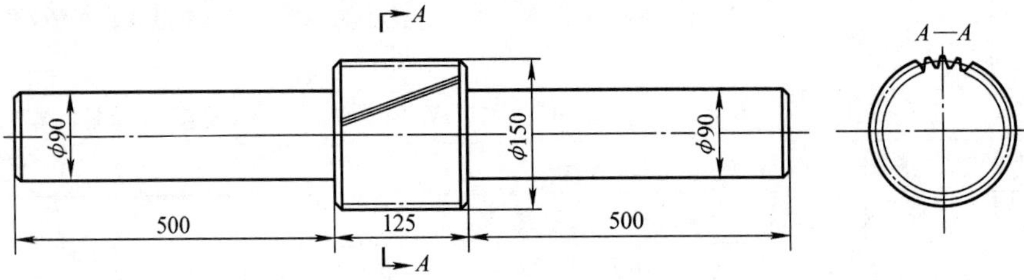

图 10—4 传动轴

现有如下检测设备与器材：

(1) TC-6000 固定式磁粉探伤机、CYD-3000 移动式磁粉探伤机、CEW-2000 固定式磁粉探伤机、CEW-1000 固定式磁粉探伤机，以上探伤机均配置 ϕ300 mm×100 mm 的线圈，5 匝。

(2) GD-3 型毫特斯拉计。

(3) ST-80C 型照度计。

(4) UV-A 型黑光辐照计。

(5) UV-A 型黑光灯。

（6）YC2 荧光磁粉、HK-1 黑磁粉、BW-1 黑磁膏、水、煤油、LPW-3 号油基载液。

（7）A_1 型、C 型标准试片。

（8）磁悬液浓度测定管。

（9）2～10 倍放大镜。

表 10—5　　特种设备磁粉检测工艺卡　　编号：

产品（或工件）名称	锅炉接管	材料牌号	20 g	尺寸规格	ϕ273 mm×14 mm ϕ108 mm×8 mm
热处理状态	—	检测部位	焊缝及热影响区	被检表面要求	清除并打磨焊缝及热影响区表面
检测时机	焊接完后	检测设备	CJE 交流电磁轭	标准试片（块）	D_1-15/50
检测方法	非荧光、湿法连续法	光线及检测环境	被检的焊缝表面光照度大于或等于 1 000 lx	缺陷记录方式	照相、贴印或临摹草图
磁化方法	磁轭法	电流种类 磁化规范	AC 提升力大于或等于 45 N	磁粉、载液及磁悬液配制浓度	HD-RO 黑磁粉油磁悬液喷罐 10～25 g/L
磁悬液施加方法	磁化时浇或喷磁悬液	检测方法标准	JB/T 4730.4—2005	质量验收等级	Ⅱ级
磁粉检测质量评级要求	1. 不允许存在任何裂纹 2. 不允许存在任何线性缺陷磁痕 3. 圆形缺陷磁痕（评定框尺寸为 35 mm×100 mm），长径 $d \leqslant 0.3$ mm，且在评定框内不大于 2 个				

磁化方法示意草图：

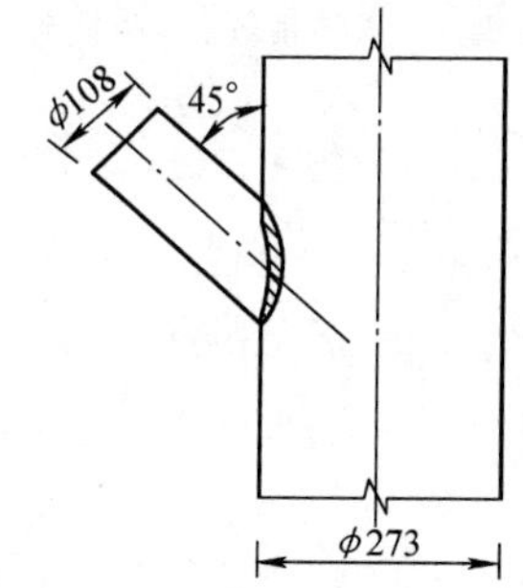

磁化方法附加说明：

1. 用活动关节电磁轭，保证磁极与工件接触良好
2. 用交流电磁轭先垂直于焊缝磁化，检测焊缝纵向缺陷
3. 再用交流电磁轭平行于焊缝磁化，检测焊缝横向缺陷
4. 磁极间距 $L \geqslant 75$ mm
5. 保证有效磁化区重叠

注：也可以采用绕电缆法和触头法磁化

编制	MTⅡ级（或Ⅲ级） 年　月　日	审核	NDT 责任工程师 年　月　日	审批	单位技术负责人 年　月　日

表 10—6　　特种设备磁粉检测工艺卡　　编号：

产品（或工件）名称	在用起重天车吊钩	材料牌号	30CrMnSiA	尺寸规格	ϕ80 mm×400 mm
热处理状态	880℃油淬 220℃回火	检测部位	所有表面（除端面）	被检表面要求	除去漆层，露出金属光泽
检测时机	使用后	检测设备	CJX-3000	标准试片（块）	C_1-7/50
检测方法	荧光、湿法 连续法、剩磁法	光线及检测环境	黑光辐照度大于或等于 1 000 $\mu W/cm^2$，环境光照度小于 20 lx	缺陷磁痕记录方式	照相、贴印或临摹草图
磁化方法	触头法、绕电缆法	电流种类 磁化规范	AC 周向磁化 I_1=1 200 A 纵向磁化 N=6 匝， I_2=1 000 A，H=28 kA/m	磁粉、载液及磁悬液沉淀浓度	YC2 荧光磁粉 TYT-3 号煤油 0.5～2 g/L
磁悬液施加方法	浇或喷磁悬液	检测方法标准	JB/T 4730.4—2005	质量验收等级	Ⅰ级
磁粉检测质量评级要求	受力区：1. 不允许存在任何缺陷磁痕显示 2. 不允许存在任何横向缺陷显示 3. 不允许存在线性缺陷磁痕显示 4. 非受力区的圆形缺陷磁痕（评定框尺寸为 2 500 mm^2，其中一条矩形边长最大为 150 mm），长径 $d\leqslant2.0$ mm，且在评定框内不大于 1 个				

磁化方法示意草图：

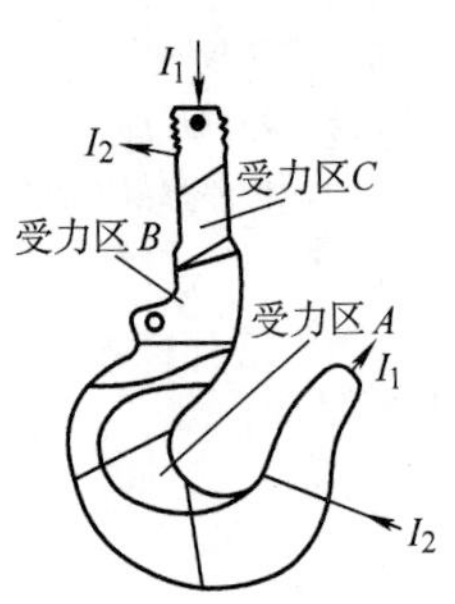

磁化方法附加说明：

（1）先周向磁化，后纵向分两段磁化

（2）周向磁化用触头从吊钩两端通电，并安装接触垫，以防打火烧伤。用连续法检测 $I_1=15D=1\,200$ A

（3）受力区 A 和 B 用连续法检测，纵向绕电缆法，$N=5$，$L/D=5$，$Y<2$；因此使用高充填因数公式计算，$IN=\frac{35\,000}{L/D+2}$，$I_2\approx1\,000$ A

（4）受力区 C 螺纹部分用剩磁法检测，因 $B_r=0.98$ T，$H_c=2\,712$ A/m，用纵向磁化，$L/D=5$，工件表面磁场强度应达到 28 kA/m

（5）退磁后 $B_r\leqslant0.3$ mT

编制	MTⅡ级（或Ⅲ级） 年　月　日	审核	NDT 责任工程师 年　月　日	审批	单位技术负责人 年　月　日

表 10—7　　特种设备磁粉检测工艺卡　　编号：

产品名称	传动轴	材料牌号	2Cr13	尺寸规格	ϕ150 mm×125 mm ϕ90 mm×500 mm
热处理状态	调质处理（1 050℃油淬，550℃回火），齿轮表面为淬火处理（860℃油淬）	检测部位	轴外表面（不包括轴端面）	被检表面要求	机加工表面
检测时机	机加工后	检测设备	CYD-3000 （TC-6000）	标准试片（块）	C_1-8/50
检测方法	荧光、湿式、交流、连续法（或非荧光）	光线及检测环境	黑光辐照度大于等于 1 000 $\mu W/cm^2$ 环境光照度小于 20 lx 光照度大于等于 1 000 lx	缺陷磁痕记录方式	照相、贴印或临摹草图
磁化方法	轴向通电法＋线圈法	电流种类磁化规范	AC，周向磁化： $I_{\phi 90\ mm}$＝（720～1 350）A $I_{\phi 150\ mm}$＝（1 200～2 250）A 纵向磁化：偏心放置 $I_{\phi 90\ mm}$＝720 A $I_{\phi 150\ mm}$＝853 A	磁粉、载液及磁悬液沉淀浓度	YC2 型荧光磁粉 LPW-3 号油基载液 0.5～3.0 g/L （BW-1 型黑磁膏＋水 10～25 g/L）
磁悬液施加方法	喷、浇磁悬液均可	检测方法标准	JB/T 4730.4—2005	质量验收等级	Ⅰ级
磁粉检测质量评级要求	1. 不允许存在任何裂纹和白点 2. 不允许存在任何线性缺陷磁痕 3. 在 2 500 mm² 评定框内，其中一条矩形边长最大为 150 mm，圆形缺陷磁痕长径 $d \leqslant 2$ mm，且在评定框内不大于 1 个 4. 不允许存在综合评级超标的缺陷磁痕				

示意草图：（画出磁化示意图）

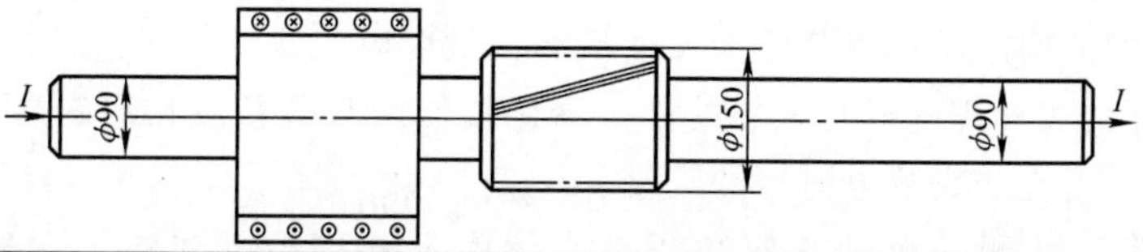

磁化方法附加说明：

1. 磁化顺序：先对 ϕ90 mm 轴进行轴向通电，再对 ϕ150 mm 斜齿轮进行轴向通电，然后对 ϕ90 mm 轴进行线圈法磁化，再对 ϕ150 mm 斜齿轮进行线圈法磁化。

2. 轴向通电法磁化，对 ϕ90 mm 轴：$I_{\phi 90}$＝（8～15）$D_{\phi 90}$＝（8～15）×90＝（720～1 350）A；对 ϕ150 mm 斜齿轮：$I_{\phi 150}$＝（8～15）$D_{\phi 150}$＝（8～15）×150＝（1 200～2 250）A

3. 线圈法磁化，充填因数：$Y_{\phi 90}$＝［（300/2）$^2\pi$］/［（90/2）$^2\pi$］＝11.11，为低充填。

$Y_{\Phi 150}$＝［（300/2）$^2\pi$］/［（150/2）$^2\pi$］＝4，为中充填。

磁化次数：ϕ90 mm 段，500/［（100＋300）（1－10%）］＝1.39，2 次，两段共 4 次；ϕ150 mm 段，125/［（100＋300）（1－10%）］＝0.347，1 次

4. 纵向磁化时，轴长 L＝500＋125＋500＝1 125（mm）。

当轴偏置时，$I_{\phi 90\ mm}$＝720 A（每端各磁化两次）

$I_{\phi 150\ mm}$＝853 A

5. 退磁后 $B_r \leqslant 0.3$ mT

编制	MTⅡ级（或Ⅲ级）	审核	NDT 责任工程师	审批	单位技术负责人
	年　月　日		年　月　日		年　月　日

例 10—5　综合应用题——电站锅炉

一电站锅炉，如图 10—5 所示。设计主要参数为：主蒸汽流量 6.5×10^4 kg/h，主蒸汽出口压力为 3.82 MPa，主蒸汽出口温度为 450℃，锅筒工作压力为 4.22 MPa，工作温度为饱和温度，1994 年 9 月投入运行，运行总量累计约 66 000 h，现停炉进行内部检验。其锅筒如图 10—5 所示，锅筒的材质为 20 g，所有接管的材质都为 20 钢，锅筒尺寸为 ϕ1 400 mm ×38 mm×6 400 mm，集中下降管均为 ϕ273 mm×25 mm，引入管和引出管均为 ϕ108 mm×6 mm，安全阀管均为 ϕ89 mm×5 mm，给水套管均为 ϕ108 mm×4.5 mm。该锅炉检验中的磁粉检测执行 JB/T 4730.4—2005，合格级别Ⅱ级。请回答下列问题：

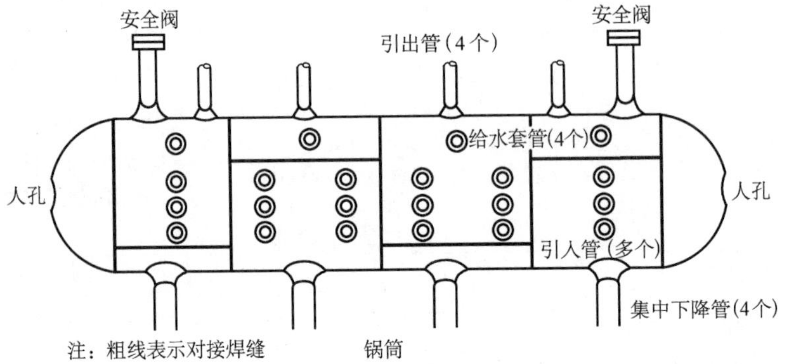

图 10—5　电站锅炉

* 1. 根据《蒸汽锅炉安全技术监察规程》和《锅炉定期检验规则》的要求，写出该锅炉定期检验中，对锅筒对接焊缝和角焊缝（见图 10—5）无损检测的方法和比例。

* 2. 锅筒内表面对接焊缝用交叉磁轭进行磁粉检测，集中下降管角焊缝用交流电磁轭进行磁粉检测，如何确定磁化规范？为保证检测灵敏度应注意哪些问题？

* 3. 对锅筒内表面焊缝进行磁粉检测，请比较使用水磁悬液和油磁悬液、荧光磁粉与非荧光磁粉、交叉磁轭与交流电磁轭的区别。

* 4. 用触头法检测安全阀管座角焊缝，请确定磁化规范和磁化次数并说明依据和理由。

* 5. 试比较用触头法、交流电磁轭和绕电缆法分别磁化安全阀管座角焊缝时的注意事项和主要优缺点。

例 10—6　综合应用题——大型球罐

某 1 000 m^3 球罐设计技术参数如下。

（1）设计压力：2.16 MPa。

（2）球罐规格：ϕ12 300 mm×40 mm。

（3）材质：CF62（07MnCrMoVR）。

（4）容器类别：Ⅲ。

（5）介质：丙烯。

请回答下列问题：

* 1. 该球罐制造及安装过程中的无损检测工作应执行哪些文件规定？

* 2. 请写出该球罐制造及安装过程中哪些部位应采用磁粉检测或渗透检测，并同时注

明检测比例和合格级别。

＊ 3. 该球罐的球壳板制造时的气割坡口表面决定采用磁粉检测，如何选择磁化方法？检测中有哪些要求和注意事项？

＊ 4. 该球罐运行两年后开罐检验，据业主介绍盛装介质中 H_2S 含量有时较高，发生应力腐蚀倾向较大，开罐检验时的无损检测方法、比例和部位的选择有哪些针对性措施？

＊ 5. 选择球罐交叉磁轭荧光磁粉法的工艺方法并说明理由，见表 10—8。

表 10—8　　球罐交叉磁轭荧光磁粉法的工艺方法选择及理由

工艺条件和参数	依据或理由
(1) 磁化方法及磁粉和载液组合（　） A. 交叉磁轭连续法、荧光磁粉干法 B. 交叉磁轭连续法、荧光磁粉水悬液 C. 交叉磁轭剩磁法、荧光磁粉干法 D. 交叉磁轭剩磁法、荧光磁粉水悬液	
(2) 磁悬液中磁粉浓度（　） A. 10～25 g/L　B. 5～12 g/L C. 1.2～2.4 g/L　D. 0.5～3 g/L	
(3) 标准试块（试片）（　） A. A 型　B. 磁场指示器 C. M_1 型　D. C 型	
(4) 磁化电流类型（　） A. 交流 B. 冲击电流 C. 全波整流 D. 直流	
(5) 连续法通电时间（　） A. 1～3 s　B. 1～2 s C. 0.5～2 s　D. 0.2～1 s	
(6) 交叉磁轭行走速度一般应（　） A. 小于等于 3 m/min B. 小于等于 4 m/min C. 小于等于 5 m/min D. 小于等于 6 m/min	
(7) 磁悬液喷洒原则（　） A. 检测环缝时应喷洒在行走方向的前上方 B. 检测环缝时应喷洒在行走方向的后上方 C. 检测纵缝时应喷洒在行走方向的正前方 D. 检测纵缝时应喷洒在行走方向的正后方	
(8) 磁极与检测面之间最大间隙应（　） A. 不大于 1.5 mm B. 不大于 2 mm C. 不大于 2.5 mm D. 不大于 3 mm	

续表

工艺条件和参数	依据或理由
(9) 被检测面的黑光辐照度应不小于（　　） A. 500 lx B. 1 000 lx C. 500 μW/cm² D. 1 000 μW/cm²	

复习思考题

1. 特种设备磁粉检测工艺规程和工艺卡主要区别是什么？
2. 特种设备磁粉检测工艺卡由具备什么资格的人员编制、审核和审批？

第 11 章 国内、外磁粉检测标准对比分析

几十年来，随着科学技术和工业发展的要求，磁粉检测技术也在逐步的成熟和完善，尤其是近年来得到了很快的发展，如检测设备性能的提高，工艺方法的日臻完善，检测环境的改善，人员素质的提高和质量控制的加强等。而这些方面的内容和技术水平及管理水平，都集中体现在各国磁粉检测标准规范的要求中。但是各国之间和各行业之间，磁粉检测的发展也是不平衡的。只有相互借鉴，扬长避短，才能促进技术进步，提高产品质量，并不断的提高磁粉检测的水平。

现将 JB/T 4730.4—2005 磁粉检测标准，与以下主要参考标准资料中内容差异较大，又对实用有影响的几点进行对比分析，以引起大家关注。

参考标准

(1) ASTM SE-709(2001 版) 磁粉检测方法
(2) JIS G0565—1982 钢铁材料的磁粉探伤检验方法及缺陷磁痕的等级分类
(3) ASME 第 8 篇 (2001 版)
(4) ASME V (2004 版) 无损检测
(5) 欧洲标准 EN1290 (1998) 焊缝无损检测—焊缝磁粉检测
(6) DIN 54131 无损检测磁粉检测
(7) BS 4397 焊缝的磁粉检测方法
(8) BS 3889 管子的无损检测方法等
(9) GB 11533—1989 标准对数视力数
(10) GB/T 16673—1996 无损检测用黑光源 (UV-A) 辐射的测量
(11) JB/T 4730.1—2005 承压设备无损检测 第 1 部分：通用要求
(12) JB/T 6063—1992 磁粉探伤用磁粉 技术条件
(13) JB/T 6065—2004 无损检测 磁粉检测用试片
(14) JB/T 6066—2004 无损检测 磁粉检测用环形试块
(15) JB/T 8290—1998 磁粉探伤机
(16) ASTM E1444—2001 磁粉检验标准实施规程
(17) AMS 2641 A 磁粉检验石油基载液
(18) AMS 2300 F 优质钢纯洁度的磁粉检验规程
(19) AMS 2301 H 钢纯洁度磁粉检验规程

(20) BAC5424 T　磁粉检验

(21) GJB 2028—1994　磁粉检验

(22) HB/Z 72—1998　磁粉检验

(23) HB 5370—1987　磁粉探伤-橡胶铸型法

(24) GJB 1951—1994　航空用优质结构钢棒规范

11.1　国内、外标准对磁悬液浓度的规定

磁悬液浓度对显示缺陷的灵敏度影响很大，浓度太低，会影响漏磁场对磁粉的吸附量，磁痕不清晰，会使缺陷漏检；浓度太高，会在工件表面滞留很多磁粉，形成过度背景，甚至会掩盖相关显示。国内、外标准规定的磁悬液浓度见表 11—1。

JB/T 4730.4—2005 标准规定的磁悬液浓度有两种，一种是配制浓度，单位用 g/L，用于新配制磁悬液时的浓度控制；另一种是沉淀浓度，单位为 mL/100 mL，利用梨形沉淀管测定，该方法既可用于固定式探伤机循环使用的磁悬液的浓度控制，又可用于新配制磁悬液时的浓度控制。

特种设备磁粉检测实际工作中，对新配制磁悬液一般采用配制浓度控制，比较简便。

表 11—1　　国、内外标准规定的磁悬液浓度

磁粉类型	配制浓度（g/L）				沉淀浓度（含固体量：mL/100 mL）			
	JB/T 4730.4—2005	GJB 2028—1994	ASME SE-709	ASTM E 1444—2001	JB/T 4730.4—2005	GJB 2028—1994	ASME SE-709	ASTM E 1444—2001
非荧光磁粉	10～25	10～25	—	—	1.2～2.4	1.0～2.5	1.2～2.4	1.2～2.4
荧光磁粉	0.5～3.0	0.5～2.0	—	—	0.1～0.4	要求 0.1～0.3 最佳 0.15～0.25	0.1～0.4	0.1～0.4

从表 11—1 可看出，JB/T 4730.4—2005 规定的荧光磁悬液配制浓度为 0.5～3 g/L，3 g/L浓度最大。大量的实践证明，国外荧光磁粉如 14 A，最佳配制浓度为 0.5～1 g/L，国产荧光磁粉如 YC2，最佳配制浓度为 1.5 g/L 左右。3 g/L 的浓度太高，浇在工件表面会形成过度背景，掩盖相关显示，使磁痕无法观察，希望大家通过实验验证。美国波音公司 BAC5424T 磁粉检验标准也规定：荧光磁悬液的沉淀浓度为 0.1～0.4 mL/100 mL，优先选用 0.15～0.25 mL/100 mL，检测效果最佳。

11.2　磁粉检测校验项目和周期的国内、外标准对比

JB/T 4730.4—2005 与 ASME SE-709，ASTM E1444—2001 磁粉检测校验项目和周期见表 11—2。

表 11—2　　磁粉检测校验项目和周期

检 验 项 目	最长校验间隔		
	JB/T 4730.4—2005	ASME SE-709	ASTM E1444—2001
综合性能试验	每天	每天	每天
光线：			
可见光照度	无要求	每周	每周
黑光辐照度	无要求	每周	每天
环境光照度	无要求	每周	每周
磁悬液浓度测定	每天检测前	8 h	8 h 或每班
磁悬液污染判定	每周	每周	每周
水断试验	每次检测前	每天	每天
电流表精度校验	半年	半年	半年
电磁轭提升力校验	半年	半年	半年
设备内部短路检查	1 年	—	—
电流载荷校验	1 年	—	半年
通电时间校验	1 年	半年	半年
照度计校验	1 年	半年	半年
黑光辐照计校验	1 年	半年	半年
袖珍式磁强计校验	1 年	—	—
毫特斯拉计校验	1 年	—	—
袖珍式电秒表校验	1 年	—	半年
快速断电校验	—	半年	半年

注：(1) 从表 11—2 可看出，JB/T 4730.4—2005“磁粉检测校验项目和周期”基本上与国外标准接轨。

(2) 对可见光照度、黑光辐照度和环境光照度，JB/T 4730.4—2005 没有将其列入质量控制项目的要求。但由于黑光灯使用后，黑光辐照度衰减很快，所以许多国外标准中，都是要求 8 h 或每班测量，至少每周测量一次，光照度和环境光照度也最长每周测量一次。所以应参照国内外标准的要求执行。

(3) 快速断电校验没列入，是考虑到特种设备行业很少应用三相全波整流电来磁化线圈。

(4) 设备内部短路检查和电流载荷校验是从 GJB 2028—1994 和 HB/Z 72—1998 等标准移植过来的，是很必要的两项校验项目。设备内部如果有短路，会造成磁粉检测过的工件成批漏检。

11.3　关于线圈法磁化的有效磁化区

JB/T 4730.4—2005 规定：“线圈法产生的磁场平行于线圈的轴线。线圈法的有效磁化区是从线圈端部向外延伸到 150 mm 的范围内。超过 150 mm 以外的区域，磁化强度应采用标准试片确定。”没有区分高、低充填因数线圈的区别。延伸方向也比美国标准规定的 9 in (229 mm) 要小得多。

ASME V (2004 版) 规定：“如果磁化范围扩大到超过线圈任一边 9 in (229 mm) 时，其合适的磁场应采用磁场指示器或人工探伤试片来确定。”

ASTM E1444—2001 规定：“对于低充填因数线圈，从线圈中心向两侧分别延伸线圈半径 R 为有效磁化区；对高充填因数线圈或绕电缆法，从线圈中心向两侧分别延伸 9 in (229 mm)，为有效磁化区。”

11.4 关于磁化电流的选用

我国主要使用交流探伤机。为解决交流剩磁法检测漏检问题，我国自主研发了断电相位控制器，解决了采用交流电剩磁法检测的关键问题。美国主要使用三相全波整流探伤机，英国主要使用半波整流探伤机，这些电流具有各自的优点和局限性。英、美、日和中国标准中，都列出了各种类型电流的换算关系，证明各种电流都允许使用。如果有条件，一个单位最好备有交流和三相全波整流探伤机，以便针对工件检测要求进行选择。

美国三相全波整流检测使用三十点机械式直流换向退磁，比我国三相全波整流检测使用超低频自动衰减退磁技术落后。关于交流检测，我国在固定式、移动式和便携式设备上，都带有自动衰减退磁装置，技术先进，应用方便，退磁效果好。

美国最初主要使用三相全波整流检测，检测方法以连续法为主，目的是为了在检测表面缺陷的同时兼顾近表面缺陷的检测。但直流电对表面缺陷检测灵敏度不如交流电，这是因为磁化磁场能渗入工件近表面，使工件表面的磁通密度变小，因而用加大磁化电流来弥补，所以美国磁化规范是世界上最高的，尽管连续法磁化电流由 $I=(32\sim48)D$ 降为 $I=(12\sim32)D$(D 以 mm 为单位)，也仍然比我国标准 $I=(8\sim15)D$ 要高很多。由于磁化规范太高，通电时易使工件发热，为此需加装通电时间控制器，限制通电时间在 0.5～1 s 范围内，但通电时间短对连续法检验时漏磁场吸附磁粉不利，这正是使用直流电带来的负面影响。

ASME V (2004 版) 特别强调：“除了厚度小于等于 6 mm 的材料之外，在相等的提升力条件下，对表面缺陷的检测使用交流电磁轭优于直流磁轭或永久磁轭。”这是对交流电磁化的肯定。

11.5 关于剩磁法的应用

美国磁粉检测以连续法为主，不管什么钢材或热处理状态，一律采用连续法检验。中国是连续法和剩磁法并用，凡符合用剩磁法检验的，一律用剩磁法检验，因为剩磁法对形状复杂的工件，尤其对细螺纹根部和圆筒内壁缺陷的检测，是连续法无法替代的。因螺纹本来就相当于一个大裂纹，当纵向磁化时，用连续法检测，会在螺纹根部吸附并堆积很多磁粉，缺陷会被磁痕掩盖，所以选用剩磁法，采用低浓度的荧光磁悬液检验，能取得很好的效果。

JB/T 4730.4—2005 线圈法只有连续法磁化规范，没有剩磁法的磁化规范，是不完整的，本书借鉴 GJB 2028—1994 制订线圈法磁化剩磁法检测的磁化规范，以供线圈法磁化剩磁法磁粉检测时参考。

11.6 受压加工部件和材料磁粉检测质量分级

国外许多磁粉检测标准，都有验收标准，并分许多验收等级，如英国罗罗航空发动机公司 QAS 质量验收的标准，根据工件受力和验收要求，在每个工件上划分出红区、蓝区、绿区和黄区，采用不同的验收要求，这是很科学的。在这里引用 QAS 质量验收标准供特种设备制订磁粉检测验收标准时参考。

《QAS0261 斯贝低压涡轮轴质量验收标准》

1 中间阶段和最终阶段磁粉检测验收标准

1.1 检验方法

按有关的无损检测工艺卡进行磁粉检测，并用 2 倍放大镜检验非金属夹杂显示。

1.2 缺陷的解释

1.2.1 允许的缺陷仅限于图 11—1 中箭头所示方向上的非金属夹杂。其他类型的夹杂、磨削裂纹和工艺缺陷均不允许。

1.2.2 在一直线上链状分布的断续夹杂物，当怀疑是一条长的夹杂物时，必须按链的总长度来评定。

1.2.3 中间阶段发现的夹杂，要估计其在以后的机加工工序中能否被加工掉。

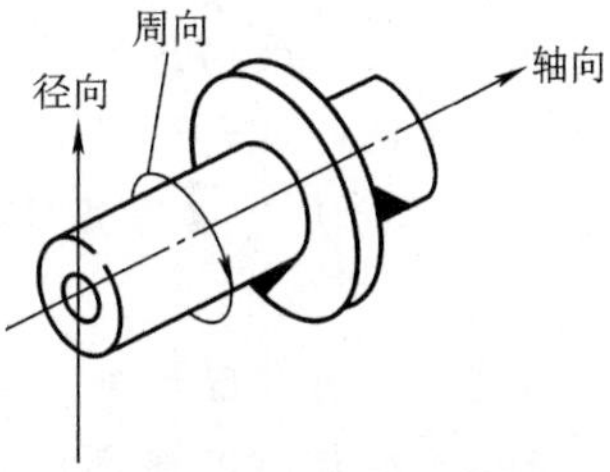

图 11—1 发动机涡轮轴

1.2.4 除红区外，其他各区内长度不超过 0.25 mm 的显示可忽略不计，但这些显示不应形成链状或数量多到影响材质程度。

1.2.5 圆弧区的颜色宽度必须向圆弧的任一侧至少扩展 1.27 mm。

1.3 验收

符合表 11—3 要求的缺陷是允许的。

表 11—3 QAS0261 斯贝低压涡轮轴非金属夹杂质量验收标准

区域	允许夹杂的最大长度	两夹杂间的最小周向间距	两夹杂间的最小轴向间距	一组夹杂的最大累计长度	一组中允许夹杂的最多数量	组的最大尺寸 C=周向 A=轴向	每个轴允许的最多组数	各组间最小周向间距	各组间最小轴向间距
红区	0.254	仅允许单个的显示							
蓝区	1.27	2.54	6.35	5.08	6	C=25.40 A=25.40	2	76.20	25.40
绿区	2.54	2.54	6.35	10.16	8	C=25.40 A=25.40	2	76.20	25.40
黄区	6.35	2.54	6.35	38.10	10	C=25.40 A=50.80	2	76.20	50.80

表中尺寸以 mm 为单位。

1.4 拒收

1.4.1 不符合表 11—3 规定的夹杂。

1.4.2 任何孔周围 1.27 mm 范围内的夹杂。

1.4.3 怀疑穿透截面的夹杂。

1.4.4 夹渣遍布于整个轴上（夹渣通常沿轴的轴向分布）。

1.4.5 钩状环状夹杂。

1.4.6 夹具接触点的电弧烧伤。

2 最终阶段补救检验要求

不允许的夹杂可以进行打磨，但需符合如下要求：

2.1 已进行过超差处理的超差件，在未得到公司有关质量工程师的批准以前，不允许打磨。

2.2 检验部门必须保留按本验收标准进行打磨的原始记录。

2.3 花键、螺纹和其他精度要求高的部位在未得到公司的有关工程师批准以前，不允许打磨。

2.4 任何孔或拐角半径周围 1.27 mm 范围内不允许进行打磨。

2.5 其他部位允许打磨，但需符合如下要求：

2.5.1 最大打磨深度不得超过 0.25 mm 或不超过图样公称厚度的 1/10，两者取较小者。

2.5.2 打磨范围控制在 2.5 mm 范围内，截面厚度变化不大于 0.05 mm。

2.5.3 邻接面或邻接圆之间的转接半径，不得减小到低于图样规定的最小尺寸。

2.6 零件打磨后必须再次进行磁粉检测。如果打磨部位已无缺陷而且零件其他部位也符合本标准，该零件可验收。

2.7 每个轴最多允许打磨 3 处，其轴向间距不得小于 50.8 mm，任何一个圆周只允许打磨一处。

2.8 不能按本标准进行打磨补救的零件，应提交公司有关质量工程师进行超差处理。

JB/T 4730.4—2005 受压加工部件和材料磁粉检测质量分级见表 11—4。

表 11—4　受压加工部件和材料的磁粉检测质量分级

等级	线性缺陷磁痕	圆形缺陷磁痕 （评定框尺寸为 2 500 mm^2，其中一条矩形边长最大为 150 mm）
Ⅰ	不允许	$d \leqslant 2.0$，且在评定框内不大于 1 个
Ⅱ	$l \leqslant 4.0$	$d \leqslant 4.0$，且在评定框内不大于 2 个
Ⅲ	$l \leqslant 6.0$	$d \leqslant 6.0$，且在评定框内不大于 4 个
Ⅳ	大于Ⅲ级	

注：l 表示线性缺陷磁痕长度，mm；d 表示圆形缺陷磁痕长径，mm

在表 11—4 中，没有区分缺陷性质，只按磁痕大小进行验收是不合理的，如由棒材、管材或锻件加工的零部件中，对非金属夹杂物和发纹等缺陷磁痕若按表 11—4 验收，就显得太严了。如美国波音飞机零件对非金属夹杂物（发纹）磁痕的验收：表面允许 0.1 in (2.54 mm) 长，近表面允许 0.2 in (5.08 mm) 长。英国罗罗公司航空发动机零件对非金属夹杂物的验收也比表 11—4 的要求松得多。

GJB 1951—1994《航空用优质结构钢棒规范》的要求也比表 11—4 松得多，现将 GJB 1951—1994 航空用优质结构钢棒规范介绍出来，仅供参考。

GJB 1951—1994 航空用优质结构钢棒规范（选录）

本标准适用于航空用尺寸小于等于 300 mm 的热轧、锻造及冷拉结构钢钢棒。对尺寸大于等于 16 mm 的钢棒用塔形试样检验发纹，并应符合表 11—5 的规定。

表 11—5　　航空用结构钢钢棒发纹验收技术条件

评定项目	允许条数和长度	
	第一组	第二组
每阶梯发纹条数	3 条	4 条
发纹最大长度	6 mm	8 mm
每阶梯发纹总长度	10 mm	15 mm
发纹总长度（指一个塔形）	25 mm	40 mm
发纹总条数	5 条	8 条

注：(1) 钢棒的发纹应符合上表中第一组的规定。尺寸大于 60 mm 的钢棒在 9 个检验阶梯内允许有两个阶梯不超出第二组的规定。

(2) 发纹起算长度为 0.6 mm。

(3) 在同一母线上两条发纹间距小于 2 mm 时，则作为一条计算（长度包括间距尺寸）。

(4) 用酸浸、磁粉检测或其他方法显示发纹。如未明确指定方法，则仲裁以酸浸法为准。

(5) 尺寸大于 150 mm 的钢棒，在保证需方要求时，允许只检验第一阶梯。

(6) 尺寸大于 150 mm 的钢棒，其塔形车削尺寸（mm）为：

钢棒尺寸 (*D*)	第一阶梯	第二阶梯	第三阶梯	阶梯长度
150～250	D－16	$\frac{2}{3}D$	$\frac{1}{3}D$	50
250～300	D－20	$\frac{2}{3}D$	$\frac{1}{3}D$	50

关于用塔形试样检验发纹的要求：

(1) 每批钢棒加工送检 3 个塔形试样，共 9 个阶梯。

(2) 塔形式样如图 11—2 所示

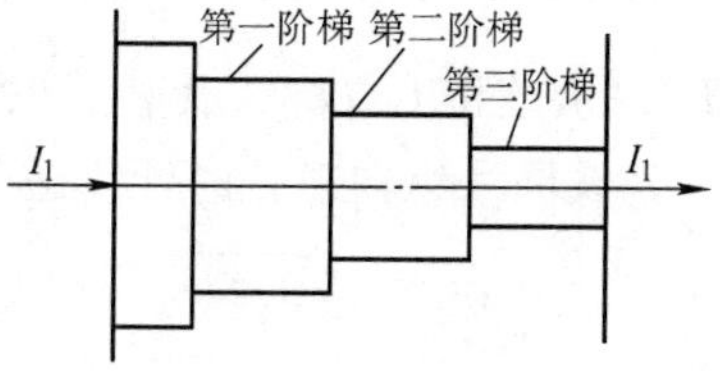

图 11—2　塔形式样

11.7 欧洲标准 EN1290（1998）

欧洲标准 EN1290（1998）中典型磁化方法图示是很好的，有许多图已在本书中采纳。但是，对平板焊缝、管板焊缝和角焊缝磁化规范一律用 $IN \geqslant 8D$，而未考虑 L/D 和退磁场的影响，使用时应注意。

11.8 直径 D、当量直径 D_d 和有效直径 D_{eff}

1. D 代表圆柱形直径（外径），单位 mm，适用于轴向通电法计算周向磁化规范。

2. 所谓当量直径，是指将非圆柱形横截面换算成相当圆柱形横截面时的直径。当量直径用 D_d 表示，D_d＝周长/π，单位 mm，适用于非圆柱形工件计算周向磁化规范。

圆柱形和非圆柱形横截面的当量直径 D_d 与横截面最大尺寸求法，见表 11—6。

表 11—6　　当量直径 D_d 与横截面最大尺寸求法　　mm

	圆柱形横截面	长方形横截面	方形横截面	复杂形状横截面
横截面	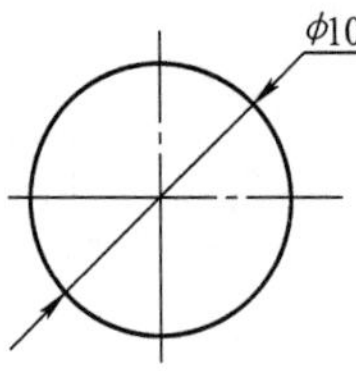	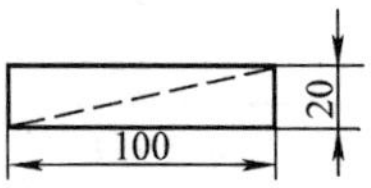	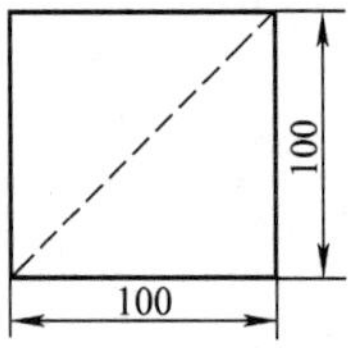	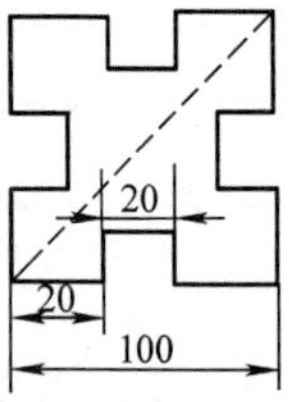
当量直径 D_d	100	76	127	178
横截面最大尺寸	100	102	141	141

关于轴向通电法和中心导体法的非圆柱形工件，全国无损检测协会及国防科工委组织编写的《磁粉检测》培训教材中和 GJB 2028—1994《磁粉检测》标准中，规定使用当量直径来计算磁化规范。JB/T 4730.4—2005 标准中，对于非圆柱形工件，采用工件横截面上最大尺寸（mm）来计算磁化规范。

3. 所谓有效直径，是指将中空的圆筒形工件和中空的非圆筒形工件的实心部分横截面积减去空心部分横截面积后再换算出的相应的直径。有效直径用 D_{eff} 表示，单位 mm。它适用于中空的圆筒形和非圆筒形横截面积工件以及非圆柱形横截面积工件线圈法纵向磁化计算磁化规范用，如 $I=\dfrac{45\ 000}{N(L/D_{eff})}$，它对纵向磁化时的 L/D 值影响很大。即对纵向磁化实际起作用的是有效直径 D_{eff}，所以 L/D 应该用 L/D_{eff} 来代替。以下分三种情况。

（1）适用于中空的圆筒形工件线圈法纵向磁化时计算磁化规范，有效直径

$$D_{eff}=\sqrt{D_o^2-D_i^2}$$

式中　D_o ——圆筒外直径，mm；

　　　D_i ——圆筒内直径，mm。

(2) 适用于中空的非圆筒形工件线圈法纵向磁化时计算磁化规范，有效直径

$$D_{eff}=2\sqrt{\frac{(A_t-A_h)}{\pi}}$$

式中 A_t ——工件总的横截面积，mm^2；

A_h ——工件中空部分的横截面积，mm^2；

(3) 适用于非圆柱形工件线圈法纵向磁化时计算磁化规范，其有效直径

$$D_{eff}=2\sqrt{\frac{A}{\pi}}$$

式中 A ——非圆柱形工件横截面积，mm^2。

圆柱形、非圆柱形、中空的非圆筒形和中空的圆筒形工件的有效直径 D_{eff} 与横截面积最大尺寸求法，见表 11—7。

表 11—7　　有效直径 D_{eff} 与横截面积最大尺寸求法　　mm

	圆筒形横截面	非圆柱横截面	中空非圆筒形横截面	中空圆筒形横截面
横截面	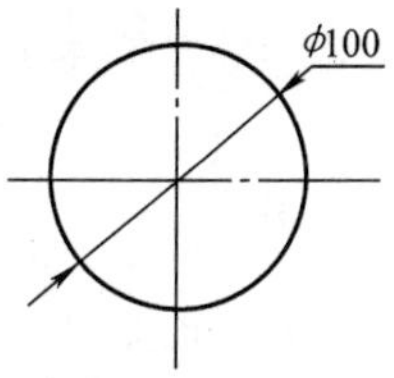	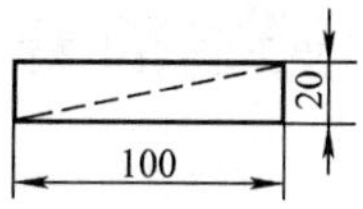	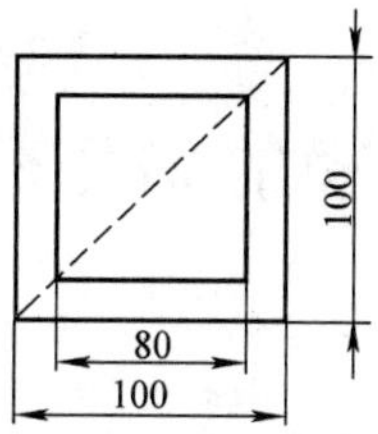	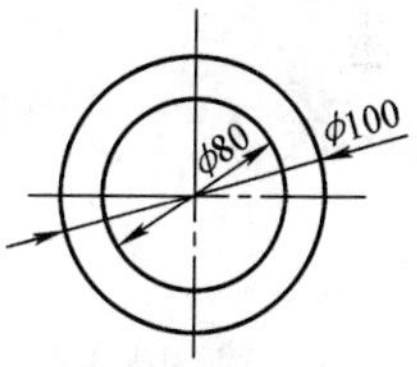
有效直径 D_{eff}	100	50	68	60
横截面最大尺寸	100	102	141	100

可见用有效直径 D_{eff} 代替线圈法纵向磁化公式中的 D，即用 L/D_{eff} 代入公式计算纵向磁化规范，比用横截面最大尺寸代替线圈法纵向磁化公式中的 D 计算磁化规范，更精确、更科学。

有效直径 D_{eff} 已纳入我国的军标、航标和民航磁粉检测标准以及 JB/T 4730.4—2005 中，并取得了很好的效果。

第12章 实 验

以下这些最基本、最常用的磁粉检测实验，是Ⅰ级和Ⅱ级培训班应该进行的。因为完成这些实验，既有利于提高学员的动手能力、增强感性认识，又是对课堂理论学习知识的验证和巩固。如磁粉检测常用的触头法、磁轭法、交叉磁轭旋转磁场法和线圈法的有效磁化区；磁化电流方向、磁场方向和最有利发现的缺陷方向；工件长径比 L/D 对线圈开路磁化退磁场的影响等，所有这些概念的理解和掌握通过实验，可达到事半功倍的效果，所以实验课也是很重要的。

实验1 交叉磁轭的磁场分布和影响因素

1.1 实验目的

（1）了解交叉磁轭磁化磁场的分布规律。

（2）了解交叉磁轭磁化磁场的有效磁化区。

（3）了解交叉磁轭不动时的磁化效果与连续移动时的磁化效果。

（4）了解交叉磁轭移动速度对检测效果的影响。

（5）了解交叉磁轭提升力大小对检测效果的影响。

（6）了解交叉磁轭检测球罐环形焊缝和纵向焊缝的磁悬液施加方式。

1.2 实验设备器材

（1）YJ-2型或CXE型交叉磁轭探伤仪一台。

（2）毫特斯拉计一台。

（3）标准试片（A_1 型或 M_1 型）一套。

（4）焊板一块或在球罐现场实验。

（5）HD-BO黑磁粉水磁悬喷罐。

1.3 实验方法

（1）当电磁轭磁极与工件表面紧密接触或保持不同间隙时，试验对磁化的影响，通过贴标准试片试验。

（2）用交叉磁轭旋转磁场磁化焊接试板或压力容器焊缝时，用毫特斯拉计测量焊接试板表面各点的磁场分布。并用 A_1-30/100 标准试片贴在试板表面不同位置，用湿连续法检验，找出标准试片上磁痕显示清晰且工件表面磁场强度又能达到 2 400 A/m 的有效磁化范围，标准试片贴的位置示意图如图 12—1 所示。

（3）试验交叉磁轭固定在一个位置和连续移动时的检测效果，可从标准试片上的磁痕显示看出。

（4）当交叉磁轭提升力大小不同时，观察试片上的磁痕显示；

（5）交叉磁轭检测球罐环形焊缝和纵向焊缝的磁悬液施加方式，参考图 8—5 和图 8—6。

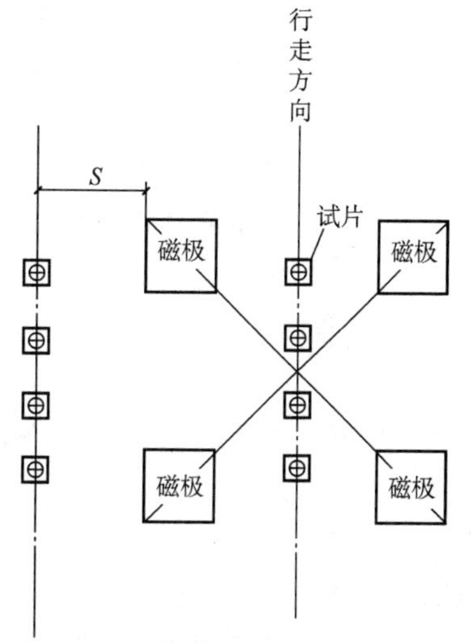

图 12—1　标准试片贴的位置示意图

1.4　实验结果

（1）记录交叉磁轭磁化时，焊接试板上各点的磁场强度值和试片磁痕显示，并绘出有效磁化区。

（2）记录磁轭间隙和行走速度对检测效果的影响。

（3）记录检验球罐环缝和纵缝时磁悬液施加方式对检测效果的影响。

（4）记录提升力大小对检测效果的影响。

（5）记录交叉磁轭移动速度对检测效果的影响。

1.5　实验结果讨论

实验2　磁粉检测综合性能试验

2.1　实验目的

（1）掌握使用自然缺陷样件、E 型标准试块、B 型标准试块和标准试片测试综合性能的方法。

（2）了解和比较使用交流电和整流电磁粉检测的探测深度。

2.2　实验设备器材

（1）交流磁粉探伤仪（机）一台。

（2）直流（或整流电）磁粉探伤仪（机）一台。

（3）E 型标准试块和 B 型标准试块各一个。

（4）自然缺陷样件一个，标准试片（A_1 型或 M_1 型）一套。

（5）标准铜棒一根。

（6）荧光和非荧光磁悬液各一瓶。

2.3 实验方法

（1）将带有自然缺陷的样件按规定的磁化规范磁化，用湿连续法检验，观察磁痕显示情况。

（2）将 E 型试块穿在标准铜棒上，夹在探伤机两磁化夹头之间，用 700 A（有效值）或 1 000 A（峰值）交流电磁化，并依次将第一、二、三孔放在 12 点钟位置，用湿连续法检验，观察在试块环圆周上有磁痕显示的孔数。

（3）将 B 型试块穿在标准铜棒上，夹在探伤机两磁化夹头之间，按表 12—1 中所列的磁化电流值，用直流电（或整流电）和交流电分别磁化，并用湿连续法检验，观察在试块圆周上有磁痕显示的孔数。

（4）分别将 A_1 型或 M_1 型标准试片贴在被检工件表面上，用湿连续法检验，观察磁痕显示。

（5）每一次试验，均分别施加荧光和非荧光磁悬液。

2.4 实验结果

（1）记录带有自然缺陷样件的实验结果。

（2）记录 E 型标准试块的实验结果。

（3）将直流电（或整流电）和交流电磁化 B 型标准试块的实验结果填入表 12—1 中。

表 12—1　　直流电和交流电磁化 B 型试块显示孔数比较

磁悬液种类	磁化电流/A	交流电显示孔数	直流电显示孔数
非荧光磁粉湿法检验	1 400		
	2 500		
	3 400		
荧光磁粉湿法检验	1 400		
	2 500		
	3 400		

（4）按表 12—1 中的实验结果，画出交流电和直流电（或整流电）的磁化电流与探测缺陷深度（用显示磁痕的孔数换算出相对深度）的坐标曲线。

（5）记录标准试片上的磁痕显示。

2.5 实验结果讨论

实验3 螺管线圈磁场分布和有效磁化区的测试

3.1 实验目的

（1）了解空载螺管线圈横截面上和中心轴线上的磁场分布规律。
（2）了解低充填因数线圈和高充填因数线圈的有效磁化区。
（3）掌握螺管线圈磁场分布和有效磁化区的测试方法。

3.2 实验设备器材

（1）螺管线圈（或缠绕线圈）一个。
（2）毫特斯拉计一台。
（3）标准试片（A_1 型或 M_1 型）一套。
（4）长度 $L \geqslant 500$ mm 的钢棒一件。
（5）磁悬液一瓶。

3.3 实验方法

（1）用毫特斯拉计测量空载短螺管线圈横截面上的磁场分布。设线圈横截面中心为0点，从线圈横截面中心0到线圈内壁，测量0，20，50，100和150 mm及内壁的磁场强度；

（2）用毫特斯拉计测量空载有限长螺管线圈横截面上的磁场分布，测量点同（1）。

（3）用毫特斯拉计测量空载螺管线圈中心轴线上的磁场分布。设线圈轴向中心为0点，从中心向一侧测量，测量0，50，100，150，200，250，300，400和500 mm处的磁场强度。

（4）将长度 $L \geqslant 500$ mm 的钢棒或工件置于线圈内壁，并与线圈轴线平行，将 A_1-30/100标准试片贴在钢棒表面不同点，磁化并用湿连续法检验。测试工件表面磁场强度能达到2 400 A/m且中灵敏度标准试片上磁痕显示也清晰的低充填因数线圈和高充填因数线圈的有效磁化区（参看图3—24和图3—25）。

3.4 实验结果

（1）记录短螺管线圈和有限长螺管线圈横截面上的磁场强度，将实验结果填入表

12—2中。

表 12—2　线圈横截面上的磁场强度

短螺管线圈	测量点（mm）	中心 0	50	100	150		内壁处
	H（A/m）						
有限长螺管线圈	测量点（mm）	中心 0	50	100	150		内壁处
	H（A/m）						

画出螺管线圈横截面上磁场分布的对称曲线（参看图 2—37）。

（2）记录螺管线圈中心轴线上各点的磁场强度，将实验结果填入表 12—3 中。

表 12—3　线圈中心轴线上的磁场强度

测量点（mm）	中心 0	50	100	150	200	250	300	400	500
磁场强度（A/m）									

画出螺管线圈中心轴线上磁场分布的对称曲线（参看图 2—35）。

（3）记录中灵敏度 A_1-30/100 标准试片磁痕显示清晰且表面磁场强度至少达到 2 400 A/m 处距线圈中心 0 的距离（即高充填因数线圈和低充填因数线圈的有效磁化区）。

3.5　实验结果讨论

实验 4　线圈开路磁化 L/D 值对退磁场的影响

4.1　实验目的

（1）了解工件长径比 L/D 对退磁场的影响。

（2）了解退磁场影响的试验方法。

（3）掌握克服退磁场影响应采取的措施。

4.2　实验设备器材

（1）螺管线圈（或缠绕线圈）一个。

（2）毫特斯拉计一台。

（3）标准试片（A_1 型或 M_1 型）一套。

（4）带自然缺陷的短工件一件。

（5）直径相同，长度不同，L/D 值分别为 2，5，10 和 15 的钢棒各一个，材料为经淬火的高碳钢或合金结构钢。

（6）磁悬液一瓶。

4.3 实验方法

(1) 给螺管线圈通电，使线圈中心磁场强度达到20 000 A/m，分别将不同L/D的4个钢棒放在线圈内壁，使钢棒方向与线圈轴线方向平行，进行磁化。

1) 用毫特斯拉计测量4个钢棒表面磁场强度的差异。

2) 用毫特斯拉计测量4个钢棒端头的剩磁大小。

3) 将标准试片分别贴在4个钢棒中间的表面上，用湿连续法检验，观察磁痕显示的差异。

(2) 给不同L/D的4个钢棒的中间表面上，贴上同一型号（如A_1-7/50）的标准试片。然后分别放在线圈中同一位置磁化，用湿连续法检验，通过调节磁化电流大小改变线圈中的磁场强度，当4个钢棒表面标准试片上磁痕显示程度相同时，记录所用磁化电流大小的差异。

(3) 将带自然缺陷的短工件，放在线圈中磁化和检验，若磁痕显示不清晰，可在工件两端用直径接近的铁磁性材料将短工件接长，并用同样的磁化电流和检验方法重新检验，能使磁痕显示清晰。

4.4 实验结果

(1) 记录螺管线圈内磁场强度相同时，4个钢棒的磁场强度、剩磁和试片上的磁痕显示，见表12—4。

表12—4　L/D对退磁场的影响

L/D	2	5	10	15
磁场强度（A/m）				
剩磁（mT）				
试片上磁痕显示				

(2) 在L/D为2，5，10和15的钢棒表面贴A_1-7/50标准试片，当磁痕显示相同时，记录所需要的磁化电流分别为：________A，________A，________A和________A。

(3) 记录给带自然缺陷的短工件加延长块与不加延长块时磁痕显示的差异。

4.5 实验结果讨论

实验5　触头法磁化的磁场分布和有效磁化区

5.1 实验目的

(1) 了解触头法磁化磁场的分布规律。

（2）了解触头法磁化的有效磁化区。

（3）了解触头法磁化平板对接焊缝、T 形焊缝、管板焊缝和角焊缝的磁化方法。

5.2 实验设备器材

（1）CY2000 型磁粉探伤仪一台。

（2）毫特斯拉计一台。

（3）标准试片（A_1 型或 M_1 型）一套。

（4）平板对接焊缝试板（300 mm×400 mm）一块。

（5）T 形焊缝工件。

（6）管板焊缝工件。

（7）角焊缝工件。

（8）磁悬液一瓶。

5.3 实验方法

（1）用触头法磁化焊接试板，当触头间距为 200 mm，磁化电流为 800 A 时，用毫特斯拉计测量焊接试板上各点的磁场分布（参考图 3—17），并用 M_1 标准试片贴在试板表面不同位置，用湿连续法检验，测试工件表面磁场强度能达到 2 400 A/m 且中灵敏度标准试片上磁痕显示也清晰的有效磁化区。

（2）用触头法分别磁化平板对接焊缝、T 形焊缝、角焊焊缝，检验焊缝上的纵向与横向缺陷，参看图 8—7、图 8—8、图 8—11、图 8—14 和图 8—15。

5.4 实验结果

（1）记录用触头法磁化焊接试板上各点的磁场强度值，并绘出如图 3—17 所示的触头法磁场分布图。

（2）记录并画出触头法的有效磁化区。

（3）用触头法磁化平板对接焊缝、T 形焊缝、管板焊缝和角焊缝，记录检验所发现的焊接缺陷，并进行评定。

5.5 实验结果讨论

实验 6 用磁轭法检测压力容器焊缝

6.1 实验目的

（1）了解磁轭法磁化磁场的分布规律。

(2) 了解磁轭法磁化的有效磁化区。

(3) 了解用交流电磁轭分别检测平板对接焊缝、T形焊缝、管板焊缝和角焊缝上纵向及横向缺陷的方法。

(4) 了解用交流和直流电磁轭检验厚板焊缝的效果。

(5) 了解磁极与工件表面间隙大小对磁化效果的影响。

6.2 实验设备器材

(1) 毫特斯拉计一台。

(2) 交流和直流电磁轭探伤仪各一台。

(3) 标准试片(A_1 型或 M_1 型)一套。

(4) 平板对接焊缝工件。

(5) T形焊缝工件。

(6) 管板焊缝工件。

(7) 角焊缝工件。

(8) 磁悬液一瓶。

(9) 厚度 $b \geqslant 10$ mm 厚钢板一块。

6.3 实验方法

(1) 用交流电磁轭分别检测平板对接焊缝、T形焊缝、管板焊缝和角焊缝上纵向及横向缺陷,参看图8—3、图8—4、图8—10、图8—12和图8—13。

(2) 用磁轭法磁化焊接试板,当磁极间距为150 mm时,用特斯拉计测量焊接试板上各点的磁场分布。并将 A_1-30/100 标准试片贴在试板表面不同位置,用湿连续法检验,找出标准试片上磁痕显示清晰、工件表面磁场强度又能达到2 400 A/m的范围,从而画出磁轭法磁化的有效磁化范围(参考图3—29)。

(3) 当电磁轭磁极与工件表面紧密接触或保持不同间隙时,试验对磁化效果的影响,用贴标准试片试验。

(4) 将 A_1-30/100 标准试片贴在厚板(大于10 mm)表面,分别用交流电磁轭和直流电磁轭进行磁化检验,观察磁痕显示的差异。

(5) 用交流和直流电磁轭同时检验厚板焊缝表面的同一自然缺陷(宜选微小裂纹或发纹),观察磁痕显示的差异。

(6) 也可以用交流和直流电磁轭同时检验薄板(小于6 mm)焊缝表面的同一自然缺陷(宜选微小裂纹或发纹),观察磁痕显示的差异。

6.4 实验结果

(1) 记录磁轭法磁化,焊接试板上各点的磁场强度和试片磁痕显示,并绘出有效磁化区。

（2）记录磁轭间隙和行走速度对检测效果的影响。

（3）记录检测平板对接焊缝、T 形焊缝、管板焊缝和角焊缝时发现的缺陷。

（4）记录用交流和直流电磁轭检验厚板焊缝结果的差异。

（5）记录用交流和直流电磁轭检验薄板（小于 6 mm）焊缝结果的差异。

6.5 实验结果讨论

实验 7 磁悬液浓度和磁悬液污染测量

7.1 实验目的

（1）掌握磁悬液浓度的测量方法。

（2）熟悉磁悬液浓度范围。

（3）掌握磁悬液污染的试验方法。

（4）了解磁悬液污染的特征。

（5）了解磁悬液浓度不同对检测的影响。

7.2 实验设备器材

（1）未使用的荧光磁悬液和非荧光磁悬液及使用过的磁悬液。

（2）梨形沉淀管两只。

（3）白光灯和黑光灯各一台。

（4）焊板一块。

（5）交流电磁轭一台。

7.3 实验方法

（1）将磁悬液（非荧光磁悬液或荧光磁悬液）按 9.1.3 节第 1 条进行浓度测量，读取磁悬液浓度。

（2）将磁悬液按 9.1.3 节第 2 条进行磁悬液污染测定。

（3）使用比表 4—1 中所示的磁悬液浓度范围更低和更高的磁悬液分别检测。

7.4 实验结果

（1）记录磁悬液浓度。

（2）记录磁悬液污染测定结果，并记录污染的特征，据此决定是否应该更换新磁悬液。
（3）记录磁悬液浓度不同时的检测效果。

7.5 实验结果讨论

实验8 可见光照度和黑光辐照度测定

8.1 实验目的

（1）掌握照度计和黑光辐照计的使用方法。
（2）熟悉可见光照度和黑光辐照度的质量控制标准。
（3）测定符合要求的可见光照度和黑光辐照度的有效照度范围。
（4）了解光强度单位的换算关系。

8.2 实验设备

（1）照度计（ST-85型或ST-80C型）一只。
（2）黑光辐照计（UV-A型）一只。
（3）黑光灯一台。
（4）硬纸板（500 mm×500 mm）一块。
（5）有刻度的标尺一把。

8.3 实验原理

（1）根据照度第一定律得知，在点光源垂直照射下，被照面上的照度与光源的发光强度成正比；与光源到被照面之间的距离平方成反比。因此，用测出的照度值乘以距离的平方即为发光强度。

（2）磁粉检测关心的是被检工件表面上的可见光照度和黑光辐照度，一般不必进行发光强度的换算。磁粉检测时，在工作区域工作表面上的可见光照度应达到1 000 lx；在工件表面的黑光辐照度应达到1 000 $\mu W/cm^2$。

（3）单位换算关系

$$1\ \text{fc} = 10.764\ \text{lx}$$

8.4 实验方法

（1）将可见光照度计放在工作区域的工件表面上，测量可见光照度值。

（2）测量符合要求的可见光有效照射范围。

（3）将黑光辐照计放在黑光灯下 40 cm 处，测量黑光辐照度值。

（4）在黑光灯下 40 cm 处放一硬纸板，将黑光辐照计放在硬纸板上移动，描出符合要求的黑光灯有效照射范围。

8.5 实验结果

（1）记录工件表面的可见光照度。

（2）记录符合要求的可见光照度的有效照射范围。

（3）记录距黑光灯 40 cm 处的黑光辐照度。

（4）画出工件表面达到 1 000 $\mu W/cm^2$ 的黑光有效照射范围的轮廓。

8.6 结果分析

实验 9 交流电磁化剩磁稳定度的测试

9.1 实验目的

（1）了解交流电剩磁法检测时，断电相位对剩磁稳定度的影响。

（2）了解加装了断电相位控制器的交流探伤机。

（3）掌握剩磁稳定度的测量和计算方法。

9.2 实验设备

（1）交流探伤机一台。

（2）断电相位控制器一台。

（3）标准铜棒一根。

（4）开槽的可测剩磁用的试件一个，如图12—2所示。

（5）毫特斯拉计一台

图 12—2 测剩磁用的试件

9.3 实验原理

交流电剩磁法检测时，由于断电相位的影响，在 $0\sim\frac{\pi}{2}$ 和 $\pi\sim\frac{3\pi}{2}$ 相位断电时，每次断电后的剩磁大小都不一样。剩磁很小时会造成工件漏检。所以，为了保证剩磁法检测时剩磁稳定，应给交流探伤机加装相位控制器。相位控制器的性能可用测试剩磁稳定度的方法来考核。

剩磁稳定度可用下式计算

$$\pm\frac{B_{\max}-B_{\min}}{\overline{B}}\times 100\%$$

式中 $B_{\max}$——最大剩磁值；

$B_{\min}$——最小剩磁值；

$\overline{B}$——平均剩磁值。

剩磁稳定度在±5%范围内为合格。

9.4 实验方法

（1）测量未加相位控制器的交流探伤机的剩磁值。方法是将开槽的可测剩磁的环形试件穿在标准铜棒上，用 $5D$ 和 $10D$ 的磁化规范，各通电 100 次，每次磁化后用毫特斯拉计测试环形试件槽中的剩磁值。

（2）测量加装相位控制器的交流探伤机的剩磁值（方法同上）。

9.5 实验结果

（1）记录未加相控器与加装相位控制器的探伤机的剩磁稳定度。

（2）按公式计算剩磁稳定度。

9.6 结果分析

实验10 干法和湿法检测灵敏度对比

10.1 实验目的

（1）熟悉干法和湿法的检测工艺。

（2）了解干法和湿法检测的应用。

（3）对比干法和湿法检测的灵敏度。

10.2 实验设备

（1）CYD-5000 型磁粉探伤仪一台（或交流和直流磁粉探伤机各一台）。

(2) 用300目黑磁粉配制的磁悬液一瓶。

(3) HD-BO型黑水磁悬液喷罐一个。

(4) JCM空心球形磁粉若干。

(5) 干磁粉喷撒器一个。

(6) 带发纹缺陷的工件一件。

(7) 带大裂纹的铸钢件、锻钢件或焊接件一件。

(8) CED交直流电磁轭一台。

(9) B型标准试块一个。

10.3 实验原理

由于交流电有集肤效应，当使用粒度很细的磁粉进行湿法检测时，磁粉能够被微小缺陷产生的漏磁场所吸引，所以湿法检测结合使用交流电磁化，对发现工件表面的微小缺陷具有很高的检测灵敏度。但它不易发现近表面下的缺陷，对铸钢件、锻钢件或焊接件上开口较宽的大裂纹检测的灵敏度较低，因为磁粉在裂纹上形成磁痕是借助于磁粉搭桥的原理，所以湿法检测时，使用很细的磁粉，反而不易发现大裂纹。

对于铸钢件、锻钢件或焊接件等表面粗糙的工件上的大裂纹，由于能产生较大的漏磁场，因而能够吸附较粗的磁粉并形成较大的磁痕显示。另外，如果用单相半波整流电，结合使用干磁粉，有利于发现工件近表面的缺陷，对大缺陷也容易检测出来。但它发现工件表面微小缺陷的灵敏度很低，因为微小缺陷只产生微弱的漏磁场，不容易吸附粒度较大的干磁粉形成磁痕显示，所以用干磁粉检测，发现微小缺陷的灵敏度较低。

CYD-5000型磁粉检测仪能进行交流电磁化和单相半波整流电磁化，所以能完成干法和湿法检测试验。

10.4 实验方法

(1) 用湿法检测，并用交流电磁化带发纹缺陷的工件，观察磁痕显示。

(2) 用湿法检测，并用交流电磁化粗糙表面工件上的大裂纹，观察磁痕显示。

(3) 用干法检测，并用单相半波整流电磁化带发纹缺陷的工件，观察磁痕显示。

(4) 用干法检测，并用单相半波整流电磁化粗糙表面工件上的大裂纹，观察磁痕显示。

(5) 用干法检测，并用单相半波整流电磁化工件表面下较深的缺陷，观察磁痕显示。

(6) 用干法检测，并用CED交直流电磁轭分别磁化工件表面下较深的缺陷，观察磁痕显示。

(7) 用湿法检测，并用交流电磁化工件表面下较深的缺陷，观察磁痕显示。

(8) 用湿法和干法检测，并用交流电和单相半波整流电分别磁化B型试块，观察和记录有磁痕显示的孔数，见表11—5。

10.5 实验结果

(1) 记录实验方法 (1) ～ (7) 的实验结果。

(2) 记录实验方法 (8) 中B型试块有磁痕显示的孔数。

表12—5　用交流电和单相半波整流电分别磁化B型试块显示的孔数

检验方法	交流电 (A)	显示孔数	单相半波整流电 (A)	显示孔数
湿法	1 400		1 400	
	2 500		2 500	
	3 400		3 400	
干法	1 400		1 400	
	2 500		2 500	
	3 400		3 400	

(以上实验均使用非荧光磁粉进行)

10.6 结果分析

实验11　退磁方法与退磁效果

11.1 实验目的

(1) 了解各种退磁方法的操作及其退磁效果。

(2) 熟悉各种剩磁测量设备的使用方法。

(3) 了解工件上允许剩磁的标准。

11.2 实验设备

(1) 交直流磁粉探伤机一台。

(2) 退磁机一台。

(3) XCJ型磁强计一个。

(4) 毫特斯拉计一台。

(5) 磁罗盘一个。

(6) 标准退磁样件一个。

(7) 被检工件一个。

11.3 实验原理

各种退磁方法的原理，都是基于不断改变磁场方向的同时，磁场衰减到零，从而使工件上的剩磁接近于零。不同的工件，对退磁后的剩磁大小要求不一，JB/T 4730.4—2005 规定：退磁后，剩磁不能大于 0.3 mT（240 A/m）。

11.4 实验方法

（1）用通过法和衰减法分别对标准退磁样件和工件进行退磁。

（2）用换向衰减法和超低频退磁法分别对标准退磁样件和工件进行退磁。

（3）每次退磁后，分别用上述测剩磁仪器测量剩磁大小并记录，见表 11—6。

11.5 实验结果

表 12—6　　各种退磁方法的退磁结果

测量仪器 / 测量对象 / 退磁方法	磁强计		毫特斯拉计		磁罗盘	
	退磁样件	工件	退磁样件	工件	退磁样件	工件
交流电通过法						
交流电衰减法						
换向衰减法						
超低频退磁法						

11.6 结果分析

附录

附录 A　磁粉检测使用的单位制及换算关系

中华人民共和国法定计量单位（简称法定单位）是以国际单位制单位为基础，同时选用了一些非国际单位制的单位构成的。

国际单位制是在米制基础上发展起来的单位制，简称为 SI。国际单位制包括 SI 单位、SI 词头和 SI 单位的十进倍数与分数单位三部分。SI 制的基本单位是米（m）、千克（kg）、秒（s）、安培（A）、开尔文（k）、摩尔（mol）和坎德拉（cd）。在电磁学方面，国际单位制 SI 与米千克秒制（MKS 制）是一致的，属于米制范围的单位制常见的还有厘米克秒制（CGS 制）。我国推行法定计量单位和国际单位制，因为这是现在单位制中最完善和通用的单位制。考虑到一些非法定计量单位沿用多年，并在国内外一些标准和资料中出现，所以这里列出了国内、外磁粉检测的常用单位及换算关系，见表 1，和用于构成十进倍数和分数单位的词头，见表 2，供参考。

表 1　　国内、外磁粉检测的常用单位及换算关系

量的名称	量符号	法定单位		非法定单位		换算关系
		单位	符号	单位	符号	
长度	l（L）	米	m			
				埃	Å	1 Å＝10^{-10} m
				英尺	ft	1 ft＝0.304 8 m
				英寸	in	1 in＝25.4 mm
质量	m	千克	kg			1 kg＝1 000 g
		克	g			1 g＝10^{-3} kg
				磅	lb	1 lb＝0.453 593 kg
				盎司	oz	1 oz＝2.834 95×10^{-2} kg
时间	t	秒	s			
		分	min			1 min＝60 s
		[小] 时	h			1 h＝60 min＝3 600 s
		天 [日]	d			1 d＝24 h＝86 400 s
				(周)		1 周＝7 d
磁场强度 磁化强度 矫顽力 饱和磁场强度 最大磁导率对应的磁场强度	H M H_c H_{max} H_{μ_m}	安 [培] 每米	A/m	奥 [斯特]	Oe	1 A/m＝4π×10^{-3}Oe＝0.012 5 Oe 1 Oe＝10^3/4 π (A/m) ≈80 A/m
磁通 [量]	Φ	韦 [伯]	Wb			1 Wb＝10^8 Mx
				麦 [克斯韦]		1 Mx＝10^{-8} Wb

续表

量的名称	量符号	法定单位		非法定单位		换算关系
		单位	符号	单位	符号	
磁感应强度 磁通密度 饱和磁感应强度 剩余磁感应经度	B B B_m B_r	特［斯拉］	T	高［斯］	Gs	1 T=10^4 Gs 1 mT=10^{-3} T=10 Gs 1 Gs=10^{-4} T
磁导率 最大磁导率 真空磁导率	μ μ_{max} μ_0	亨［利］每米	H/m	高［斯］/奥［斯特］	Gs/Oe	$\mu_0=4\pi\times10^{-7}$ H/m
相对磁导率	μ_r	无量纲				
力、重力	F	牛［顿］	N			
				千克力	kgf	1 kgf=9.806 65 N
电流	I	安［培］	A			
		千安［培］	kA			1 kA=10^3 A
		微［安培］	μA			1 μA=10^{-6} A
电压 电动势	U	伏［特］	V			
		毫伏［特］	mV			1 mV=10^{-3} V
电阻	R	欧［姆］	Ω			
		兆欧［姆］	MΩ			1 MΩ=10^6 Ω
［光］亮度	L	坎［德拉］每平方米	cd/m^2			
发光强度	I	坎［德拉］	cd			
光通量	Φ	流［明］	lm			
［光］照度	E	勒［克斯］	lx			
				英尺烛光	fc	1 fc=10.764 lx
				英尺坎［德拉］	ft·cd	1 ft·cd=10.764 lx
辐［射］照度	E	瓦［特］每平方米	W/m^2			
		微瓦每平方厘米	μW/cm^2			1 W/m^2=100 μW/cm^2
波长	λ	米	m			
		纳米	nm			1 nm=10^{-9} m=10 Å
		埃	Å			1 Å=10^{-10} m=0.1 nm
运动黏度	υ	二次方米每秒	m^2/s			
		二次方毫米每秒	mm^2/s			1 mm^2/s=10^{-6} m^2/s
				斯［托克斯］	St	1 St=10^{-4} m^2/s
				厘斯［托克斯］	cSt	1 cSt=10^{-6} m^2/s

续表

量的名称	量符号	法定单位		非法定单位		换算关系
		单位	符号	单位	符号	
周期	T	秒	s			
频率	f	赫［兹］	Hz			$1\ Hz=1\ s^{-1}$
磁能积 最大磁能积	(HB) $(HB)_{max}$	千焦每立方米	kJ/m^3	兆高奥	MGs·Oe	$1\ kJ/m^3=$ $4\pi\times10^{-2}$ MGs·Oe
摄氏温度	t	摄氏度	℃			
体积 容积	V	立方米	m^3			
		升	L (l)			$1\ L=1\ dm^3=10^{-3}\ m^3$
				美加仑	USgal	1 USgal=3.785 41 L
				英加仑	UKgal	1 UKgal=4.546 09 L
				美液盎司	oz	$1\ oz=29.537\ 5\ cm^3$
				英液盎司	oz	$1\ oz=28.413\ 1\ cm^3$
材料强度		兆帕［斯卡］	MPa	千克力每二次方毫米	kgf/mm^2	$1\ kgf/mm^2=9.806\ 65$ MPa
		兆帕［斯卡］	MPa	千克力每二次方厘米	kgf/cm^2	$1\ kgf/cm^2=0.098\ 066\ 5$ MPa
		千帕［斯卡］	kPa	吨力每平方米	tf/m^2	$1\ tf/m^2=9.806\ 65$ kPa
平面角		弧度	rad			
		度	(°)			1°=60′=(π/180) rad
密度		千克每立方米	kg/m^3			
		克每立方厘米	g/cm^3			$1\ g/cm^3=10^3\ kg/m^3$

注：(1) [] 内的字，是在不致混淆的情况下，可以省略的字。

(2) () 内的字为前者的同义语。

(3) 周、月、年（年的符号为 a），为一般常用时间单位。

(4) 符号“=”表示相当于。

(5) r 为转的符号。

表 2　用于构成十进倍数和分数单位的词头

词头名称	英文词头	代　号	所表示的因数
太［拉］	tera	T	10^{12}
吉［咖］	giga	G	10^9
兆	mega	M	10^6
千	kilo	k	10^3
百	hecto	h	10^2
十	deca	da	10
分	deci	d	10^{-1}

续表

词头名称	英文词头	代　　号	所表示的因数
厘	centi	c	10^{-2}
毫	milli	m	10^{-3}
微	micro	μ	10^{-6}
纳［诺］	mano	n	10^{-9}
皮［可］	pico	p	10^{-12}

注：10^4 称为万，10^8 称为亿。

附录B　常用钢材磁特性参数

材料	试样状态	硬度	矫顽力 H_c (A/m)	剩磁感应强度 B_r（T）	最大相对磁导率 μ_{rm}	最大磁导率对应的磁场强度 H_{μ_m}（A/m）	最大磁能积 $(HB)_{max}$ (kJ/m³)
10	冷拉状态		360	0.46	542	960	0.048
10	860℃液体碳氮共渗，160℃回火	48HRC	680	1.035	620	920	0.288
15	910℃渗碳（1 mm） 860℃水淬，250℃回火		224	1.02	1 450	224	0.088
S15A	材料供应状态	127HBW	440	0.625	768	544	0.104
S15A	冷拉状态	179HBW	576	1.16	866	720	0.34
20	材料供应状态	163HBW	376	0.865	989	640	0.104
S20A	冷拉供应状态	107HBW	244	0.88	1 500	400	0.112
S20A	材料供应状态	143HBW	344	1.01	1 177	544	0.16
S20A	中频 950℃水淬，中频 670℃回火	111HBW	536	1.6	1 051	816	0.48
25	冷拉状态	221HBW	856	0.625	381	1 600	0.152
30	材料供应状态	170HBW	536	0.95	964	560	0.176
30	880℃油淬，400℃回火	25.5HRC	992	1.13	512	1 600	0.4
35	材料供应状态	187HBW	536	0.9	894	584	0.176
35	880℃油淬，500℃回火	148HBW	416	1.06	965	728	0.144
35	880℃油淬，450℃回火	20HRC	592	1.315	617	1 440	0.208
35	880℃油淬，390℃回火	24.5HRC	1 080	1.37	612	1 400	0.792
40	正火	187HBW	584	1.07	712	960	0.28
40	860℃油淬，460℃回火	23HRC	720	1.445	620	1 520	0.784
40	860℃油淬，360℃回火	36HRC	904	1.11	512	1 600	0.496

续表

材料	试样状态	硬度	矫顽力 H_c (A/m)	剩磁感应强度 B_r (T)	最大相对磁导率 μ_{rm}	最大磁导率对应的磁场强度 H_{μ_m} (A/m)	最大磁能积 $(HB)_{max}$ (kJ/m³)
40	850℃油淬，300℃回火	47HRC	1 520	1.305	507	1 760	0.976
40A	材料供应状态	174HBW	584	1.295	843	960	0.4
40A	860 油淬，420℃回火	39HRC	1 328	1.569	677	1 440	1.152
45	材料供应状态	240HBW	360	0.89	623	976	0.104
45	材料供应状态	21HRC	592	0.9	583	960	0.2
ZG50	860℃油淬，250℃回火	48HRC	1 584	1.06	380	1 880	0.656
D60	材料热冲压状态	200HBW	520	0.82	528	784	0.136
D60	材料热轧状态	212HBW	656	0.852	533	936	0.176
D60	材料供应状态	216HBW	672	0.76	515	1 040	0.192
D60	850℃油淬，550℃回火	30HRC	1 144	1.06	410	1 680	0.496
16MnR	材料供应状态	103HBW	320	0.75	895	560	0.064
Q345 (16MnA)	正火	168HBW	480	1.06	850	800	0.153
45B	正火	201HBW	704	1.16	646	1 120	0.32
45B	850℃水淬，400℃回火	45HRC	992	1.49	767	1 200	0.864
50BA	材料供应状态	207HBW	704	0.96	590	960	0.312
50BA	840℃水淬，650℃回火	22.5HRC	984	1.34	503	1 760	0.712
50BA	860℃油淬，580℃回火	22HRC	1 000	1.557	680	1 400	1.072
50BS	880℃油淬，500℃回火	36HRC	1 048	1.61	665	1 600	1.184
50BS	860℃油淬，440℃回火	40HRC	1 080	1.585	664	1 360	1.224
50BS	840℃油淬，400℃回火	45HRC	1 112	1.515	689	1 840	0.848
50BS	840℃油淬，250℃回火	52HRC	1 288	1.3	524	1 640	0.92
40Mn2	正火	21HRC	840	1.17	435	1 680	0.368
40Mn2	850℃油淬，510℃回火	29HRC	120	1.58	678	1 680	0.928
50Mn	材料供应状态	192HBW	520	1.02	685	1 000	0.208
21MnNiMo	原材料锻造退火状态	192HBW	752	1.32	764	1 120	0.432
21MnNiMo	880℃油淬，650℃回火	196HBW	768	1.298	757	1 120	0.392
21MnNiMo	880℃盐水淬，450℃回火	37HRC	904	1.345	620	1 600	0.55
30Mn2MoV	910℃正火，910℃油淬，610℃回火	38HRC	1 272	1.39	539	1 760	0.736
40MnB	850℃油淬，400℃回火	45HRC	1 208	1.31	587	1 520	0.76
40MnVB	材料供应状态	223HBW	624	0.99	533	1 200	0.216
30SiMnMoVA	正火	38.5HRC	2 096	0.72	157	3 040	0.512

续表

材料	试样状态	硬度	矫顽力 H_c (A/m)	剩磁感应强度 B_r（T）	最大相对磁导率 μ_{rm}	最大磁导率对应的磁场强度 H_{μ_m}（A/m）	最大磁能积 $(HB)_{max}$ (kJ/m^3)
30SiMnMoVA	870℃油淬，700℃回火	32HRC	1 176	1.48	657	1 440	1.088
45	860℃油淬，560℃回火	35HRC	1 120	1.58	661	1 440	1.04
45	850℃水淬，390℃回火	40HRC	1 224	1.562	715	1 360	1.2
45	860℃水淬，180℃回火	49HRC	2 080	1.055	262	3 200	0.688
ZG310-570（ZG45）	正火	20HRC	744	0.83	462	1 280	0.248
ZG310-570（ZG45）	860℃油淬，650℃回火	24HRC	1 128	1.55	638	1 472	1.096
ZG310-570（ZG45）	860℃油淬，560℃回火	33HRC	1 336	1.58	581	1 600	1.344
ZG310-570（ZG45）	860℃油淬，500℃回火	36.5HRC	148	1.61	610	1 608	1.232
ZG310-570（ZG45）	860℃油淬，400℃回火	45.5HRC	1 256	1.54	680	1 600	1.048
ZG310-570（ZG45）	860℃油淬，300℃回火	54HRC	1 496	1.25	506	1 960	0.832
50	材料供应状态	179HBW	496	1.1	729	920	0.224
50	材料供应状态	207HBW	544	1.02	700	800	0.144
50	冷拉状态	24HRC	992	1.01	442	1 360	0.384
50	840℃油淬，500℃回火	28HRC	992	1.05	510	1 600	0.464
50	840℃油淬，400℃回火	32.5HRC	1 048	1.01	409	2 000	0.408
50	840℃油淬，300℃回火	33.5HRC	1 152	0.97	396	1 800	0.432
50 甲	850℃油淬，360℃回火	32HRC	1 352	1.02	393	2 000	0.60
50AE	正火	223HBW	1 048	1.255	556	1 384	0.488
50AE	840℃油淬，610℃回火	30.8HRC	1 136	1.52	562	1 560	1.024
ZG50	正火	195HBW	564	1.14	632	1 120	0.232
ZG50	860℃油淬，650℃回火	20HRC	1 048	1.493	714	1 200	0.96
ZG50	860℃油淬，600℃回火	24HRC	1 136	1.45	594	1 520	0.792
ZG50	860℃油淬，560℃回火	28.5HRC	1 144	1.42	560	1 600	0.72
ZG50	860℃油淬，500℃回火	33HRC	1 216	1.39	545	1 600	0.80
ZG50	860℃油淬，400℃回火	40.5HRC	1 288	1.18	486	1 680	0.68
ZG50	860℃油淬，300℃回火	45HRC	1 576	1.08	414	1 880	0.816
30SiMnMoVA	870℃水淬，230℃回火	5.17HRC	2 240	1.08	272	3 040	1.216

续表

材料	试 样 状 态	硬度	矫顽力 H_c (A/m)	剩磁感应强度 B_r (T)	最大相对磁导率 μ_{rm}	最大磁导率对应的磁场强度 H_{μ_m} (A/m)	最大磁能积 $(HB)_{max}$ (kJ/m^3)
70Si3MnA	870℃油淬，470℃回火	5.15HRC	1 336	1.35	630	1 480	1.07
20Cr	930℃渗碳，800℃油淬，200℃回火	66HRC	1 240	1.0	322	1 120	0.416
38CrA	材料供应状态	21HRC	1 112	0.81	363	1 520	0.312
38CrA	正火	197HBW	856	1.215	498	1 552	0.424
38CrA	860℃油淬，550℃回火	33HRC	1 128	1.59	661	1 480	1.08
38CrA	860℃油淬，300℃回火	49HRC	1 400	1.115	416	2 040	0.664
38CrA	860℃油淬，200℃回火	53HRC	2 704	1.055	213	4 000	1.304
40Cr	正火	23.5HRC	1 256	0.84	378	1 840	0.416
40Cr	850℃油淬，510℃回火	39.5HRC	1 488	1.595	301	1 600	1.52
40Cr	850℃油淬，410℃回火	45HRC	1 504	1.345	600	1 840	1.016
40Cr	860℃油淬，350℃回火	46HRC	1 520	1.14	434	1 920	0.8
40Cr	850℃油淬，300℃回火	46.5HRC	1 584	1.18	448	2 000	0.848
45Cr	材料供应状态	204HBW	456	0.985	482	1 360	0.224
45Cr	840℃油淬，580℃回火	229HBW	664	1.233	585	1 448	0.352
50CrVA	材料供应状态	197HBW	800	0.98	446	1 280	0.28
50CrVA	δ_b=1 275 kPa	40.5HRC	1 120	1.58	641	1 560	0.887
50CrVA	δ_b=1 470 kPa	45HRC	1 450	1.34	550	1 760	0.97
38CrSi	910℃油淬，650℃回火	30HRC	736	1.5	619	1 520	0.624
38CrSi	890℃油淬，580℃回火	33.5HRC	992	1.548	667	1 440	0.88
38CrSi	910℃油淬，450℃回火	45HRC	1 024	1.37	611	1 440	0.696
38CrSi	890℃油淬，300℃回火	51HRC	1 936	1.065	269	3 040	0.92
25CrMnSi	材料供应状态	201HBW	696	1.13	735	776	0.264
25CrMnSi	880℃正火，860℃油淬，460℃回火	28.5HRC	976	1.14	515	1 600	0.48
30CrMnSiA	材料供应状态	201HBW	800	1.25	650	960	0.432
30CrMnSiA	正火	181HBW	280	1.23	870	880	0.136
30CrMnSiA	880℃油淬，520℃回火	37HRC	960	1.5	688	1 360	0.96
30CrMnSiA	920℃油淬，460℃回火	42HRC	1 560	1.249	502	1 736	0.88
30CrMnSiA	880℃油淬，300℃回火	45.5HRC	2 280	1.1	270	2 960	1.184
30CrMnSiA	880℃油淬，220℃回火	51HRC	2 712	0.98	218	3 600	1.285
35CrMnSiA	材料供应状态	220HBW	624	1.31	893	880	0.352
35CrMnSiA	中频880℃油淬，265℃回火	47HRC	2 344	1.045	244	3 120	0.992

续表

材料	试样状态	硬度	矫顽力 H_c (A/m)	剩磁感应强度 B_r (T)	最大相对磁导率 μ_{rm}	最大磁导率对应的磁场强度 H_{μ_m} (A/m)	最大磁能积 $(HB)_{max}$ (kJ/m³)
35CrMnSiA	910℃油淬，250℃回火	51HRC	2 408	1.007	200	3 600	0.944
ZG35CrMnSiA	正火	207HBW	808	1.12	490	1 360	0.8
18CrMnTi	材料供应状态	163HBW	280	1.05	817	531	0.224
20CrMo	材料供应状态	170HBW	448	1.1	1 025	640	0.224
20CrMo	820℃油淬，200℃回火	30.5HRC	1 600	1.01	296	1 600	0.536
PCrMo	正火	28.5HRC	1 600	0.96	329	2 000	0.624
PCrMo	860℃油淬，550℃回火	27HRC	1 144	1.43	575	1 600	0.808
35CrMoA	860℃油淬，260℃回火	49HRC	1 376	1.11	407	2 200	0.632
35CrMoA	860℃油淬，200℃回火	52HRC	2 320	1.09	251	3 120	1.2
40CrMo	850℃油淬，630℃回火	30HRC	1 160	1.57	539	2 000	1.13
40CrMo	850℃油淬，590℃回火	32HRC	1 040	1.57	547	1 120	0.95
50CrMo	850℃油淬，550℃回火	31HRC	1 256	1.6	490	1 840	0.93
60Cr2MoA	860℃油淬，440℃回火	50HRC	1 520	1.13	432	2 160	0.8
60Cr2MoA	860℃油淬，220℃回火	54HRC	2 480	1.085	235	3 280	1.28
20CrMnMo	845℃油冷，210℃回火，渗碳 1.5～2 mm	61.5HRC	2 936	0.96	155	4 320	0.78
ZG22CrMnMo	正火	164HBW	448	1.2	801	1 100	0.2
ZG22CrMnMo	880℃油淬，220℃回火	43HRC	640	0.9	293	2 400	0.7
ZG22CrMnMo	880℃油淬，180℃回火	47.5HRC	2 080	1.01	278	3 000	1.04
30CrMnMoTiA	材料供应状态	30.5HRC	1 392	0.97	337	1 920	0.552
30CrMnMoTiA	875℃油淬，440℃回火	42HRC	1 528	1.27	473	1 920	0.984
30CrMnMoTiA	880℃油淬，350℃回火	47.2HRC	1 576	1.15	373	2 480	0.68
30SiMnMoVA	880℃油淬，260℃回火	48HRC	1 736	1.11	331	2 560	1.31
30SiMnMoVA	880℃油淬，200℃回火	50HRC	2 416	1.02	231	3 200	1.176
PCrMoV	材料供应状态	30.7HRC	1 408	0.93	300	2 240	0.504
PCrMoV	正火	30HRC	1 184	0.9	309	2 000	0.344
PCrMoV	880℃正火，860℃油淬，600℃回火	38HRC	1 304	1.565	605	1 640	1.168
30Cr2MoV	材料供应状态	31HRC	1 416	0.955	302	2 000	0.472
30Cr2MoV	正火	39.5HRC	1 760	0.85	215	3 000	0.552
30Mn2MoV	910℃正火，910℃油淬，610℃回火	38HRC	1 272	1.39	539	1 760	0.736
38Cr2Mo2V	退火	187HBW	1 000	1.39	595	1 480	0.698

续表

材料	试样状态	硬度	矫顽力 H_c (A/m)	剩磁感应强度 B_r (T)	最大相对磁导率 μ_{rm}	最大磁导率对应的磁场强度 H_{μ_m} (A/m)	最大磁能积 $(HB)_{max}$ (kJ/m³)
38Mn2Mo2V	850℃油淬，600℃回火	41.5HRC	1 440	1.32	435	2 160	0.946
38CrMoAlA	材料供应状态	21HRC	640	0.85	471	1 440	0.192
38CrMoAlA	940℃油淬，650℃回火	31HRC	920	1.43	487	2 000	0.848
38CrMoAlA	930℃热水淬，650℃回火，第一次氮化510℃，12 h；第二次氮化550℃，50 h	81HV	1 344	1.36	450	1 760	1.072
12CrNi2A	930℃渗碳（1 mm），880油淬，200℃回火	33.5HRC	320	1.07	1 000	440	0.112
12CrNi3A	材料供应状态	149HBW	368	1.23	1 119	800	0.192
12CrNi3A	930℃渗碳，800℃油淬，160℃回火	60HRC	1 744	0.96	263	2 560	0.416
20Cr2Ni4A	材料供应状态	217HBW	744	1.25	642	1 160	0.448
20Cr2Ni4A	850℃油淬，190℃回火	42HRC	1 664	0.95	241	3 120	0.68
25CrNi4A	860℃油淬，600℃回火	37HRC	800	1.35	664	1 400	0.512
30CrNi3A	正火	29HRC	1 304	1.02	353	1 440	0.488
30CrNi3A	820℃油淬，680℃回火	28HRC	1 048	1.37	660	1 600	0.632
30CrNi3A	830℃油淬，550℃回火	34HRC	1 160	1.628	684	1 480	1.04
30CrNi3A	830℃油淬，470℃回火	38.5HRC	1 168	1.365	637	1 400	0.744
30CrNi3A	830℃油淬，410℃回火	40HRC	1 304	1.175	548	1 600	0.72
30CrNi3A	830℃油淬，230℃回火	49HRC	2176	1.02	239	3 040	1.088
40CrNi	860℃油淬，230℃回火	50HRC	1 520	1.15	355	2 520	0.864
45CrNi	材料供应状态	32HRC	1 136	1.55	468	2 040	0.784
45CrNi	840℃油淬，500℃回火	28.5HRC	1 144	1.475	451	2 080	0.656
PCrNiMo	材料供应状态	24HRC	1 040	1.35	499	1 840	0.632
PCrNiMo	840℃正火，650℃回火	30HRC	1 056	1.54	574	1 880	0.904
PCrNiMo	850℃油淬，600℃回火	33HRC	1 200	1.52	590	1 600	1.288
40CrNiMoA	材料供应状态	214HRC	1 200	1.425	693	1 200	1.024
40CrNiMoA	860℃油淬，500℃回火	39HBW	1 120	1.4	613	1 640	0.8
40CrNiMoA	850℃油淬，410℃回火	44HRC	1 960	1.334	560	1 600	1.352
40CrNiMoA	860℃油淬，200℃回火	55HRC	2 480	1.0	397	4 280	1.08
60CrNiMo	860℃油淬，440℃回火	49HRC	1 640	1.11	377	2 400	0.72
60CrNiMo	860℃油淬，220℃回火	55HRC	2 160	1.02	230	2 960	1.08
ZG37CrNiMo	正火	29HRC	1 376	1.5	530	1 760	1.064

续表

材料	试样状态	硬度	矫顽力 H_c (A/m)	剩磁感应强度 B_r (T)	最大相对磁导率 μ_{rm}	最大磁导率对应的磁场强度 H_{μ_m} (A/m)	最大磁能积 $(HB)_{max}$ (kJ/m³)
ZG37CrNiMo	880℃油淬，610℃回火	29.5HRC	1 392	1.49	519	1 720	1.088
PCrNi3Mo	860℃油淬，560℃回火	37HRC	1 120	1.34	528	1 760	0.72
Cr3NiMo	900℃正火，680℃回火	207HBW	880	0.84	361	1 680	0.248
Cr3NiMo	860℃油淬，680℃回火	23HRC	960	1.415	541	1 760	0.736
Cr3NiMo	910℃油淬，510℃回火	35HRC	1 760	1.15	348	2 400	0.896
Cr3NiMo	900℃油淬，200℃回火	44HRC	2 200	0.985	240	3 200	0.976
20CrNi4VA	材料供应状态	25.5HRC	440	1.24	773	960	0.176
PCrNi3MoV	材料供应状态	31HRC	1 496	1.005	291	2 500	0.72
PCrNi3MoVA	880℃水油淬冷，590℃回火	40HRC	1 376	1.440 1	545	1 760	0.88
PCrNi3MoVA	850℃油淬，540℃回火	42HRC	1 600	1.315	470	2 000	1.032
45CrNiMoVA	材料供应状态	27HRC	824	1.535	694	1 360	0.68
45CrNiMoVA	正火	46HRC	2 400	1.05	221	3 520	1.096
45CrNiMoVA	860℃油淬，440℃回火	47.5HRC	1 456	1.3	529	1 856	0.912
45CrNiMoVA	860℃油淬，190℃回火	55HRC	3 088	1.06	195	3 920	0.984
30CrNi2MoVA	材料供应状态	24HRC	944	1.345	626	1 360	0.96
30CrNi2MoVA	860℃正火，640℃回火	32.5HRC	1 040	1.27	552	1 640	0.52
30CrNi2MoVA	860℃油淬，640℃回火	41HRC	1 160	1.315	534	1 680	0.76
30CrNi2MoVA	860℃油淬，270℃回火	46HRC	1 848	0.97	221	3 120	0.8
30CrNi2MoVA	860℃油淬，220℃回火	46HRC	1 872	0.97	262	3 040	0.808
32CrNi2MoV	材料供应状态	30HRC	1 400	0.87	280	2 400	0.87
32CrNi2MoV		38HRC	1 760	1.01	246	3 280	0.84
32CrNi2MoV	860℃空冷，580℃回火	44HRC	1 440	0.85	253	2 520	0.612
32CrNi2MoV	860℃油淬，180℃回火	48HRC	2 600	1.01	218	4 240	1.45
18CrNiMnMo	830℃油淬，200℃回火	41HRC	1 880	0.955	249	3 120	0.72
35CrNiMnMo	材料供应状态	29HRC	1 104	1.27	470	1 920	0.544
35CrNiMnMo	910 正火，870℃油淬，570℃回火	45.5HRC	1 744	1.245	377	2 440	1.024
18CrNiWA	正火，640℃回火	25.5HRC	1 200	1.06	426	1 760	0.52
18CrNiWA	880℃空冷，580℃回火	37HRC	1 584	1.053	357	2 240	0.736
18CrNiWA	850℃油淬，550℃回火	38HRC	1 568	0.96	295	2 560	0.632
18CrNiWA	880℃油淬，220℃回火	41HRC	1 800	0.815	204	3 120	0.568
18CrNiWA	830℃空冷，170℃回火	45HRC	1 920	0.77	182	1 976	0.544

续表

材料	试样状态	硬度	矫顽力 H_c （A/m）	剩磁感应强度 B_r （T）	最大相对磁导率 μ_{rm}	最大磁导率对应的磁场强度 H_{μ_m} （A/m）	最大磁能积 $(HB)_{max}$ （kJ/m³）
18CrNiWA	930℃渗碳 1 mm，810℃空冷，200℃回火	56HRC	1 944	0.79	188	3 200	0.68
25CrNiWA	860℃正火，640℃回火	27HRC	1 080	1.28	517	1 600	0.64
25CrNiWA	870℃油淬，500℃回火	29.5HRC	1 440	1.155	440	1 840	0.728
25CrNiWA	870℃油淬，450℃回火	31HRC	1 520	1.059	389	2 160	0.72
25CrNiWA	850℃油淬，300℃回火	36HRC	1 728	0.92	272	2 800	0.696
25CrNiWA	860℃油淬，260℃回火	42HRC	1 872	0.997	288	2 560	0.784
25CrNiWA	850℃油淬，200℃回火	48HRC	2 344	0.84	181	3 440	0.68
30CrNiWA	870℃加热，170℃等温水冷，210℃回火	49HRC	2 408	1.06	262	2 968	1.176
18Cr2Ni4WA	材料供应状态	217HBW	580	1.29	687	1 200	0.33
18Cr2Ni4WA	880℃油淬，180℃回火	58HRC	2 280	0.88	205	3 400	0.51
30CrNi2WV	860℃正火，640℃回火	25.5HRC	1 024	1.45	660	1 360	0.56
30CrNi2WV	860℃油淬，640℃回火	32HRC	1 104	1.44	643	1 440	0.96
40CrNi2SiWA	材料供应状态	293HBW	976	1.43	737	1 120	0.905
40CrNi2SiWA	δ_b=1 080 kPa	54HRC	2 360	1.04	215	3 600	1.16
30CrMnSiNi2A	材料供应状态	23.5HRC	984	1.44	706	1 360	0.792
30CrMnSiNi2A	880℃油淬，290℃回火	49HRC	3 040	0.762	144	3 920	0.829
30CrMnSiNi2A	退火	207HBW	904	1.1	575	1 360	0.46
65Mn	材料供应状态	23.5HRC	704	0.85	463	1 360	0.208
65Mn	790℃油淬，500℃回火	30HRC	1 120	1.085	433	1 440	0.352
65Mn	820℃油淬，420℃回火	46HRC	1 440	1.41	543	1 936	1.192
60Si2A	850℃油淬，400℃回火	53HRC	1 200	1.39	684	1 440	1.024
60Si2MnA	热轧退火	31HRC	824	0.95	475	1 120	0.384
60Si2MnA	860℃油淬，420℃回火	54HRC	1 528	1.26	465	1 920	0.936
60SiMn2MoVA	850℃油淬，650℃回火	35.5HRC	1 496	1.48	467	1 920	1.72
65Si2MnWV	材料供应状态	25HRC	1 256	1.432	680	1 176	1.08
65Si2MnWV	860℃油淬，560℃回火	46HRC	1 584	1.525	631	1 520	1.336
65Si2MnWV	860℃油淬，450℃回火	49HRC	1 648	1.365	539	1 760	1.184
65Si2MnWV	860℃油淬，400℃回火	50HRC	1 936	1.275	412	2 136	1.28
65Si2WV	850℃油淬，420℃回火	52HRC	1 600	1.26	416	2 160	0.976
65Si2WV	860℃油淬，250℃回火	55HRC	2 400	1.032	208	3 760	1.152
2Cr13	正火	24HRC	1 200	0.7	184	1 360	0.344

续表

材料	试样状态	硬度	矫顽力 H_c (A/m)	剩磁感应强度 B_r (T)	最大相对磁导率 μ_{rm}	最大磁导率对应的磁场强度 H_{μ_m} (A/m)	最大磁能积 $(HB)_{max}$ (kJ/m³)
2Cr13	1 050℃油淬，550℃回火	45HRC	3 400	0.74	113	5 360	1.096
3Cr13	材料供应状态	170HBW	560	0.78	512	1 040	0.16
3Cr13	1 050 油淬，600℃回火	29HRC	1 344	1.1	426	1 880	0.528
Cr16Ni6	退火	187HBW	3 240	0.15	26	5 640	0.14
Cr16Ni6	δ_b=1 080 kPa	36HRC	3 100	0.42	67	5 000	0.44
Cr17Ni2	材料供应状态	285HRC	1 860	0.42	235	2 640	0.23
Cr17Ni2	δ_b=1 080 kPa	36HRC	3 850	0.59	85	5 600	0.39
GCr9	材料供应状态	187HBW	1 040	1.23	579	1 360	0.784
GCr9	840℃油淬，390℃回火	57HRC	1 520	1.24	452	1 960	0.928
GCr9	840℃油淬，160℃回火	62HRC	3 680	0.86	129	4 840	0.256
GCr15	材料供应状态	207HBW	896	1.27	580	1 280	0.584
GCr15	840℃油淬，360℃回火	57HRC	1 472	1.26	443	2 000	0.904
GCr15	840℃油淬，190℃回火	61HRC	3 120	0.733 5	107	6 000	1.008
GCr15	830℃油淬，110℃回火	61HRC	3 400	0.872	120	4 880	1.28
G20CrNi2MoA	锻后 880℃等温球化	147HBW	236	0.88	800	800	0.09
G20CrNi2MoA	930℃渗氮，880℃一次淬火，810℃二次淬火，170℃回火	表面 61HRC 心部 40HRC	1 472	1.0	237	2 720	0.69
GCr15SiMn	830℃油淬，200℃回火	61HRC	3 076	0.93	140	5 000	1.334
T7	材料供应状态	170HBW	736	1.21	800	840	0.48
T7	810℃水淬，390℃回火	47HRC	1 352	1.445	567	1 680	0.976
T8	材料供应状态	170HBW	936	1.3	692	1 800	0.592
T8	790℃水淬，400℃回火	47HRC	1 368	1.45	530	1 840	1.12
T10A	退火	170HBW	704	1.25	775	960	0.368
T10A	正火	28.5HRC	1 040	0.865	439	1 200	0.4
T10A	780℃水淬，210℃回火	63HRC	2 336	0.817	180	3 120	0.768
T12A	材料供应状态	170HBW	824	1.186	772	928	0.44
T12A	中频 860℃水淬，170℃回火	60HRC	2 120	1.204	319	2 800	1.28
T12A	780℃水淬，170℃回火	65HRC	2 824	0.77	141	2 960	0.824
CrW5	材料供应状态	23HRC	960	1.36	630	1 520	0.544
CrW5	810℃水淬，140℃回火	65.5HRC	3 904	0.7	90	5 600	1.048

续表

材料	试样状态	硬度	矫顽力 H_c (A/m)	剩磁感应强度 B_r (T)	最大相对磁导率 μ_{rm}	最大磁导率对应的磁场强度 H_{μ_m} (A/m)	最大磁能积 $(HB)_{max}$ (kJ/m^3)
CrWMn	材料供应状态	217HBW	768	1.233	676	1 120	0.608
CrWMn	820℃油淬，−70～−80℃冷处理，170℃回火，120℃时效	62HRC	2 720	1.035	296	3 720	1.034
Cr12MoV	材料供应状态	21HRC	1 384	1.045	540	1 280	0.792
Cr12MoV	1 050℃油淬，520℃回火	57.4HRC	3 864	0.91	136	5 400	1.392
3Cr2W8V	锻造退火，850℃炉冷	216HBW	1 472	1.349 1	499	1 520	1.16
3Cr2W8V	1 150℃油淬，560℃回火90 min，580℃、650℃回火90 min	53HRC	2 192	1.06	276	3 040	0.976
3Cr2W8	材料供应状态	22HRC	1 168	1.388 1	480	1 880	0.912
3Cr2W8	1 060℃油淬，600℃二次回火	50HRC	2 224	1.105	268	3 168	1.112
9CrSi	材料供应状态	217HBW	672	1.1	670	800	0.256
9CrSi	860℃油淬，180℃回火	63HRC	3 296	0.705	105	4 720	0.96
4Cr10Si2Mo	1 040℃油淬，780℃回火	30HRC	968	0.96	483	1 200	0.4
4Cr10Si2Mo	1 100 油淬，710℃回火	35HRC	840	1.25	582	1 400	0.584
5CrMnMo	锻造退火状态，850℃炉冷	23HRC	1 272	0.77	287	1 840	0.36
5CrMnMo	870℃油淬，460℃回火90 min，560℃回火 90 min	40.9HRC	1 888	1.49	457	1 960	0.816
5CrMnMo	830℃油淬 350℃回火	58HRC	3 560	0.846	125	4 600	1.328
W18Cr4V	材料供应状态	21HRC	1 496	0.99	375	1 800	0.744
W18Cr4V	加热 1 275℃，560℃硝盐淬火转，280℃等温，560℃回火	65HRC	3 536	0.97	155	5 440	1.68
6W6Mo5Cr4V	材料供应状态	25.5HRC	1 424	0.95	385	1 640	0.712
6W6Mo5Cr4V	锻造退火，850℃炉冷	216HBW	1 208	1.12	470	1560	0.712
6W6Mo5Cr4V	1 160℃油淬，590℃回火	61.7HRC	3 016	1.02	206	3 920	1.52
6W6Mo5Cr4V	1 150℃油淬；560℃三次回火，每次 1 h	60.2HRC	3 160	1.0	190	4 000	1.456
60Mo5Cr4Nb3W2V	1 110℃油淬；560℃二次回火，每次 1 h	59.7HRC	3 808	1.08	197	4 480	1.352

主要参考文献

1 中国机械工程学会无损检测分会. 磁粉检测（第2版）. 北京：机械工业出版社，2004

2 陶旺斌、周在杞. 电磁检测. 北京：航空工业出版社，1995

3 兵器工业无损检测人员技术资格鉴定考核委员会. 常用钢材磁特性曲线速查手册. 北京：机械工业出版社，2003

4 国防科技工业无损检测人员资格鉴定与认证培训教材编审委员会. 磁粉检测. 北京：机械工业出版社，2004

5 美国无损检测学会. 美国无损检测手册·磁粉卷. 世界图书出版公司，1994

6 计量测试技术手册编辑委员会. 计量测试技术手册·第七卷电磁学. 北京：中国计量出版社，1996

7 计量测试技术手册编辑委员会. 计量测试技术手册·第十卷光学. 北京：中国计量出版社，1996

8 美国金属学会. 金属手册·第八版第十一卷·无损检测与质量控制. 北京：机械工业出版社，1988

9 任吉林. 电磁无损检测. 北京：航空工业出版社，1989

10 特洛费姆丘克著，何学纯译. 钢材缺陷. 北京：冶金工业出版社，1960

11 日本非破坏检查协会. 非破坏检查便览. 日本非破坏检查协会，1978

12 [日]无损检测协会编，戴端松译. 无损检测概论. 上海科学技术出版社，1981

13 复旦大学上海师范大学物理系. 物理学·电磁学. 上海科学技术出版社，1979

14 美国无损检测学会编，蒋寒青译. 磁粉、渗透检测Ⅲ级学习指南. 哈尔滨：汽轮机技术编辑部，1985

15 张世远、路权、薛荣华等. 磁性材料基础. 北京：科学出版社，1988